大是文化

全球唯一全部照片的太陽與星球寫真，匯集最　　　　　　　鉅作

U0012277

# 把太陽系帶到你眼前

暢銷新版

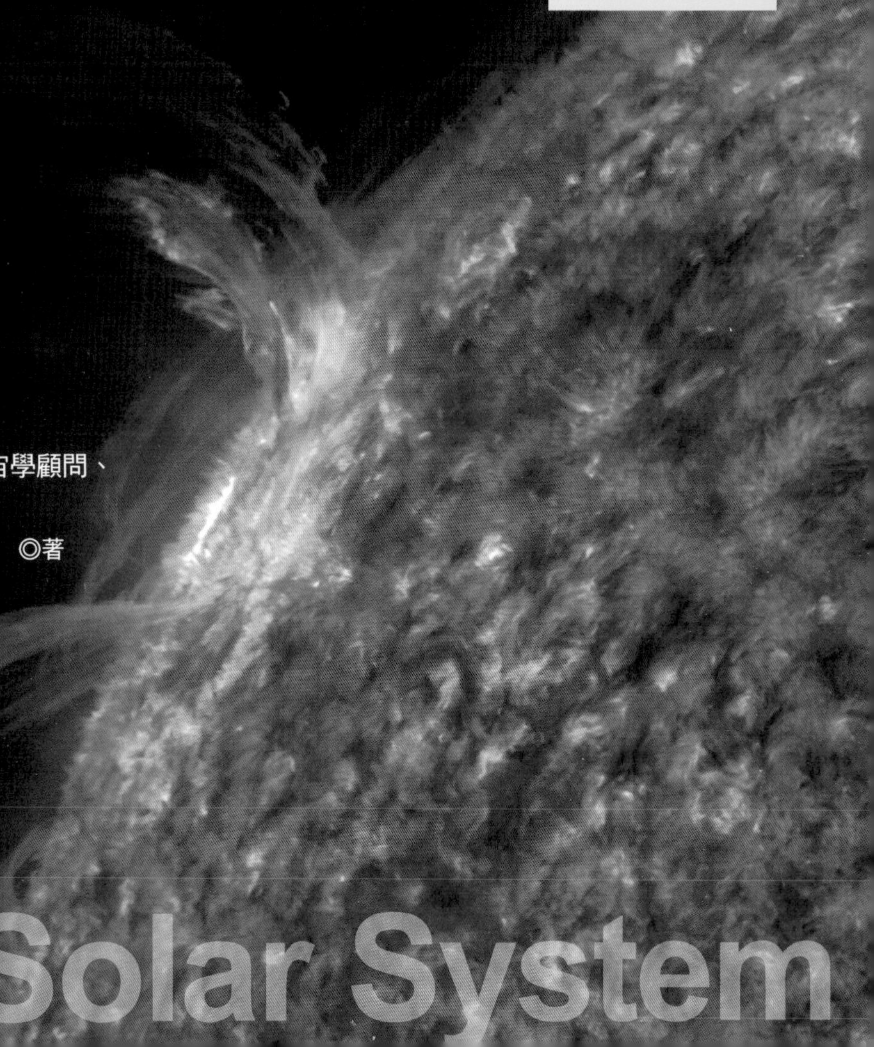

《新科學家》（*New Scientist*）雜誌宇宙學顧問、
知名天文學家

**馬克斯·尚恩（Marcus Chown）**◎著

**藍仕豪**◎譯

國立清華大學天文研究所特聘教授

**江國興**◎審定

Solar System

# C●ntents

【導　讀】　星夜激發你的動力，挖掘宇宙的奧祕／葉永烜　　　　　6
【推薦序】　天文觀測入門，先從了解太陽系開始／蔡元生　　　　7
【序　言】　人類科技所能做到的最真實影像　　　　　　　　　8

## I. 一顆恆星、八大行星、無數衛星和小天體

一顆恆星、八大行星、
無數衛星和小天體　　　　　　　　　　　　　　　14

我們住的地球，是岩石行星 ……………………………………… 16
彗星撞地球，是這樣造成的 …………………………………… 19
初誕的混沌，像是調酒師手上的搖杯 ……………………… 20
太陽系之外，還有其他行星系嗎？ ………………………… 22
想上太空？請準備：空氣瓶、加溫兼排熱又會加壓的太空衣 … 24
適居帶：行星表面擁有液態水 ……………………………… 26
如果有外星人，那他們在哪裡？ …………………………… 27
離開地球表面，造訪天文實驗室 …………………………… 29

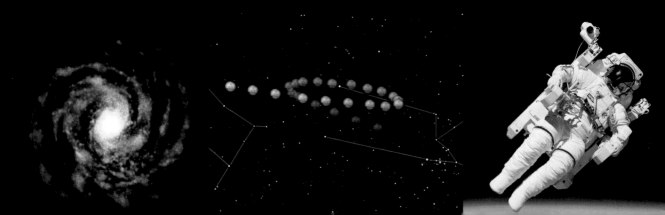

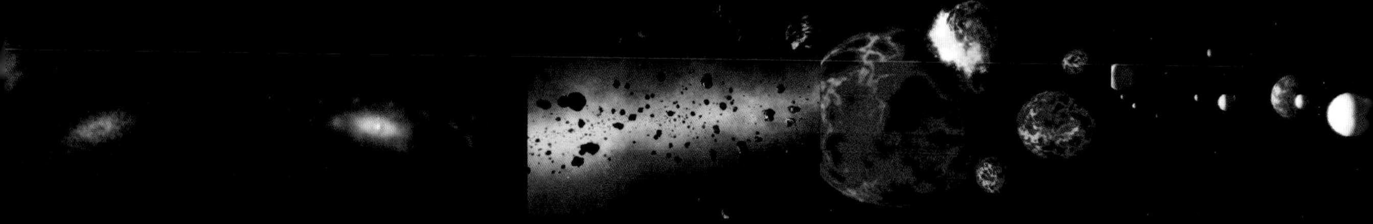

## II. 地球所處的內太陽系　　30

足夠裝下百萬顆地球：太陽 ⋯⋯⋯⋯⋯ 32
熱到像有10顆太陽：水星 ⋯⋯⋯⋯⋯ 50
科幻小說筆下，霧氣氤氳的世界：金星 ⋯⋯⋯ 60
不冷不熱最適生存：地球 ⋯⋯⋯⋯⋯ 72
太空人唯一登陸過的天體：月球 ⋯⋯⋯⋯ 94
可（渴）望成為人類第二個家？：火星 ⋯⋯⋯ 108
格列佛遊記的準確預言：火衛一（福波思）⋯⋯ 128
在這裡，你可以成為跳高高手：火衛二（戴摩思）⋯ 132

## III. 太陽底下還有新鮮事：
## 小行星帶　　134

不夠格當行星，只配當「矮行星」：穀神星 ⋯⋯ 142
無關愛神，可能是毀滅：愛神星 ⋯⋯⋯⋯ 144
「迷你磁層」隔離太陽風：小行星951（蓋斯普拉）⋯ 146
小行星也有衛星：艾女星（伊達）⋯⋯⋯⋯ 148
首次採集小行星土壤樣本：糸川星 ⋯⋯⋯⋯ 150

# IV. 挑戰你的想像：外太陽系 — 152

沒有表面的巨大氣球：木星 — 154

外表像披薩的衛星：木衛一（埃歐） — 164

太陽系最大的溜冰場：木衛二（歐羅巴） — 168

這顆衛星，居然比水星大：木衛三（蓋尼米德） — 172

人類建立新基地的有利據點：木衛四（卡利斯多） — 176

倫敦地鐵標誌的藍本：土星 — 180

像是黑膠唱片聲槽：土星環 — 191

比水星還巨大的衛星：土衛六（泰坦） — 198

外太陽系也有適居帶：土衛二（恩克拉多斯） — 204

雙面天體：土衛八（伊阿珀托斯） — 208

曾受嚴重撞擊的死星：土衛一（米瑪斯） — 212

會翻筋斗的衛星：土衛七（許珀里翁） — 216

土星最奇特的衛星群：
像迷你太陽系、會換位跳舞、捕捉來的衛星 — 220

赤道在南北的行星：天王星 — 222

被敲碎後，再拼裝起來？：天衛五（米蘭達） — 228

天王星的衛星群：拋開神話，用文豪筆下的人物命名 — 230

數學天才的偉大天文發現：海王星 — 234

在軌道上走錯了方向：海衛一（崔頓） — 244

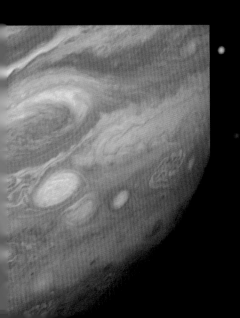
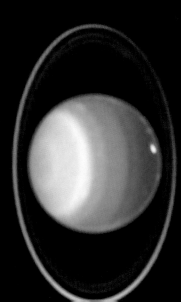

**V.** 柯伊伯帶 ........................................ 248

內太陽系有小行星帶，海王星外有柯伊伯帶 ........... 250
農家小孩的發現：冥王星 ........................... 254
害冥王星降級的凶手：鬩神星 ....................... 260
復活節島的神話：鳥神星 ........................... 262
長軸是短軸2倍，像鵝卵石：妊神星 ................. 263

**VI.** 來到了太陽系邊界：
歐特雲，聚集著數兆顆彗星 ........................ 264

髒汙的雪球：彗星 ................................. 266

圖片來源 ......................................... 276

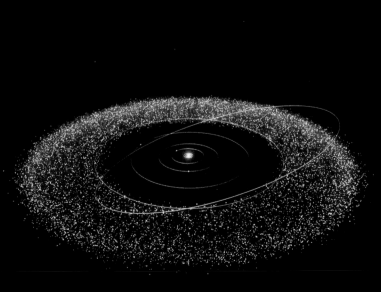

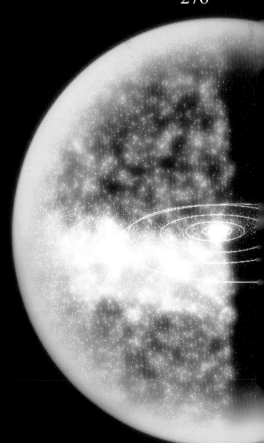

# 星夜激發你的動力，
# 挖掘宇宙的奧祕

—— 中央大學天文所太陽系實驗室指導教授／葉永烜

荷蘭畫家梵谷曾說過，能夠對很多東西都有喜愛，便是了解神的旨意和目的的最好辦法。我想讀這本圖文並茂的書，一頁一頁的翻下去，也會讓你感嘆我們太陽系的奇妙，有著這麼多出人意料之外的事物，好像冥冥中自有主宰。建議讀完之後，閉閉眼睛，想想哪一顆星球是你最喜愛的，然後決定一輩子中的一個願望，便是要做一些事，可以徹底改變世人對它的了解。這會很難嗎？會需要有天文學博士學位才能夠插手嗎？這本書有答案。

原來天王星是音樂家威廉・赫歇爾發現的；經典名曲〈我們是冠軍〉（*We are the champions*）的皇后樂隊吉他手布賴恩・梅，他的研究論文對找尋系外行星有很大幫助。

所以這本書要傳達的一個重要訊息便是——有志者事竟成。永遠不要放棄你心中的目標和興趣。能夠保持一見鍾情的喜愛，便是創新的動力。不然，愛因斯坦也不會天涯海角都帶著他的小提琴。而我想梵谷也說得對，不然他不會繪出那讓人傳誦的〈星夜〉了。

本書讓人傳誦的特出之處，便是把很多由歷次太空任務對各行星實地探測所得的影像和資料，極有系統的介紹。更難能可貴的，是那些非常有真實感的合成圖片，把太陽系帶到你眼前！五色繽紛的色彩加上行雲流水般的譯文，可以讓人每次細讀，都會有新發現。有些加上的譯註和編按更是錦上添花，把原文未講清楚的，畫龍點睛的說出來。

當然，太陽系的來源和行星演化過程，包羅萬象，這本書不可能什麼都包含。要捉重點的話，我們要注意的便是天地萬物息息相關。以地球而言，其生命起源可能便是來自小小的彗星和小行星的碰撞，而多次生物圈的大絕滅和相關的物種演變，如在 6,500 萬年前恐龍的滅亡和哺乳類的取而代之也因此而來。月球的產生和天王星的自轉軸橫躺在黃道面，也和太陽系早期歷史中的巨型碰撞事件有關。所謂時勢造英雄，但英雄也創造時勢。如書中提及的地質學家吉恩・舒梅克博士便是一個好例子，是他一手撐起行星碰撞和隕石坑產生機制的研究。和藝術一樣（記得林懷民嗎？），很多重要科技成就，都在乎個人的興趣和努力，才有所衝擊，才有所成。

牛頓力學的萬有引力主宰星球的運動，而土星環的存在和木衛一（埃歐）的火山噴發、木衛二（歐羅巴）的地下海洋，以及土衛二（恩克拉多斯）的南極水氣噴泉，甚至在太陽系外側海王星的衛星崔頓的冰火山，亦和它們中間行星的潮汐作用有關。但我們還是很不了解其中的奧妙，完全的解答便等待著這本書的讀者去挖掘。說不定在南投或臺東的某位中學生看了這本書，便會發想要把崔頓的冰火山全找出來，或者要把土衛八（伊阿珀托斯）這座非常奇怪的環赤道山脊勘查一遍（有何不可？）。不是只知道什麼，而是知道要做什麼。這本書的目的便也達到了。

# 天文觀測入門，
# 先從了解太陽系開始

——臺灣首位 SOHO 彗星發現者／蔡元生

　　了解太陽系的天體，是天文觀測者入門的最佳途徑，這些太陽系的天體及特殊的天象一直深深吸引我到現在，從什麼都不懂到買望遠鏡觀察星空、在自己家蓋天文臺到發現 SOHO 彗星、超新星及小行星，之後能再發現幾個宇宙中的新天體或彗星，是我的夢想。

　　早在 1984 年我國中時期，當時的九星連珠事件深深吸引著我，開始對星空產生了興趣；當然，當時我什麼都沒看到，別說九星了，連個月亮都沒看到，這完全是因為資訊不發達，沒有真正用對方法。

　　到了 1986 年的哈雷彗星時期更是到了瘋狂的地步，在當時媒體資訊並不發達的時代，無人不知哈雷彗星，也造成了望遠鏡市場的大崛起，各電視臺、各報章雜誌……相關與不相關的媒體都大肆報導哈雷彗星；各大天文學會、鳥會及其他社團同時辦理哈雷彗星的觀測活動，在那個年代可說是相當大的一個全民運動，之後也帶領了非常多人進入天文領域，包括本人及現在活躍於業餘天文界的多位同好。

　　1994 年的舒梅克－李維 9 號彗星撞木星又是另一個高潮。業餘的天文學家於 1993 年發現了彗星並預測會撞上木星，那時幾乎全世界的望遠鏡都指向木星。

　　1996 年百武彗星的彗尾劃過半個夜空，不需要任何儀器就可以看到，那時距離地球只有 1,500 萬公里，算是跟地球相當接近，之後更有電影說明彗星撞地球。1997 年，海爾鮑普彗星更是誇張到在市區都看得到。

　　2001 年，獅子座流星雨當晚數萬顆流星的震撼，應該讓許多人永生難忘。2003 年，火星世紀大接近，在高雄市的觀測活動吸引超過 3 萬人擠進文化中心。2004 年及 2012 年的金星凌日可說是百年的特殊天象。2012 年 5 月 21 日的臺北日環食，更吸引了非常多東南亞天文愛好者來臺追逐。

　　這其中一定還有一些我遺漏的重要天象，不過，2013 年底令人期待的世紀大彗星，仍是當時不可錯過的天文景象。當然，這些一直會持續下去的天文現象正等著我們去探索，從現在開始也都不會太晚。

　　國際天文聯合會（IAU）做出將冥王星分類為矮行星的決定後，雖然引起一片譁然，但整個太陽系的分類已經明確，《把太陽系帶到你眼前》這本書將太陽系仔細分類，並以精美的圖片及簡單的文字詳細說明了太陽系，內容十分精彩豐富，是值得收藏的一本天文好書。

# 人類科技所能做到的最真實影像

　　距今約40年前，太空探測船陸續從地球上發射升空，展開探索鄰近行星的任務。本書影像皆來自人造衛星、探測船，以及天文臺所拍攝的天體、天空照片，還有其他行星的探測車，上頭搭載的顯微鏡所記錄的細微岩石結構影像。每張都是從數以千計的照片之中，精挑細選而出。這些照片的光波波長，涵蓋範圍從大家熟知的可見光到高能量的紫外線、X光，甚至更低能量的紅外線及無線電波。藉由透過不同波長的影像，就能夠更清楚窺見行星大氣、地貌與磁場的狀況。

　　本書行星與衛星的圖片，某些是經過合成處理，數百張來自繞行行星的人造衛星或探測船經過時，所拍攝的影像，再以電腦幾何校正，並且調整每張照片的明暗後，展現星球表面的地圖影像。

　　內太陽系[1]中的行星，目前已有許多探測船造訪過，包含造訪水星的水手10號與信使號；造訪金星的金星計畫、麥哲倫號與金星特快車；以及一系列登陸火星的探測器、繞行火星的人造衛星等。

　　至於外太陽系[2]中巨大行星的探索，則是有曾經繞行木星的伽利略號；曾經在土星軌道上執行任務的卡西尼號；以及降落在土衛六泰坦星的惠更斯號。而天王星和海王星的探測，目前只有航海家2號（Voyager-2，或稱航行家2號、旅行者2號）完成這項任務。

　　如今，新視野號（New Horizons）飛越冥王星並且繼續進入柯伊伯帶[3]。此外，對於小行星帶[4]的探測計畫，也已經成功將岩石樣本帶回地球，甚至有些樣本是透過撞擊而採集到的。

　　由於地球表面超過70%覆蓋在水面下，因此在其他無水的行星上，科學家反而能將無水行星的地貌看得比地球更清楚。此外，若書中某顆行星的照片有些空白的區域，那是因為探測的飛船只有飛掠經過，沒有完整繞行該行星。請各位讀者相信，這並非不可告人的神祕區域，單純只是沒有圖像資料而已。

　　最後，目前人類所發現最遙遠、尚未探索過的太陽系內矮行星[5]，即便使用最強大的望遠鏡，也只能勉強看見它們的蹤影，就算以最頂尖的天文數位相機配合望遠鏡拍攝，這些天體呈現的影像只有幾個像素（pixels）而已。

註：1. 內太陽系：太陽到小行星帶之間的範圍，有4顆類地行星，分別是水星、金星、地球、
　　　　火星。
　　2. 外太陽系：小行星帶到海王星之間的範圍，有4顆巨大類木行星，分別是木星、土星、
　　　　天王星、海王星。
　　3. 柯伊伯帶：位於海王星之外，由冰組成的碎片與殘骸構成的環帶（亦被翻譯成「凱伯
　　　　帶」、「古柏帶」或「庫柏帶」）。
　　4. 小行星帶：介於火星和木星軌道之間，上百萬顆小天體在這裡翻滾。
　　5. 矮行星：介於行星與太陽系小天體兩類之間，例如冥王星、穀神星、閻神星等。

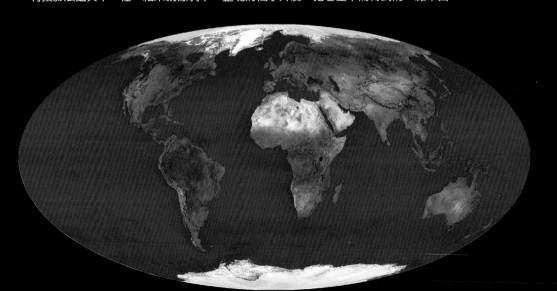

## ▲太陽系地圖

跨頁（第12～13頁、第30～31頁、第134～135頁、第248～249頁）的太陽系樣貌，是2011年元旦時，按照真實的相對位置，由電腦模擬繪製而成。其中行星的軌道形狀與相對大小是按照真實的比例。此外，為了方便讀者看得更清楚，我們將行星大小放大500倍，行星與衛星的軌道距離也拉長至50倍。另外，照片中的背景，例如在某些圖片裡，包含了銀河與麥哲倫雲（編按：可能是兩個環繞著銀河系運轉的矮星系），都是實際拍攝的星空。

## ▼行星與衛星表面全圖

利用投影法可以呈現星球表面的全貌，其中地球、金星與土衛六已將雲層移除。摩爾魏特投影法（Mollweide Projection，為一種等積的偽圓柱投影）可以維持地圖上的每塊區域相對大小不變，但主要的缺點是極區與地圖邊緣無法保持完整。其實，將星球表面在平面上展現的方式有很多種，摩爾魏特投影法是其中一種，結果就像剝下一整塊的橘子外皮，把它壓平而得到的二維平面。

# 地球
## Earth

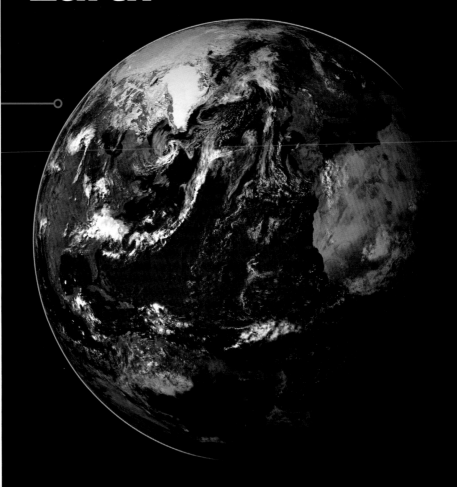

平均密度

| 鐵 | | | | 岩石 | | 水 | |
|---|---|---|---|---|---|---|---|
| 7g/cm³ | 6g/cm³ | 5g/cm³ | 4g/cm³ | 3g/cm³ | 2g/cm³ | 1g/cm³ | 0 |

## ▲行星與衛星的資訊

為了解各天體的重要資訊，提供天體位置、運動方式（軌道資訊）、質量和體積等物理特徵。

每當要開始介紹一顆行星時，右頁下方有「表面溫度」的量尺（編按：K，凱氏溫標，溫度的計量單位，是一種絕對熱力學溫度標準，零點為絕對零度，等於-273.15℃；

# 不冷不熱最適生存

　　地球上的生物沒有地球就無法生存，所以我們都得依賴地球。對於如此熟悉的環境，似乎無法再說出什麼新鮮的事情。即便如此，地球依然有很多不可思議的地方，因為它是唯一有表面液態水的星球，也是唯一有板塊運動的行星，甚至還有臭氧層，以及生命。

　　為什麼地球如此特別？這必然關係到它與太陽的距離，這個距離恰恰好在「適居帶」上，這是一個不冷不熱適合生物生存的位置。此外，還有地球的質量與組成成分，以及可以穩定氣候的衛星——月球。

　　然而，地球上最複雜的是水，使得地球上的生物越來越多樣化，生命從細菌演化成多細胞的物種，甚至出現了人類社會、文明與科技。如果有任何人可以解釋為何我們存在這裡，那麼諾貝爾獎將會頒發給他。

　　對於今日的人類，地球是獨一無二的。

## 軌道特徵
**與太陽的距離：** 1億4,700萬～1億5,200萬公里
　　　　　　　／0.98～1.02 天文單位
**公轉週期（行星上的一年）：** 364.26個地球日
**自轉週期（行星上的一天）：** 23.934小時
**公轉速度：** 29.3～30.3公里／秒
**軌道離心率：** 0.0167
**軌道傾角：** 0度
**轉軸傾角：** 23.44度

水星
金星
地球
火星

### ◀軌道地圖
在太陽系內軌道地圖是按照2012年1月1日各天體實際的位置與比例來繪製。提供個別天體，相對於其他鄰近天體或母星所在的位置。

## 物理特徵
**直徑：** 12,756公里
**質量：** 59.7兆兆公噸
**體積：** 1.08兆立方公里
**表面重力：** 9.78公尺／平方秒
**脫離速度：** 11.18公里／秒
**表面溫度：** 凱氏204～331度／
　　　　　　攝氏-69～58度
**平均密度：** 5.515公克／立方公分

### ◀相對大小
盡量以讀者最熟悉的物體，來和要介紹的天體做比較。參照物體可以大至地球，或小至人類。

月球

## 大氣組成
**氮：** 78.084%
**氧：** 20.946%
**氬：** 0.934%
**水蒸氣：** 0.1000%
**二氧化碳：** 0.039%
**氖：** 0.001818%
**氦：** 0.000524%
**甲烷：** 0.000179%
**氪：** 0.000114%
**氫：** 0.000055%
**一氧化二氮：** 0.00003%
**一氧化碳：** 0.00001%

### ◀行星剖面圖
從行星剖面圖可以看到星球內部的結構，目前人類已對個別行星的大氣、地殼和核心，都有初步的探勘與分析結果，科學家多半是以物理的方法取得行星的特徵，例如從行星的質量、體積來推斷，並分析內部的結構。

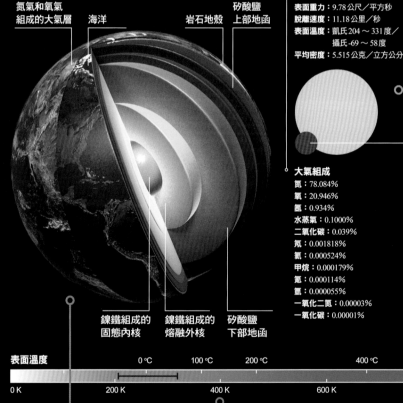

氮氣和氧氣組成的大氣層　　海洋　　　　　　岩石地殼　　矽酸鹽上部地函

鎳鐵組成的固態內核　　鎳鐵組成的熔融外核　　矽酸鹽下部地函

| 表面溫度 | 0 ℃ | 100 ℃ | 200 ℃ | 400 ℃ |
|---|---|---|---|---|
| 0 K | 200 K | 400 K | 600 K | 800 K |

　　外，因為它有非常濃厚的大氣，導致溫室效應強烈。此外，在眾多天體之中，只有地球距離太陽的位置是落在攝氏0～100度的範圍內，也就是水以液態存在的溫度，天體表面必須擁有這樣的環境，我們已知的生命才能存活。

　　左頁下方的平均密度，可以大略看出該天體的組成，例如水星密度接近鐵，而土星是一顆密度低於水的巨型氣體行星。

# 太陽系

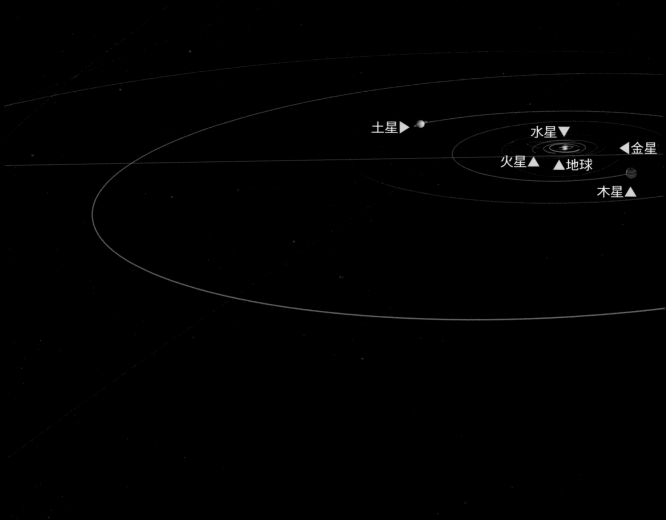

土星▶　　水星▼　　◀金星

火星▲　▲地球

木星▲

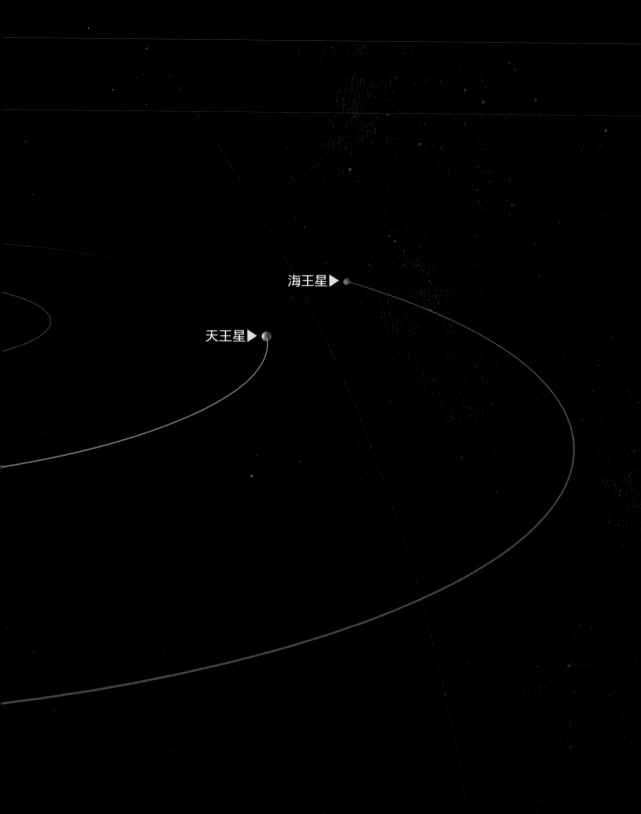

海王星▶

天王星▶

# Ⅰ. 一顆恆星、八大行星、無數衛星和小天體

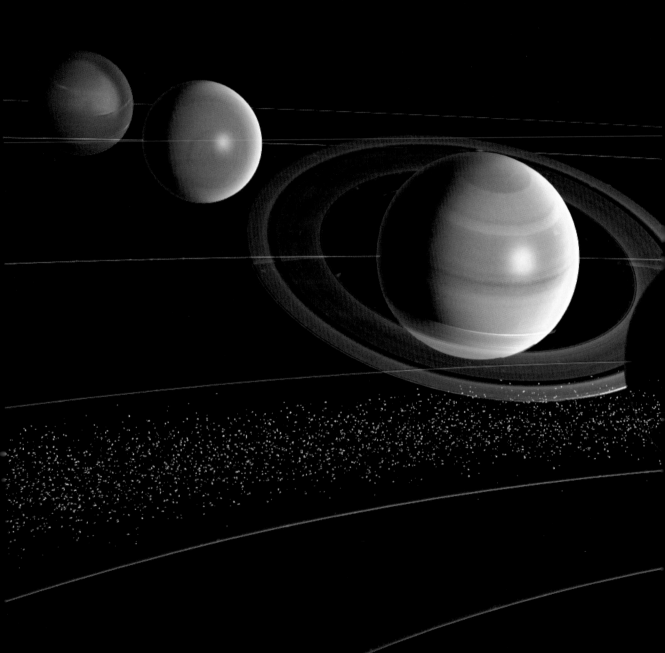

陷入這樣庸碌的生活中，是因為我們「看下不看上」，於是忽略了我們所居住的地方，其實只是一粒微塵，懸浮在巨大廣闊到難以言喻的宇宙中。

在人們所倚賴生存的這片環境之外，有著意想不到的世界：有的地方正被一個存在百年的颱風蹂躪；有的火山噴發物質都是冰；甚至有些地方的閃電，是從母行星的雲層上方打向它的衛星。直到今天，我們才有機會如此近距離探勘與觀察這些已經存在數十億年的現象。

我們何等幸運能身處在這個行星探索時代的開端，這裡有一顆恆星和八大行星，除此之外，還有衛星、彗星與一大堆各式各樣、像石塊一樣的小型天體。

歡迎蒞臨太陽系！

水星、金星、地球、火星、
木星、土星、天王星、海王星

**矮行星數量：5**
穀神星、冥王星、鬩神星、
鳥神星、妊神星

**八大行星的衛星總數：222**
（截至2023年2月）

**太陽系大小**
太陽系大小：64兆公里／
　　　　　42萬7,813天文單位
（AU，1 AU＝1億4,959萬7,871
公里）
（這是歐特雲最遠延伸的距離）

# 我們住的地球，是岩石行星

　　太陽系，顧名思義就是由太陽重力所主導，而聚集形成的一個天體系統。簡單來說，就是太陽和少許45億5,000萬年前遺留的碎屑材料。雖然太陽系中有99.8%的質量都集中在太陽本身，然而最有趣的部分，卻是這些碎屑材料所組成的天體，其中之一就是我們的地球！

　　太陽系的成員，如果由距離太陽最近算起，那麼最前面4顆是岩石行星，或稱「類地行星」，分別是：水星、金星、地球、火星；而距離較遠的後面4顆，則是氣態巨行星，或稱「類木行星」，分別是：木星、土星、天王星、海王星；至於介於這兩群之間的，是一大群繞行太陽的岩石塊，這裡稱為「小行星帶」；此外，遠在氣態巨行星之外的則是一大群冰粒，所在位置稱為「柯伊伯帶」；最後，還有一個離太陽系其他成員非常遙遠的地方，可能包含數兆顆的冰冷彗星，這個區域稱為「歐特雲」。

　　想像一下，在歐特雲中，太陽系裡的行星、小行星與其他天體就像一片被蜂群包圍的光碟。

　　如果按照比例把太陽系縮小，直到太陽變成和胡椒粒一樣大的時候，地球與太陽的距離就會變成10公分；而柯伊伯帶最大的天體——鬩神星與太陽的距離則變成10公尺；延伸到與最近恆星中間的歐特雲，在縮小的太陽系中的直徑，卻會長達10公里。藉由這樣的想像比例，就可以知道太陽重力能夠影響的範圍，以及太陽系的邊緣有多麼廣大。

　　現在知道何謂太陽系了，那麼太陽系在哪呢？

水星　　　金星　　　　地球　　　火星　　　　　　　　　　　　　　木星

▼按照實際比例呈現的太陽系八大行星（由左至右）：由岩石組成的類地行星——水星、金星、地球、火星；以及又稱氣態巨行星的類木行星——木星、土星、天王星、海王星。

土星　　　　　　　天王星　　　　　　海王星

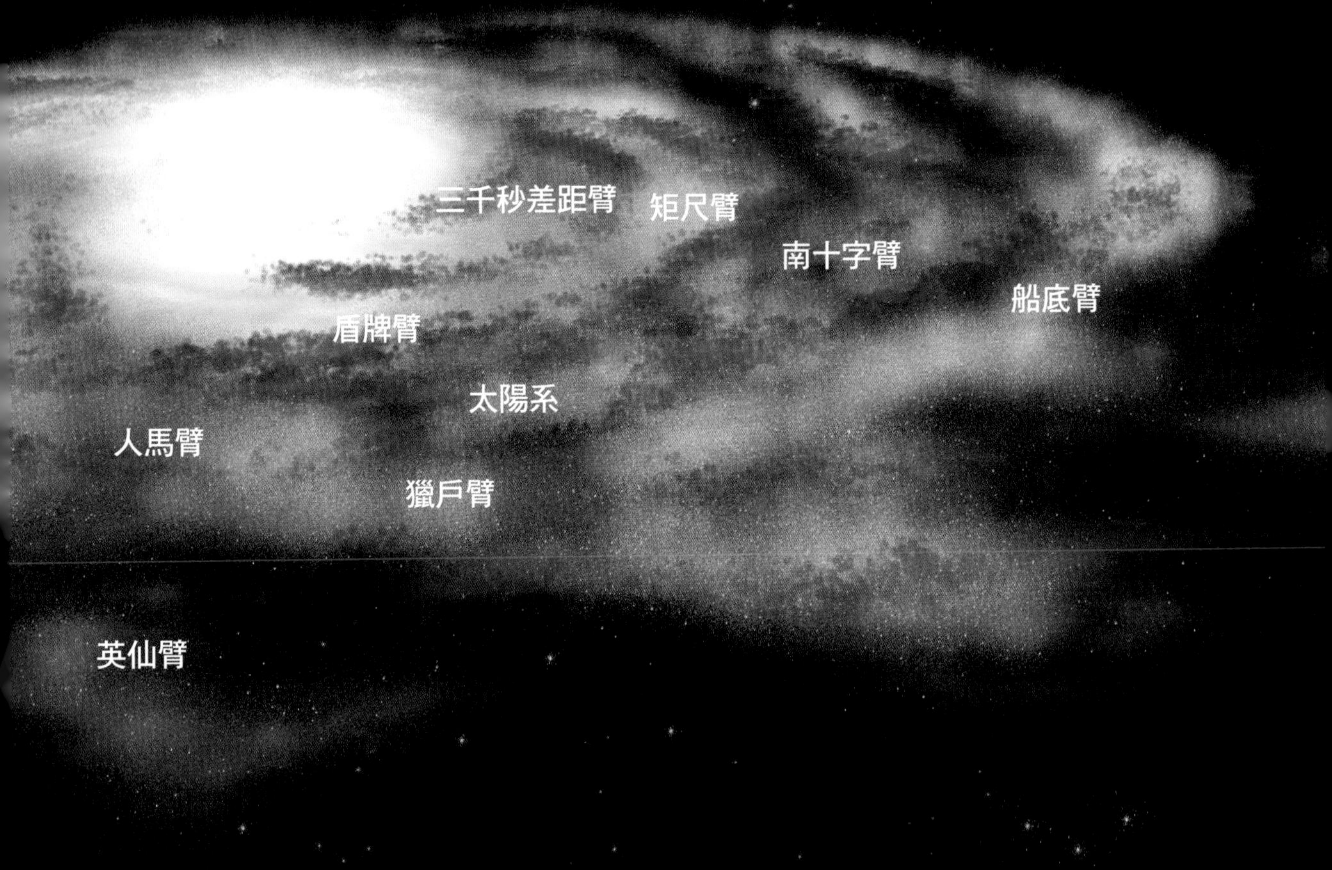

三千秒差距臂　矩尺臂

南十字臂

船底臂

盾牌臂

太陽系

人馬臂

獵戶臂

英仙臂

▲由電腦細節模擬的本銀河系。

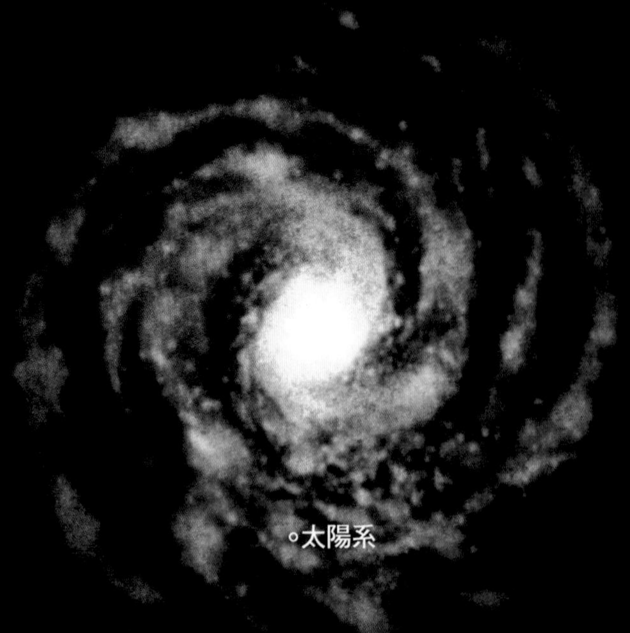

。太陽系

◀本銀河系的電腦模擬圖，從圖
中可以找到太陽系的位置。

▲雖然在地球北半球可以看見銀河，但赤道以南的銀河卻更為閃耀，這是因為地軸南極直接對著銀河的中心。銀河中心有著大量且高密度的恆星，北半球則是望向銀河的邊緣。

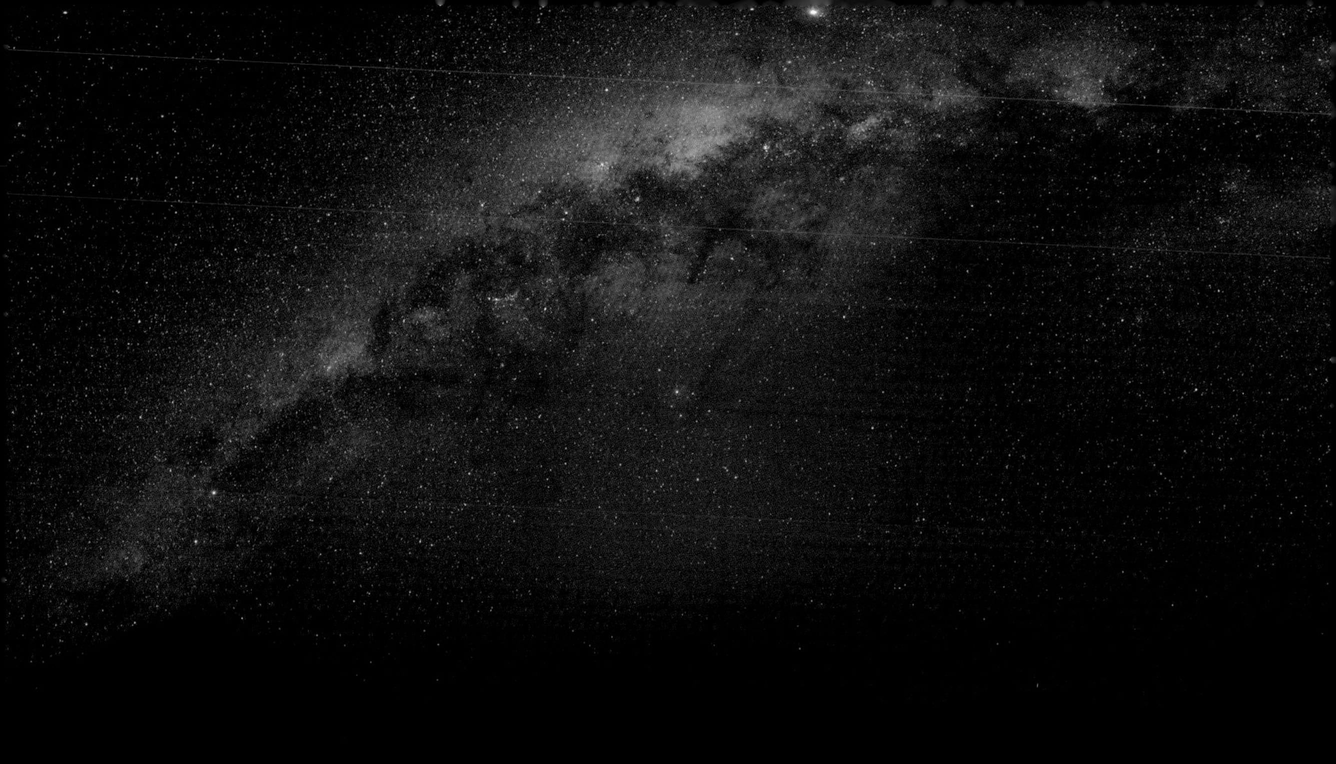

# 彗星撞地球，是這樣造成的

太陽坐落在「銀河」，並且擁有千億顆恆星的螺旋星系（編按：由大量氣體、塵埃和又熱又亮的恆星所形成，有旋臂結構的扁平狀星系）中（譯註：有研究指出可能為棒旋星系〔編按：是中間由恆星聚集組成短棒形狀的螺旋星系〕）。這個星系目前像是一個巨大洗衣槽，在太空中沉重的拖動著無數的恆星。這個星系從側面看，就像兩顆背貼背的荷包蛋。

目前科學家普遍認為，銀河系是被包覆在一個看不見的球狀「暗物質」中。我們的太陽系距離銀河中心約有2萬6,000光年，位於一條稱為英仙臂的「旋臂」上，目前研究認為太陽系應該是位在英仙臂的「分枝」上，這些旋臂是從銀河中心蜿蜒而出；至於銀心則是包含大量恆星而鼓起的區域。

太陽系所在位置差不多是銀心到銀河邊緣的一半。這樣的距離使得太陽系大約2億2,000萬年會繞行銀心一圈，繞行時太陽會在銀河盤面上下震盪，並且撞擊星際間巨大的氣體分子雲團。而撞擊造成的微擾，可能就會促使歐特雲中的天體奔向太陽，變成彗星，這些彗星甚至可能會撞擊地球，引起大規模的生物滅絕。

至於我們的銀河系，也只是千億座星系的其中之一，我們所看到的宇宙，是以地球為中心，一個寬達840億光年可看到的範圍。所謂可觀測的宇宙，包含自137億年前，宇宙誕生後能到達地球的星光，以電磁波來說，我們是無法觀測到在這個極限之外（或稱光之地平面）的星系（譯註：也就是說和我們沒有因果關係）。

或許，宇宙將延續到永遠，也有可能像太陽系，終究有完結的一天。（譯註：因為目前科學家相信宇宙持續在膨脹中，而數十億年前的星系星光到達地球時，原來位置的星體已經遠離，所以理論或實際上的宇宙比宇宙年齡乘上光速來得更大。）

# 初誕的混沌，
# 像是調酒師手上的搖杯

約45億5,000萬年前，星際間有一大團分子雲，包含無數的氣體和塵埃，溫度低且黯淡，看起來就像是在恆星間打翻的墨汁；至今，這類分子雲仍存在銀河中。在形成恆星之前的這些原始雲氣，有著極為古老的年齡，在漫長的歲月中沒有什麼變化，就只是各種分子的集合。然而，這些雲氣在不斷放出電磁波的過程中逐漸冷卻，當冷卻到不足以對抗自身重力時，便開始塌縮。

當旋轉的雲氣開始塌縮，又在銀河系轉動的推波助瀾之下，使得它越轉越快，如同調酒師手上的搖杯。同時，雲氣逐漸聚集成更小的球體，其中有一個即是我們的太陽。

這些球體隨著塌縮變得越來越熱，直到它們中心的溫度高到點燃了能夠產生能量的核反應，太陽就誕生了。此時，太陽周圍仍有一個盤狀結構繞著它轉動，這些是來不及進入太陽的氣體與塵埃。之所以會形成一個盤面，是因為在旋轉軸上的物體比赤道方向的物體更容易塌縮，而在赤道上旋轉的物體則是由重力來對抗旋轉的離心力，以防止物體逃逸。

在這片原始的盤面上，塵埃相互撞擊，並且逐漸結合，形成較大的物體，最終就聚集成了行星。當科學家使用電腦，模擬太陽系內行星的生成時，發現應該有不少大於地球質量10倍以上的行星生成，然而它們卻在與其他巨型行星的重力交互作用後，被彈射出太陽系，永遠離開我們，在星海中流浪。

▲引起氣體塵埃雲塌縮，而形成太陽系的原因，可能來自附近的強烈震波——超新星爆炸。

▼當巨大的氣體雲開始壓縮，而形成較緻密的結構時，恆星就誕生了。例如船底座星雲中的巨大塵埃柱，這些柱子的生成是受到強烈星際風，與大質量恆星輻射所塑形。

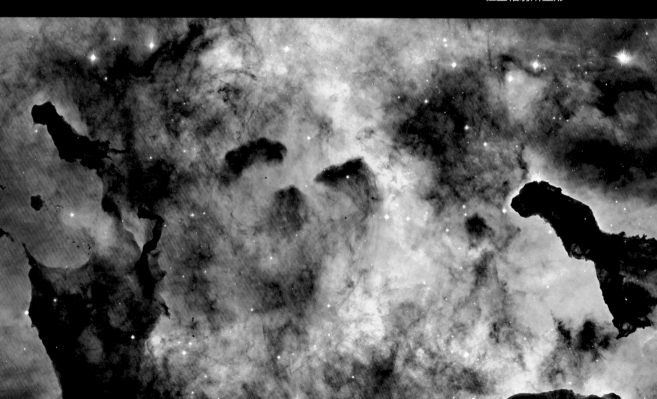

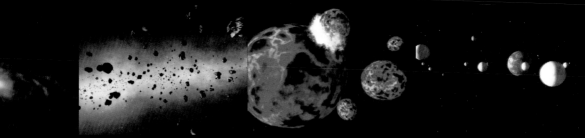

▲當塌縮而聚集的物體越來越密、越來越熱，直到引起核反應，太陽就此誕生了。

▲在「冷吸積」（編按：吸積即天體透過重力吸引和積累周圍物質的過程）階段，塵埃聚集形成較大的石塊和冰。這些「微行星」（planetesimals）逐漸藉由重力吸取物質而成長。

▲此時，有一些天體因為體積增大且密度逐漸升高，這些內熱使得行星內部呈熔融狀態，而天體之間猛烈的撞擊也會釋放能量。

▲較大的天體逐漸形成「原行星」，由於行星內部結構差異變大，所以有熔化的內核與固態冷凝的地殼。這些原行星同時也巨大到足以讓氣體分子吸積在星球表面，而形成濃厚的大氣。

▼獵戶座中的火焰星雲（NGC2024）。
該星雲是被附近年輕的恆星所照亮，屬於獵戶座分子雲團的一部分，其中包括著名的馬頭星雲（右上角）。

馬頭星雲

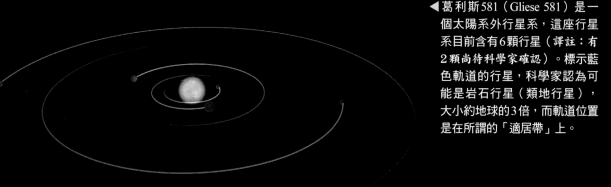

◀葛利斯581（Gliese 581）是一個太陽系外行星系，這座行星系目前含有6顆行星（譯註：有2顆尚待科學家確認）。標示藍色軌道的行星，科學家認為可能是岩石行星（類地行星），大小約地球的3倍，而軌道位置是在所謂的「適居帶」上。

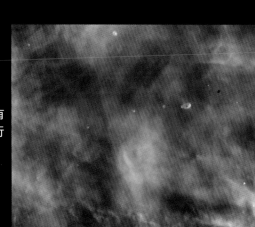

▶在獵戶座星雲裡，5顆年輕的恆星中有4顆有原生的塵埃與氣體盤。這些原行星盤將演化成繞行恆星的行星系統。

# 太陽系之外，還有其他行星系嗎？

1995年前，科學家不知道宇宙中是否還有像我們太陽系一樣，有行星圍繞恆星的系統。但在那之後，科學家開始發現大量的「系外」行星。時至今日，似乎每10顆鄰近的恆星，就有1顆擁有行星；而每3顆恆星就可能有1顆有原行星盤。如果將探索區域擴展至整座銀河系，可能會發現有數百億座行星系統。目前已知離地球最近的行星系是在天苑四（ε Eri）附近，距離我們10.5光年。

這些系外行星系讓我們驚訝的了解到，太陽系和其他系外行星有多大的不同。有些行星系統中的氣態巨星，它們所公轉的軌道距離比水星到太陽的距離還要短，這些行星稱作「熱木星」，因為太靠近母星使得溫度太高，所以不太可能藉由自身的重力聚集物質形成行星。

造成這類熱木星如此靠近母星的原因，可能是行星在原行星階段時，受到塵埃盤面和其他原始氣態巨星的撞擊而遷移到這個位置。由於目前儀器較容易觀測到大質量的行星，所以截至目前發現的行星系統，科學家還不明白這是否為一種常見的型態。

這些儀器探測行星的原理，主要是利用大質量的行星繞行母星時，母星因為受行星重力影響而晃動；以及在我們的視線方向發生行星「凌」母星，也就是當行星經過母星面前，遮擋住一小部分的母星光而造成的光度變化（譯註：事實上，母星在行星系中並非固定不動，而是繞著共同質心旋轉。當行星質量夠大時，行星系的共同質心會偏離母星的質心較多，使得母星晃動明顯。就像人類父母拉著小孩轉圈圈一樣，父母旋轉半徑小，而小孩旋轉半徑大）。

在不久的將來，我們將漸漸有能力發現與地球質量相近的行星，繞行與太陽相似的恆星。最終

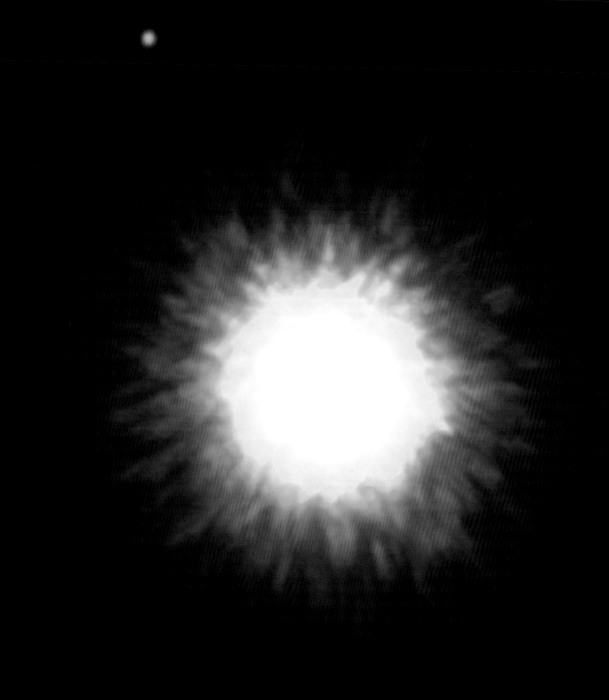

▲首張系外行星繞行似太陽恆星的影像。
　這顆行星質量約8顆木星，其公轉軌道
　距離，比海王星的軌道還要遠10倍。

▲集中在黃道面上的塵埃粒子所反射的太陽光。我們可以在背對太陽的晴朗夜空中，觀察到這種稱為「黃道光」的現象。

# 想上太空？請準備：空氣瓶、加溫兼排熱又會加壓的太空衣

　　要仰觀太陽系最大的組成並非難事，因為它就是包含一切的「太空」空間。在行星之間氣體密度非常低，使得在行星際空間中，每立方公分只有10個原子或分子；相較之下，地球海平面上每立方公分的氣體密度，則高達3,000萬兆個原子或分子，就算在地球上做出較高的真空環境，仍是有10萬個分子。

　　既然行星際空間幾乎空無一物，那麼無論你如何尖叫，都不會有人聽見。畢竟聲音的傳播需要適當的介質，但相反的，不需要介質的光卻可以暢行無阻。不過光必須經由塵埃散射，才會展現它傳遞的光束，因此在沒有塵埃的太空中，不會見到雷射光傳播的軌跡。

　　太空人在執行任務時，會面對許多的危險：他們必須攜帶壓縮空氣瓶，因為那裡沒有空氣可以呼吸；必須穿著加溫的太空衣，因為那裡只有極稀薄的氣體分子，會令人覺得寒冷刺骨；但同時這件太空衣也要能排熱，因為太陽直接照射物體後溫度會升高，而稀薄的氣體無法將熱量帶走，容易使得太空人過熱。

　　此外，太空衣也必須能夠加壓，因為太空人和你我一樣，都是生活在大氣層50公里下的氣體中，並承受每平方公分近一公斤重的大氣壓力，如果沒有了這個壓力，太空人的血液會沸騰。另外，太空人還得面對連續且致命的太陽閃焰，和上述的問題一樣危險……。

　　知道這些危險後，是不是覺得人類不適合脫離地球到宇宙生存呢？

▶1984年，在太空梭任務41B中，美國太空人布魯斯·麥克坎德勒斯（Bruce McCandless）正在執行脫韁太空任務（譯註：太空人和太空船沒有任何實體連接的任務，或稱無繫繩任務），並測試機動載具。

# 適居帶：行星表面擁有液態水

　　水，是生命存在的先決條件。也許事實並非如此，但目前為止科學家找到的唯一生命證據的地方，是我們的地球。而我們需要水！因此當太陽系中的其他地方有水，將會是外星生命可能存在的關鍵。

　　液態水不會存在於溫度太高的地方，因為它會變成蒸氣；但也不能太冷，否則就會結凍。由於距離太陽越遠，溫度越低，所以當某個距離剛好可以讓行星表面擁有液態水時，這個絕妙的位置就稱為「適居帶」。太陽系中的適居帶大致上是從地球軌道到火星這段，藉由溫室效應則可以使得適居帶的寬度稍微延伸，例如地球上的水蒸氣能保留一些熱能。

　　有些科學家認為，上述的適居帶只是一種「傳統上」的說法。因為最近的許多發現正挑戰著這個概念。例如當一個物體承受不同重力，也就是受潮汐力影響時，由於受到拉伸與擠壓，天體內部會受到加熱。舉例來說，我們可以在木星兩顆衛星：木衛一（埃歐）以及木衛二（歐羅巴）上看到這現象，木衛一因為這能量而使得上面有火山噴發；科學家則是認為木衛二冰凍的表面下有液態的海洋。但這兩顆衛星距離太陽遙遠，並非落在傳統概念的「適居帶」中。

　　更令人驚喜的是，土衛六（泰坦）上有河流與海洋，還會下雨和下雪。不過它和地球不一樣，降下的並非水，而是甲烷和乙烷。這樣的環境似乎提供了一個非常吸引人的可能：在除了水之外的液態環境下，若是這些特殊的環境也能夠提供化學物質相互反應，或許能創造出完全「外星」的生命型態。

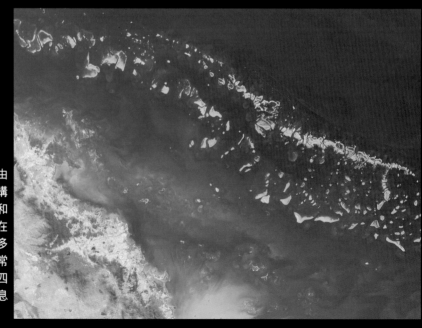

▶大堡礁是目前世界上，由生物所創造最大且有結構的物體。這群由珊瑚礁和島嶼形成的結構，綿延在澳洲東北的海岸達兩千多公里。珊瑚礁提供了非常豐富的棲息地，大約有四分之一的海洋物種都棲息於此。

# 如果有外星人，那他們在哪裡？

　　電影《2001太空漫遊》（*2001: A Space Odyssey*）中，月球上挖掘出一架外星太空船（譯註：應為黑石碑），發現地點是在月球的第谷坑，而且已經深埋在地下數百萬年。這個外星物體其實是一個警報器，當人類的文明沒有招致自身滅亡，科技也發展到可以進行星際旅行到達鄰近恆星時，便會向製造者發出警報。

　　我們的太陽系會有這種來自外星文明的探測器嗎？沒人知道！但有一個強而有力的觀點認為，若是銀河系中有高度的外星文明，而且他們能夠探索宇宙的話，他們應該會來到地球。這個想法來自一位美籍義大利裔物理學家──恩里科‧費米（Enrico Fermi，1901～1954）。有一次，他和同事午餐餐敘討論外星人時，脫口而出說：「大家都到哪裡去了？」

　　費米提出一個簡單探索銀河系的想法，是使用會「自我繁殖」的探測船，這方法是派出一架探測船到鄰近的星體，然後這艘探測船使用星體上的資源來自我複製，之後形成兩艘「分身」太空船；而這兩艘太空船又飛往其他星體，並且重複著相同的複製程序，就像病毒在人體內的傳播一樣，這種探測船會「感染」整個銀河系，最終在數千萬年後，將造訪銀河系中一千多億顆的恆星。費米認為這所費的時間大概只有銀河系年齡的千分之一，所以，如果真有高度的外星文明，他們應該已經來到我們這裡了。

　　有些人會想說，沒有見到外星訪客的跡象是，因為我們是目前科技最先進的文明；也有人認為，缺乏證據不代表就是沒有外星文明的證明。如同《如果宇宙到處都是外星人……那他們到底在哪？》（*If the Universe Is Teeming with Aliens...*）一書的英國作者史蒂芬‧威伯（Stephen Webb）所說，目前人類探索的區域，也僅限於太陽到冥王星之間的5萬兆兆（譯註：billion million，$10^{24}$）立方英里而已。

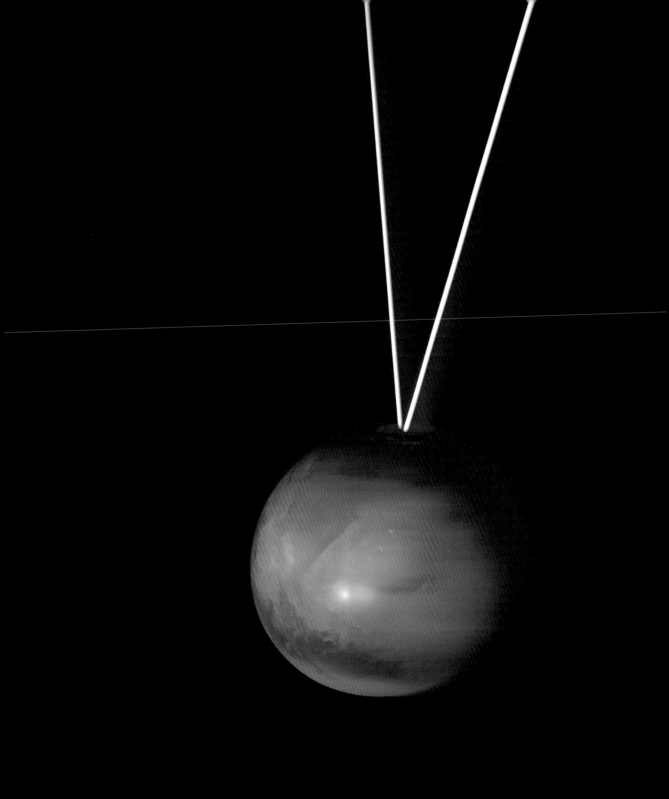

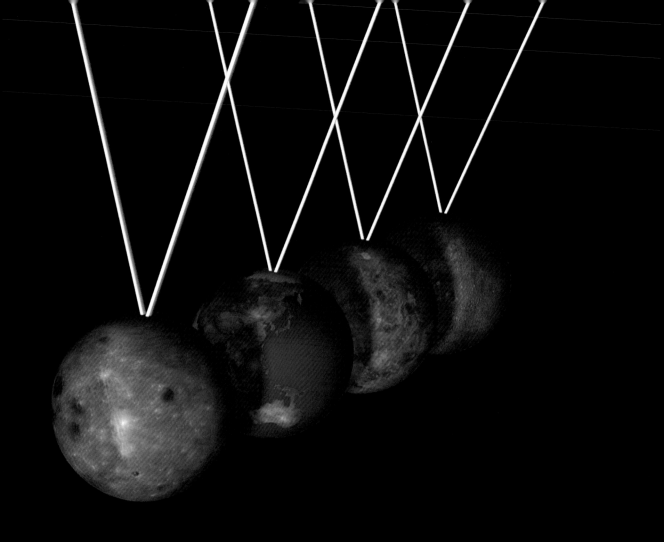

# 離開地球表面，造訪天文實驗室

　　若是可以改變地球質量、距離太陽的遠近、溫度以及地球誕生時在太陽系的位置，就好像造物神轉動音量調整鈕一樣，讓地球變成其他行星，我們就可以推測出地球若不是在今天的位置，環境會變得如何不同，但反過來說，我們也因此理解到地球的特殊之處。

　　大氣層的存在與否，主要是由行星的質量與距離太陽的遠近來決定。行星越靠近太陽就越熱，氣體分子就如同瘋狂的蜜蜂，所以在這個狀況下若不是有強大重力的大質量行星，就不能留住這些氣體，例如水星就因為太小，所以沒有大氣，但金星和地球則是夠大到能留住大氣層。距離太陽較遠的行星因為較為寒冷，即便是像土衛六這樣小的世界，還是能保留很厚的大氣層。

　　事實上，大氣層是更為複雜的結構。如果地球像金星一樣靠近太陽，我們將沒有液態水，並且籠罩在強烈的溫室效應之下，有如同煉獄的環境。火星的大氣稀薄，容易因為擾動而引起瀰漫整顆行星的沙塵暴，這個現象會導致陽光大量反射，造成火星氣溫急遽下降。所謂「核子冬天」的概念就是來自對火星的觀測。因此對於人類來說，火星和金星的狀況是對地球未來環境最好的警告。

　　最後，探索行星的過程，總會有令人出乎意料的驚喜，例如最近在體積不大的土衛二上已經發現水的存在。行星是大自然的天文實驗室，不同力量的交互作用實在太過複雜，往往使得科學家難以揣測，因此我們得親自去拜訪，一探究竟。

# II. 地球所處的內太陽系

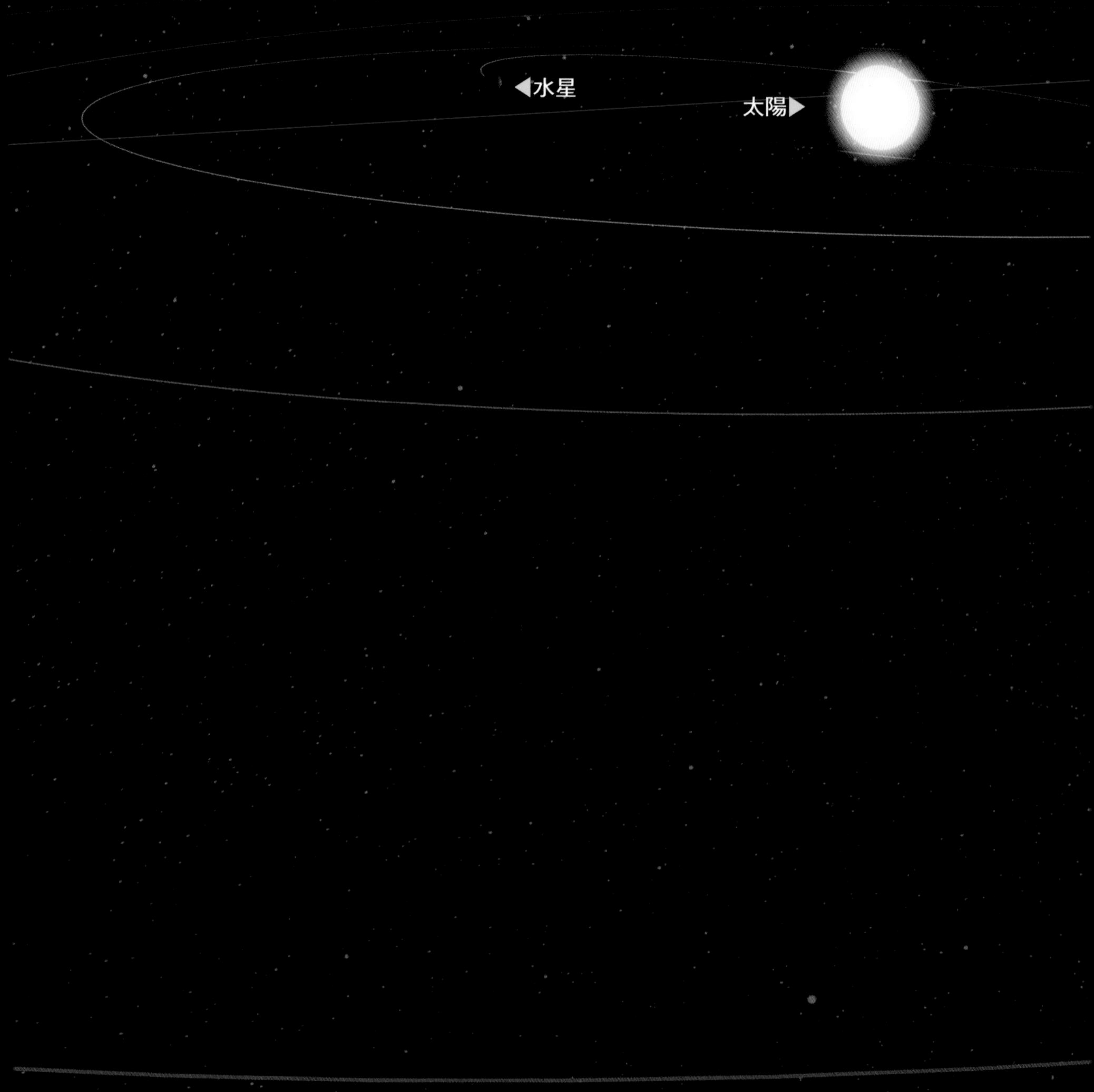

◀水星      太陽▶

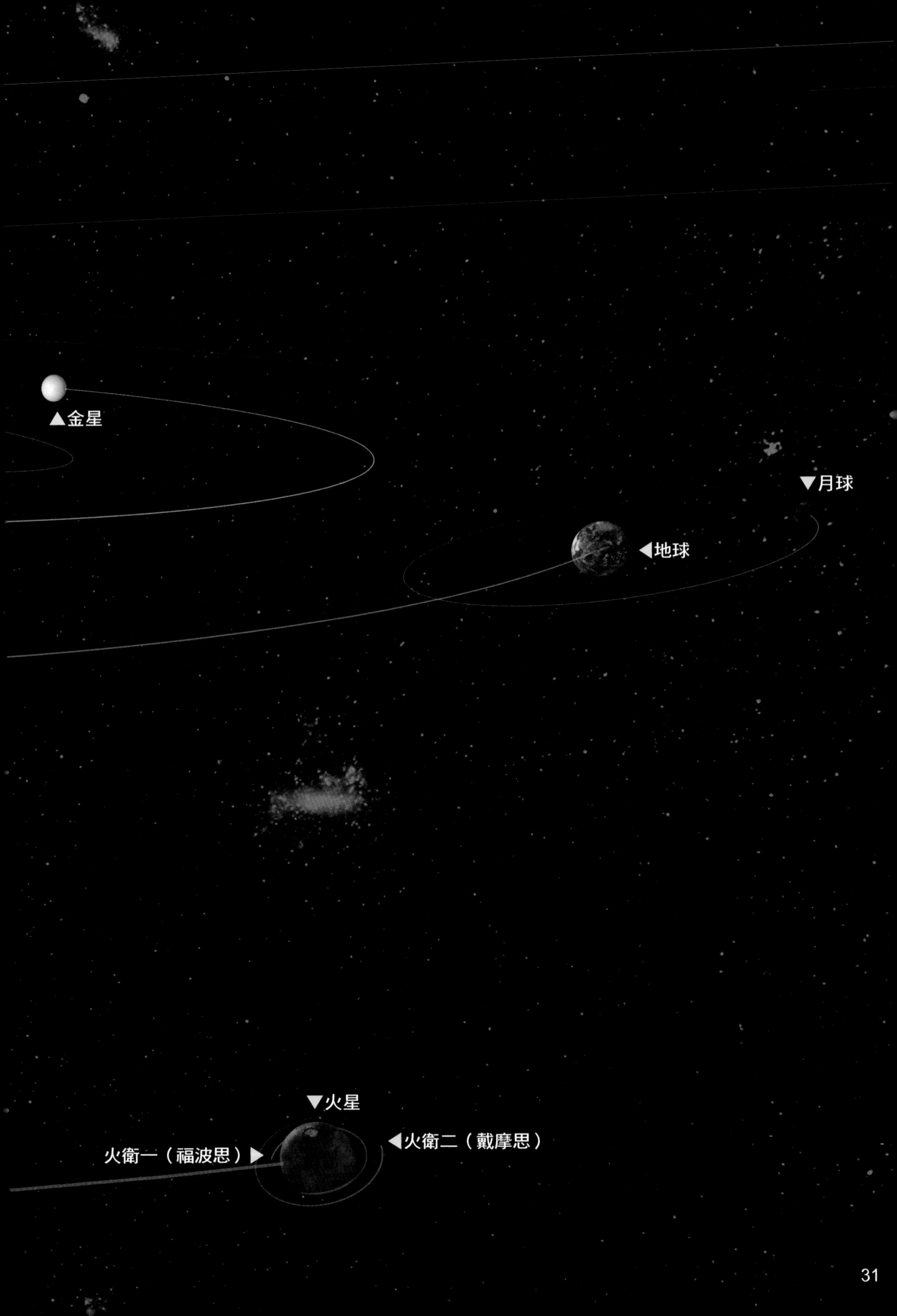

▲金星

▼月球

◀地球

▼火星

火衛一（福波思）▶　　　　　◀火衛二（戴摩思）

# 太陽
## Sun

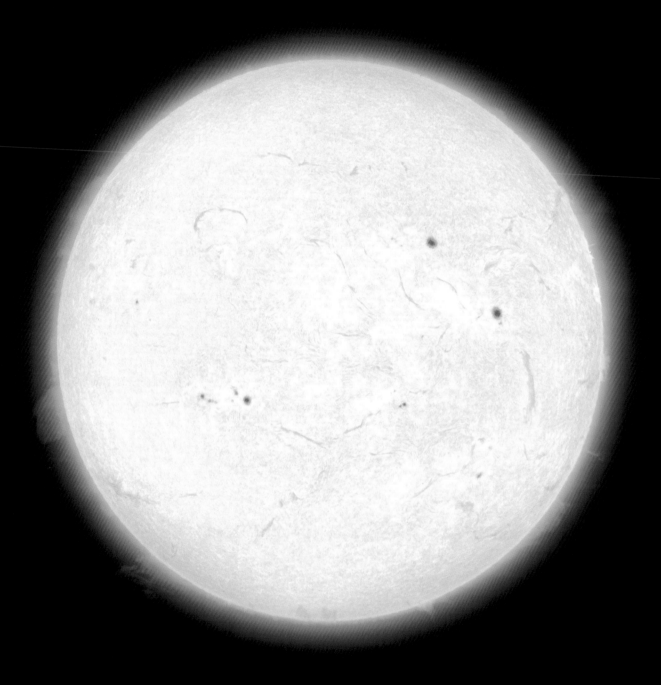

平均密度

| 鐵 | | | | | 岩石 | | | ● 水 |
|---|---|---|---|---|---|---|---|---|
| 7g/cm³ | 6g/cm³ | 5g/cm³ | 4g/cm³ | 3g/cm³ | 2g/cm³ | 1g/cm³ | 0 |

# 足夠裝下百萬顆地球

　　太陽是離我們最近的恆星，也是目前唯一近到可以觀察表面結構，而非小到只有一個針點大的恆星。基本上，太陽就是太陽系，因為太陽擁有太陽系內99.8%的質量，而且太陽大到足夠裝下百萬顆的地球。

　　自從地球在45億5,000萬年前誕生後，太陽所散發出的熱和光幾乎沒有變化。恆星和行星最大的不同點在於，恆星能夠自己產生光和熱能，至於在恆星塵埃盤上形成的行星，（大多數狀況下）只能反射恆星的光。

　　如同所有恆星，太陽也是一顆巨大的氣體球，藉由自身重力將氣體吸引住並且壓縮，直到變得非常炙熱。但是，這些氣體是什麼？或換個方式問：太陽的組成成分是什麼？

## 軌道特徵
**自轉一週：** 27個地球日
**轉軸傾角：** 7.25度

## 物理特徵
**直徑：** 139萬1,900公里／地球109倍
**質量：** 1,990兆兆公噸／33萬3,300個地球
**體積：** 141萬兆立方公里／130萬個地球
**表面重力：** 地球的27.963倍
**脫離速度：** 617公里／秒
**表面溫度：** 凱氏5,780度／攝氏5,507度
**平均密度：** 1.41公克(g)／立方公分(cm³)

木星

## 大氣組成
**氫：** 73.46%
**氦：** 24.85%
**氧：** 0.77%
**碳：** 0.29%
**鐵：** 0.16%
**硫：** 0.12%
**氖：** 0.12%
**氮：** 0.09%
**矽：** 0.07%
**鎂：** 0.05%

色球層
光球層
對流層
輻射層
固體核心

**表面溫度**
2,000 ℃　　　　4,000 ℃

0 K　　　2,000 K　　　4,000 K　　　6,000 K

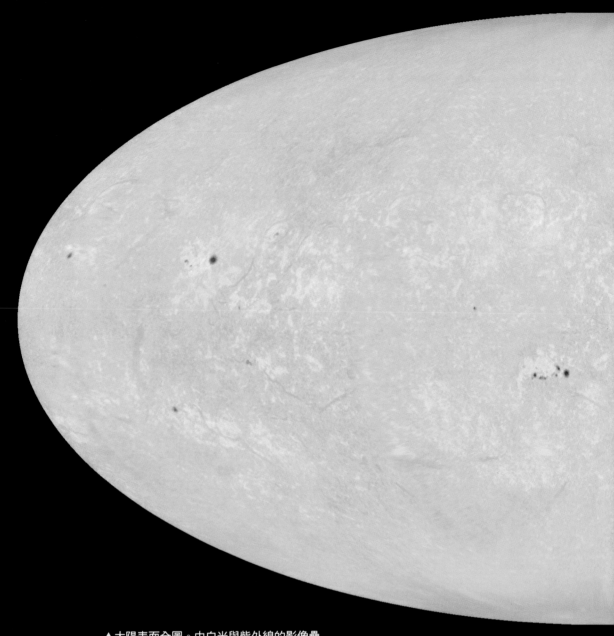

▲太陽表面全圖。由白光與紫外線的影像疊
合而成,並把原來是球形的太陽表面,用
幾何轉換方式,將表面經緯度座標對應到
二維的平面上。(摩爾魏特投影,地圖正
中心為本初子午線位置。)

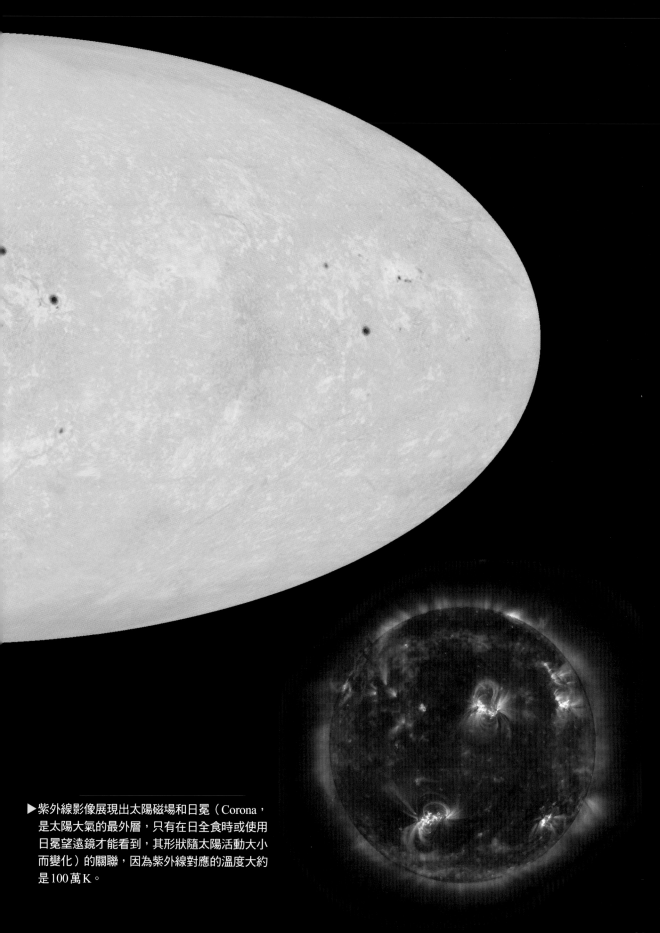

▶紫外線影像展現出太陽磁場和日冕（Corona，是太陽大氣的最外層，只有在日全食時或使用日冕望遠鏡才能看到，其形狀隨太陽活動大小而變化）的關聯，因為紫外線對應的溫度大約是100萬K。

▲2002年1月4日，記錄了太陽日冕層壯觀的日冕物質噴發（coronal mass ejection，簡稱CME）。

▲太陽南極附近的日珥（Solar prominence，太陽表面噴出的熾熱的氣流，在太陽的色球層上產生的一種非常強烈的太陽活動，是太陽活動的標誌之一）。使用30 Å、171 Å、195 Å（編按：埃格斯特朗 Ångström，簡稱埃，符號Å，是一個長度單位，1 Å = $10^{-10}$ 公尺 = 0.1 奈米）三種波長的紫外線，作為合成影像的三種顏色。

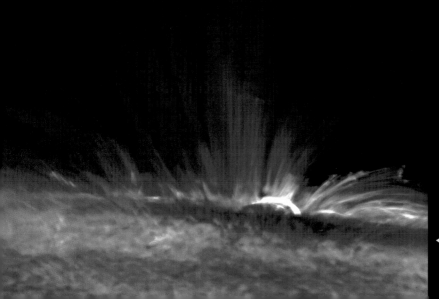

◀黑子附近強烈的太陽磁場。在太陽外緣的黑子邊緣，可以見到電離氣體沿著磁場移動的垂直結構。

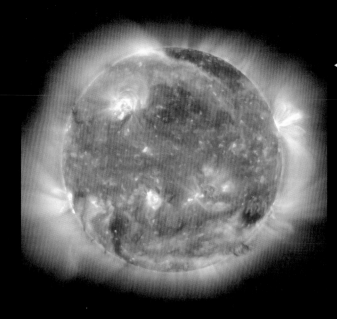

◀利用不同波長的紫外線影像，可以幫助科學家探索太陽的大氣結構。

▶2010年3月30日的電離氣體影像，拍攝到數個在太陽閃焰上的波動與迴圈。

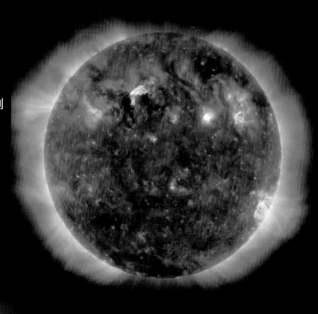

◀由兩張不同的影像所合成：使用人造衛星拍攝的紫外線太陽表面照片，與地球上望遠鏡在日全食時，所拍攝的可見光日冕影像。（譯註：綠色的太陽是來自「太陽及太陽風層探測器」〔Solar and Heliospheric Observatory，簡稱SOHO〕的紫外線影像，可能的對應波長是195Å。）

# 主要成分：
# 不是鐵，而是氫和氦

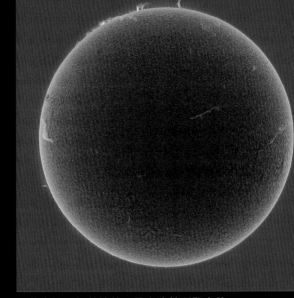

英裔美籍天文學家塞西莉亞‧佩恩（Cecilia Payne，1900～1979）的博士論文，是20世紀極為重要的天文學成就，卻鮮少人聽過她的名字。1920年，她率先發現太陽有98%的氫和氦，這兩種元素在地球上卻不常見。她的發現飽受爭議，是因為她在論文中寫道：「這兩種氣體的比例高到難以置信，幾乎不是真的。」數年之後，當她的發現獲得更普遍支持時，功勞卻落到她的指導老師美國天文學家亨利‧諾利斯‧羅素（Henry Norris Russell，1877～1957）的手上。

▲藉由接近紅外線的可見光濾鏡所觀察的太陽，影像呈現出太陽大氣層中的電離氫氣。

在佩恩發表論文的時候，科學家普遍認為太陽是由鐵所組成，因此她的理論備受爭議。原先在19世紀時，德國科學家發現將元素加熱後，會放出特定顏色（或稱「波長」）的光。也就是說，幾乎所有的元素，例如氧、氫、鈣，甚至是黃金都有獨特的顏色──「指紋」。因此藉由當時新興的光譜學，發現太陽所放出的譜線都強烈指向一種元素：鐵。

原子會吸收或放出光的原因，是來自電子在不同軌域上的轉換。佩恩提出理論的重要概念，是認為當元素在高熱的太陽中，會以極高的速度飛行，並產生劇烈的碰撞，因此大部分的原子會失去所有的電子。但這個現象比較容易發生在擁有1顆或2顆電子的氫和氦，進而形成電子氣體（電漿狀態）；反觀擁有26顆電子的鐵，則是不容易失去所有的電子，因此太陽光譜並非取決於元素的組成，所以藉由當時最新的「量子力學」與統計力學，才能描述此現象。

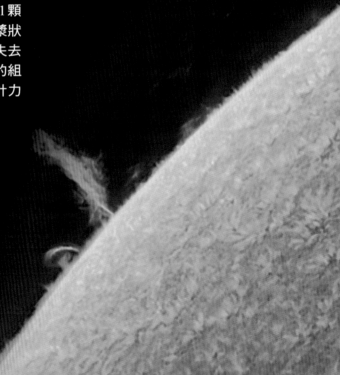

▼在太陽表面上高溫氫氣生成的針狀結構,看起來就像地毯上的纖維。圖中太陽的地平線位置,有噴發的日珥懸浮在太陽磁場中。

# 太陽有多熱？
# 最高溫達攝氏 1,500 萬度

　　太陽會熱的原因是來自本身大量的質量，如此而已！

　　所有的質量越往核心，就會越集中。如果你使用過腳踏車打氣筒，應該有發現壓縮的氣體會比較熱，太陽內部的高溫也是基於同樣的原因。所以當極大的質量擠壓在核心時，太陽內部最高溫可以達到攝氏 1,500 萬度，在如此高溫的環境下，所有的物質，無論是哪種原子，都會變成離子化的帶電氣體，或稱「電漿」。無論太陽由何種物質所組成差異都不大，關鍵在於當物質變成電漿態時，將呈現平均且單一的特性。

　　太陽擁有 1,000 兆兆噸的氫氣，但如果將 1,000 兆兆噸的微波爐，或是 1,000 兆兆噸的香蕉擺一起，最終也將得到一個像太陽一樣熱的物體。好啦，老實說，由微波爐或香蕉組成的物體不完全會像太陽！

　　雖然太陽中心溫度取決它的總質量，但決定太陽溫度特性第二重要的因素是組成的原子種類，因為自由電子會阻礙熱量的逸失，當一個原子有越多電子，例如鐵原子比氫原子重得多，重的原子將貯存更多的熱量。造成太陽發熱的原因很多，但為何太陽能「持續」發熱呢？

◀ 這裡只有 8 根香蕉，所以無法形成像太陽一樣的物體。不妨想像一下，1,000 兆兆噸是多少根香蕉？

# 讓太陽持續發熱的來源：原子核

　　太陽持續將熱能送往太空，照理說應該會逐漸冷卻，事實卻非如此。很明顯是因為有某種熱源補充散失的部分，使得太陽溫度和質量維持一定的關係，但這熱源，從哪裡來呢？

　　在回答這問題之前，我們必須了解太陽究竟發出多少熱量。19世紀初，法國物理學家克勞德·普耶（Claude Pouillet，1790～1868）以及後來的英國天文學家約翰·赫歇爾（John Herschel，1792～1871），分別測量了太陽放出的能量。赫歇爾在一座島上進行研究，這個地方周圍都是有河馬出沒的沼澤，位於現今南非開普敦的郊區，稱為奧普斯福屈（Observatory，原意為觀測站）。

　　在以蒸氣為動力的19世紀，太陽很自然的被認為是以煤為燃料，那麼，使用煤為燃料的太陽能燃燒多久呢？答案是5,000年！這卻和地質學與生物學的研究結果大相逕庭，地球存在的年代遠比這古老得多！今日測量的結果，則是認為太陽已經存在有50億年的歷史。所以無論能量的來源是什麼，必定要比同重量的煤高出百萬倍！

　　到了20世紀，人類終於了解這能量的來源：原子核。在太陽高溫的核心中，最輕的氫原子核藉由碰撞與結合，形成較重一些的氦原子核。這種反應的效率非常低，若要使得2顆氫融合成氦，需要平均100億年的時間才能完成，所以太陽才能燃燒數十億年，也因此容許地球擁有足夠的時間，演化出複雜的生命。

　　太陽的核反應釋放出無與倫比的能量，並且以陽光的形式從表面散發出來！但何謂太陽表面呢？

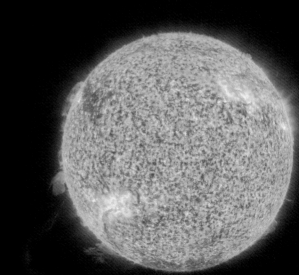

▶近期在太陽四周所發生的日珥大爆發，成因是由於日冕中維持氣體的磁場瞬間重組。

# 太陽光，八分多鐘就到達地球

　　太陽的質量是地球的30萬倍。雖然強大的重力將太陽深處的物質擠壓到密度比任何地球上的物質要高，但整體上，太陽是一顆氣體球，那麼，太陽有「表面」嗎？

　　答案是太陽無法或至少不像地球這樣有一個固體表面，它的表面必須藉由「光」來定義。

　　想像一下，太陽光是來自太陽深處的核反應，自由電子像漫無目標的行人一樣，以至於光走不到1公分就得轉向，使得光得迂迴走出太陽內部，這種「隨機行進」的路程讓光得耗費3萬年才能走到表面，因此，我們今日見到的太陽光，產生在最近一次的冰河時代。

　　太陽的表面，或稱「光球層」，是當光終於抵達外層，並從「行走」變成「飛行」的地方；此時，當光離開這個表面，就能自由的筆直前進，只要花八分多鐘就可以到達地球。

　　如果光能在太陽內部直線飛行，那麼所耗費的時間不是3萬年，而是2秒。能夠2秒鐘就離開太陽的，是另一種在核反應中產生的粒子：微中子。

　　請舉起你的大拇指，現在每秒約有100萬億顆微中子穿越著你的指尖，這些粒子約8分鐘前還在太陽的核心內！藉由日本超級神岡探測器，我們了解到原來太陽的微中子能透視地球，甚至這些粒子還能穿過地球核心，到達地球的夜晚面（背對太陽的那一面），不過陽光僅能照射到白天的地表而已。（譯註：指微中子可以像X光透視人體一樣，穿越過整顆地球而不會被吸收或是阻擋。）

　　太陽除了太陽光和微中子之外，更重要的是：可能嚴重影響地球氣候的磁場。

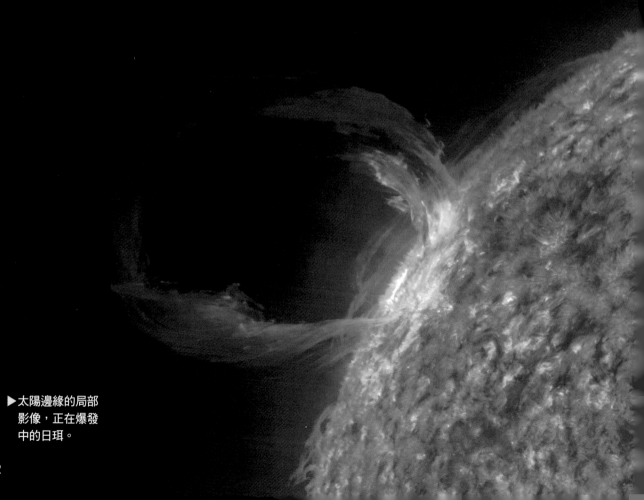

▶太陽邊緣的局部
　影像，正在爆發
　中的日珥。

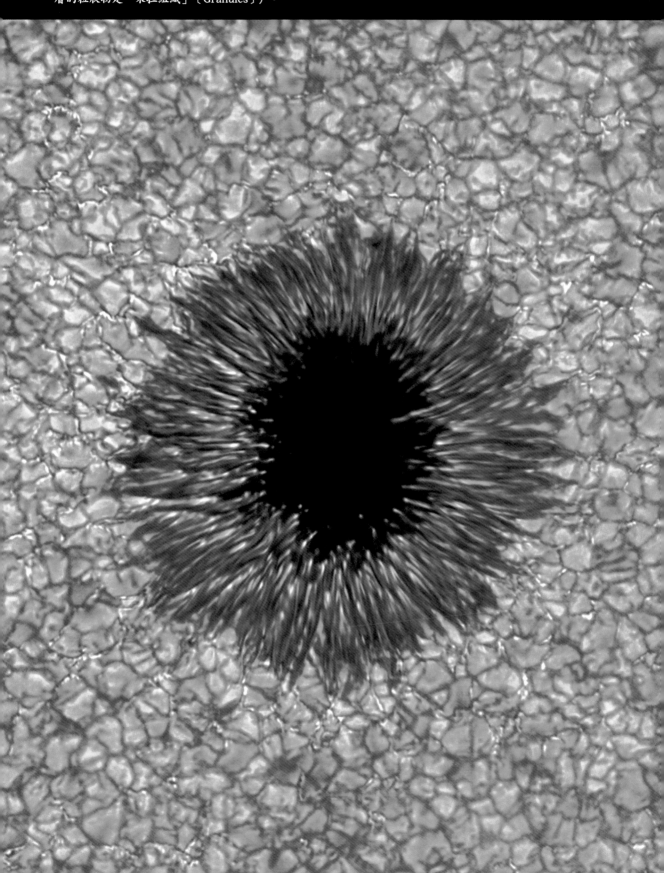

▼地面上望遠鏡所觀測到太陽中心的太陽黑子。望遠鏡拍到令人驚嘆的高解析度畫面，在黑子周圍連續的紋路是所謂的「對流胞」（譯註：由於地面上的望遠鏡不同於太空中的望遠鏡，會受到大氣擾動而影響解析度，原作者藉這張照片體現出地面望遠鏡已經克服部分大氣擾動的問題。在黑子外圍所見到的條狀對流胞，展現在光球層的粒狀物是「米拉組織」〔Granules〕）。

▶ 1859年8月27日〜9月5日，發生
卡靈頓事件的期間，磁力儀的讀數。

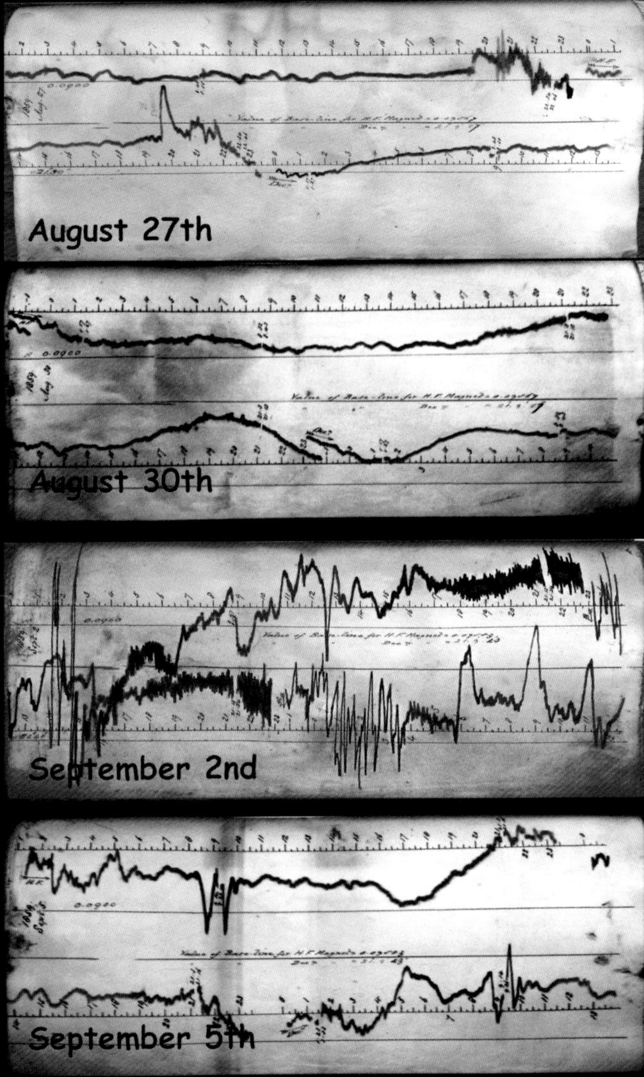

8月27日　August 27th

8月30日　August 30th

9月2日　September 2nd

9月5日　September 5th

# 黑子風暴，地球遭殃，甚至殺人

　　1859年9月，許多航行的船隻不斷回報，指出夜空出現驚人的血紅色極光。同時間指南針極呈現非常不穩定的狀態，電報操作人員遭到日常熟悉的儀器電擊而亡。此時，有一個人知道這究竟是怎麼回事，但沒有人相信他。

　　同年9月1日，李察・卡靈頓（Richard Carrington，1826〜1875）位於倫敦南方紅山的天文臺，觀測到太陽表面中心處有黑子群出現噴發的現象；同時，倫敦皇家植物園內磁力儀上的筆針，晃動超出紀錄紙的寬度。對於這樣的巧合，卡靈頓認為太陽正歷經一場風暴，而且這風暴向外橫跨宇宙空間並吞噬地球。

　　當時，這種想法被視為科學異端，於是卡靈頓遭到科學家排擠。自從牛頓的學說被視為正統，那時科學界普遍相信太陽只有一種方式影響地球：重力。只可惜，直到卡靈頓去世之

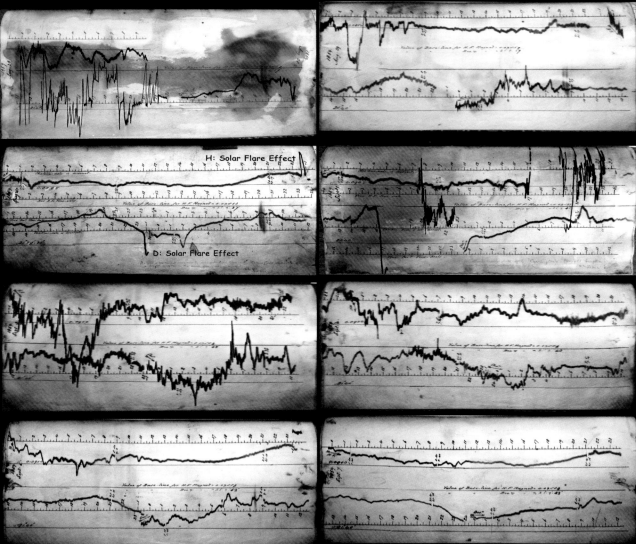

H: Solar Flare Effect

D: Solar Flare Effect

# 最強的磁鐵和磁力發電機

　　太陽是太陽系中最強的磁鐵。這塊磁鐵表現出多種現象，其中之一就是太陽黑子。在太陽表面上，黑子看起來像是黑色油漬，但實際大小通常比地球還大。黑子發生的區域，正是密集磁力線穿出太陽的地方。

　　太陽黑子的遞增和衰減，約以 11 年為週期。這週期也是太陽磁場反轉的時間，導致磁北極和磁南極交換。

　　在 1645 ～ 1710 年之間，太陽表面的黑子異常稀少，稱為「蒙德極小期」（Maunder Minimum），這期間和歐洲與北美發生的小冰河期時間吻合，因此導致數個酷寒的冬天。

　　除了太陽黑子之外，當太陽磁力線受到如橡皮筋被「扭絞」的狀況時，會把物質往太空拋射，形成閃焰。當此狀況劇烈發生時，大量的物質會被拋出，就稱為「日冕物質噴發」，最顯著的例子就是 1859 年的卡靈頓事件。

　　至於太陽磁場的產生原因，是來自太陽內部帶電氣體的流動。照理來說，這個由氣體的活動而形成的「發電機」，應該會因為持續失去能量而減緩，但太陽內部的輻射和對流作用，使這些帶電氣體得以讓這臺磁力發電機繼續運作下去。

　　除了閃焰，還有一種現象能讓太陽波及到地球：太陽風。

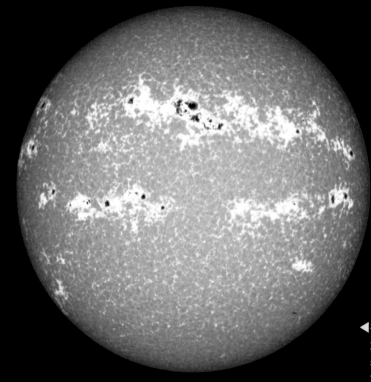

◀在太陽活動劇烈的時期，太陽表面布滿了太陽黑子。太陽黑子通常在太陽表面較亮且高溫的地方出現，這些地方稱為光斑。這張加強處理的影像，可以更明顯看到光斑呈現白色。

▼太陽及太陽風層探測器衛星所繪製出來的太陽磁場。

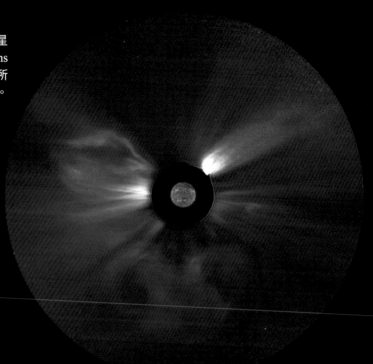

▶這不是光碟片！這是日地關係衛星觀測站（Solar Terrestrial Relations Observatory，簡稱STEREO）所看到從太陽湧出的高熱日冕氣體。

# 太陽風吹出絢麗極光，卻不傷人

太陽風是時速高達百萬公里的風暴，這些風暴從太陽表面出來後，就會飛過所有行星。太陽風的組成，主要是氫原子核（質子）並挾帶著太陽磁場。

至今，科學家尚未完全了解太陽風的成因。雖然太陽表面的溫度略微低於攝氏6,000度，但是太陽旁邊的大氣或日冕的氣體，卻高達數百萬度。目前認為日冕之所以高溫，是與太陽表面的震波撞擊所造成的結果，且因為日冕溫度極高，故非常容易脫離太陽的重力。由於太陽大氣層所延伸出的太陽風，超過地球公轉軌道的距離，所以換個角度來說，我們是生活在太陽裡面。

當太陽風離開太陽表面，大約4天後會抵達地球。很幸運的是，我們受到地球磁場的保護，地磁像是一根磁鐵棒，產生一層「磁層」，讓太陽風就像溪水流過鵝卵石一樣，不會直接衝擊、傷害地球上的生命。

由於磁場的結構，帶電的太陽風會從磁極南北端，旋轉進入地球南北極的大氣層，撞擊大氣分子，當氣體中的電子吸收能量，並放出能量回到較穩定的狀態時，所釋放能量就是絢麗的極光。

當太陽風持續往外吹，最終會撞擊到星際氣體，在交界處形成一個擾流區，此區稱為「終端震波」，震波之外就是寧靜的「太陽駐點」，此處是星際氣體和太陽放出物質混合而成的星際介質區。人類迄今送出離地球最遠的儀器──航海家1號（Voyager-1，或稱航行家1號、旅行者1號），當初預計將於2014年，穿過太陽駐點抵達真正的星際空間。（譯註：美東時間2013年9月12日，噴射推進實驗室〔Jet Propulsion Laboratory，簡稱JPL〕相關人員證實航海家1號已經進入星際空間，新聞稿其中一段表示：「……我們終於能夠回答一個被詢問已久的問題：人類的科技已經踏入星際空間了嗎？沒錯，我們到那了！」）

# 年老的太陽，像是一顆水蜜桃

什麼東西質量越小反而越熱？答案是太陽！

這是由於太陽的核心，正在堆疊自然界最基本的樂高積木。當數個氫原子合成氦原子時，產生的副產品就是光，而產生出來的氦因為比氫重，便會往核心集中。太陽自身強大的重力不斷強力擠壓這些氣體，當氣體受到擠壓，溫度就會升高。

所以反常的，當太陽年紀越大，溫度反而越高也越明亮。相較於太陽剛誕生時的狀況，目前我們看到的太陽亮度較當時增加了30%。這又延伸一個問題：既然以前太陽光比較微弱，為何當年的地球沒有變成一顆巨大的雪球，然後再也退不了冰？

在遙遠的未來，隨這些氦的「灰燼」沉積在太陽內部，太陽溫度將逐步升高。事實上，太陽會逐漸變成兩種星體的集合，一種是較小且白熾的核心，包覆在另外一種較低溫的氣團中，而氣團之所以如此巨大，全拜核心流出的熱能所賜。因此太陽在晚年會變成一顆「紅巨星」，如同水蜜桃一般的恆星。

所以，太陽會吞沒地球嗎？這要看情況了！紅巨星的外圍結構稀疏鬆散，並且不斷的將物質往太空中拋射。太陽最終會膨脹到和地球公轉軌道一樣大。屆時地球因為太陽的重力變弱，軌道半徑也會往外變長。

太陽將於50億年後耗盡所有核融合燃料的氫，而脫離主序帶（編按：以顏色相對於光度繪圖成線的一條連續和獨特的恆星帶，大多數的恆星都落在此帶上，並稱為主序星），轉變成紅巨星，這時期不會維持太久；接著太陽會萎縮成一顆白矮星，一種超級緻密、如同灰燼一般的天體，到時候太陽的大小將變得和地球差不多，然後成為白矮星的太陽將逐漸黯淡，在無聲無息中死亡，因此不會像超新星一樣有爆炸的結局。（編按：由於太陽質量不夠大，所以不會爆炸導致核心坍縮成為中子星或黑洞。）

▶當太陽膨脹成一顆紅巨星時，會形成像水蜜桃一樣的結構，緻密的內核被稀薄的外層所包圍。

# 水星
# Mercury

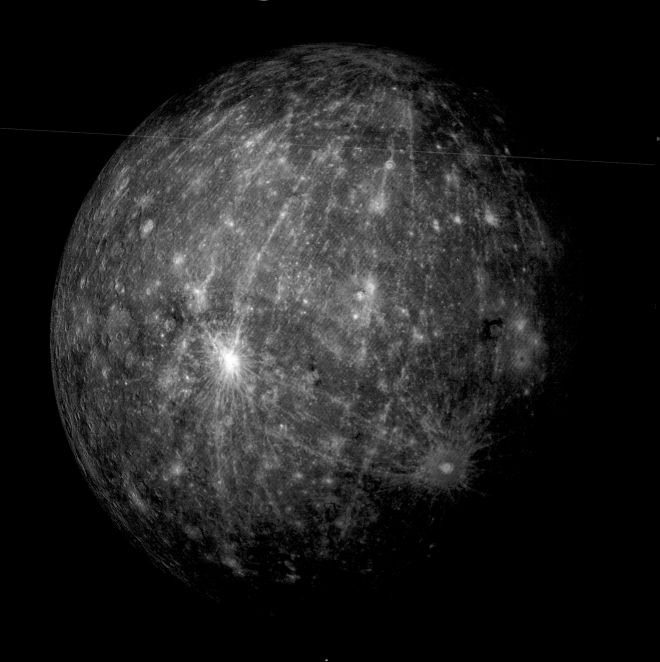

平均密度

| 鐵 | | | 岩石 | | 水 | |
|---|---|---|---|---|---|---|
| 7g/cm³ | 6g/cm³ | 5g/cm³ | 4g/cm³ | 3g/cm³ | 2g/cm³ | 1g/cm³ | 0 |

# 熱到像有10顆太陽

　　水星，是太陽系中最靠近太陽的行星。簡單來說，它是一顆最無趣的行星。在水星上仰望白天的天空，就如同在地球上看到10顆太陽一樣。這樣強烈的日光把水星表面晒成焦土，除此之外，表面上布滿隕石坑。

　　水星在缺乏大氣層與磁場的保護之下，致命的太陽高能粒子像暴雨一樣襲擊它的地面。如果不談水星陌生且嚴酷的環境，這顆比木衛三（蓋尼米德）還要小的行星，和地球相似之處多過相異之處。

## 軌道特徵

**與太陽的距離：** 4,600萬～7,000萬公里／
0.31～0.47天文單位
**公轉週期（行星上的一年）：** 87.969個地球日
**自轉週期（行星上的一天）：** 58.8個地球日
**公轉速度：** 38.9～59公里／秒
**軌道離心率：** 0.2056
**軌道傾角：** 7度
**轉軸傾角：** 0.033度

水星
金星
地球
火星

## 物理特徵

**直徑：** 4,874公里／地球0.38倍
**質量：** 3.3億兆公噸／0.06個地球
**體積：** 609億立方公里／0.06個地球
**表面重力：** 地球的0.378倍
**脫離速度：** 4.251公里／秒
**表面溫度：** 凱氏100～700度／
攝氏-173～427度
**平均密度：** 5.43公克／立方公分

澳洲

## 大氣組成

**氧：** 42%
**鈉：** 29.0%
**氫：** 22.0%
**氦：** 6.0%
**鉀：** 0.5%
微量二氧化碳、水蒸氣、氬、氖、氙、氪和氡

岩石地殼

矽酸鹽地函

鐵地核

| 表面溫度 | 0 ℃ | 100 ℃ | 200 ℃ | 400 ℃ |

| 0 K | 200 K | 400 K | 600 K | 800 K |

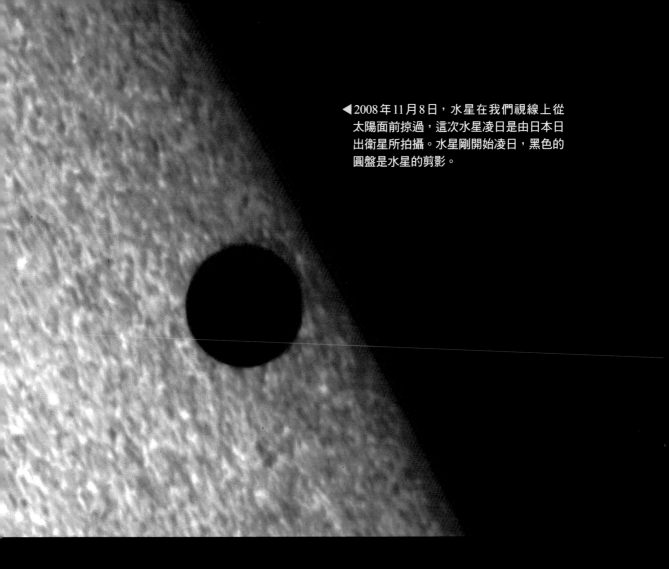

◀2008年11月8日，水星在我們視線上從太陽面前掠過，這次水星凌日是由日本日出衛星所拍攝。水星剛開始凌日，黑色的圓盤是水星的剪影。

# 行星有兩種：「類地」與「類木」行星

　　水星，是一顆「類地」行星。在這裡說明一下，所有靠近太陽的行星，包含水星、金星、地球、火星，都是圓形的小石塊；至於遠離太陽的行星，包含木星、土星、天王星與海王星都是巨大的氣體球。這種差異在45億5,000萬年前，誕生在圍繞太陽的塵埃盤上時就已決定。

　　當時，圍繞在太陽周圍的塵埃盤，主要的組成是氫氣和氦氣，並伴隨著散布在其中的冰粒、矽酸鹽石塊與鐵，這些組成至今都還能在隕石中發現。在靠近太陽的地方，因為溫度太高，以至於冰塊無法存在，所以直徑數千公里的「微行星」，在形成行星的最後階段，所撞擊和吸收的物質主要是石塊和鐵。由於剛形成的行星表面是熔融狀態，密度較高的鐵逐漸往行星內部沉積，最後形成類地行星的鐵質地核。但體積小的類地行星，本身的重力不足以聚集覆蓋在地表上的厚實大氣層。

　　反觀距離太陽遙遠的環境，這裡因為溫度低到足以讓冰粒存在，所以在這裡形成的行星除了聚集了石塊和鐵，更聚集了大量的冰。因此，這些行星的大小是類地行星的數倍大。事實上，當行星成長到5～10倍地球質量時，它們的重力就足以聚集龐大的氣體。但這樣聚集氣體的過程必須很快，得在太陽正式「啟動」核反應前完成，因為一旦太陽開始運作，太陽的輻射會將盤面上的氣體吹走。關於這些氣體行星究竟是如何完成聚集氣體，至今仍是未解之謎。

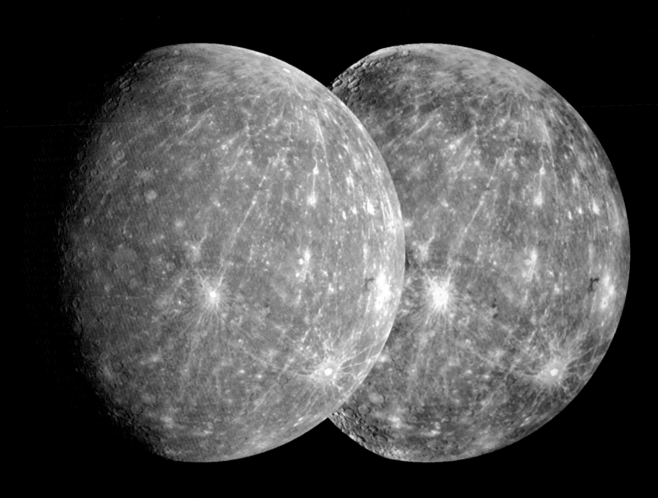

▲水星表面的可見光影像，只能看到缺少變化的灰色星體（左）。但將可見光影像結合近紅外影像，就能看到更多細微的差異（右）。這些影像能幫助地質學家了解不同區域的組成成分。

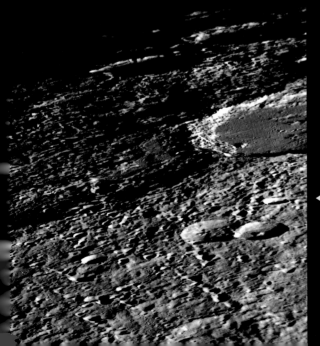

◀斜長的陰影展現水星上如同痘疤的地貌。影像右邊有一塊平坦的區域，稱為史特拉汶斯基（Stravinsky）隕石坑，全長190公里（圖中所見只有右半部的隕石坑）。

# 沒有大氣層，卻有冰存在，
# 怎麼回事？

　　曾經有一段時間，科學家認為水星遭受太陽的「潮汐鎖定」———也就是說這顆行星永遠以一面面對太陽，如同月球只有一面面向地球一樣。在這種概念下，最靠近太陽的水星，背面反而會是太陽系中極為寒冷的區域。

　　如今科學家知道水星每59天（地球日）就會自轉一圈，但是水星一年是88個地球日，所以水星的一天就占去三分之二年。然而，這顆行星缺乏大氣與氣體的循環，代表這顆行星存在極端炎熱與寒冷的區域。此外，水星北極附近的隕石撞擊坑內，有冰的存在，此區域被很深且永久的陰影所覆蓋，科學家認為這些冰應該是來自早期的隕石撞擊。

　　無論行星能不能留住大氣層，行星會因為某些因素，自內部「打嗝」而釋放出氣體。但是越靠近太陽的行星越熱，氣體分子運動越快速，使得行星的重力越難將氣體留在表面。可憐的水星並沒有足夠的質量，由於太小了，加上缺乏本身磁場的保護，在太陽風凶暴的吹襲之下，水星沒有大氣層這件事，一點也不令人意外。

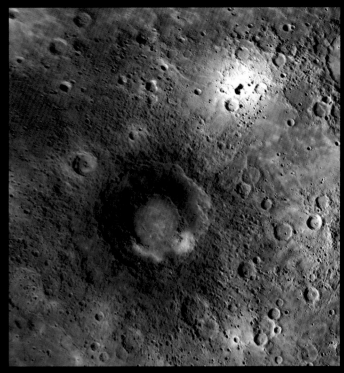

▲水星上有著大量的平原，原因是在過去有大量的火山噴發。假色
　處理過的影像顯示，黃色區域應該是火山噴發而形成的平原，這
　平原在隕石坑的底層。

▶新月狀的水星。2008年，信使號探
測船最靠近水星時所拍攝。

▼不完整的水星地圖。依據美國太空總署（NASA）的信使
號探測船，三次經過水星（2008年與2009年）與1974年
水手10號單次飛過所拍攝。（摩爾魏特投影，地圖正中心
為本初子午線位置。）

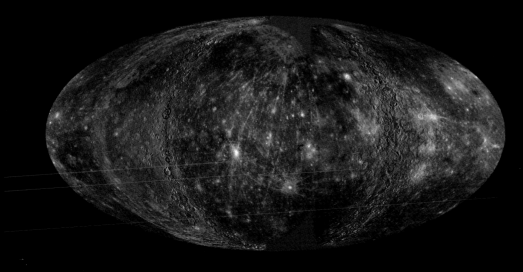

# 行星移動軌跡，
# 像薔薇花瓣

波蘭天文學家尼古拉·哥白尼（Nicolaus Copernicus，1473～1543）發現行星並非繞著地球，而是繞著太陽公轉。之後德國天文學家約翰尼斯·克卜勒（Johannes Kepler，1571～1630）藉由觀測到的資料，推演出行星軌道並非正圓形，而是橢圓形。但為何軌道是橢圓形的呢？

聰明的英國物理學家艾薩克·牛頓（Isaac Newton，1642～1727）發現有質量的物體，會吸引其他任何有質量的物體。透過比對造成蘋果落下與提供月球繞行的「萬有引力」，牛頓推算出這種「引力」（gravity，或稱重力）是隨著距離的平方衰減。所以當兩個物體距離拉遠成原來的2倍，它們的重力將變成原來的四分之一；若是雙方距離拉遠成原先的3倍，重力將只剩下九分之一。

這項重大的理論，使得牛頓證明了當重力是成平方反比衰減時，由重力所牽引的行星軌道將會呈現橢圓形。（這件事並非適用所有情況，當一個受重力影響的物體加速，最終這個物體會脫離束縛，以雙曲線的軌跡遠離。此現象也可以在太空船從貨艙發射造訪行星的探測船時看到。）

但解釋到這裡，行星也不是沿著完美的橢圓軌道公轉，因為行星除了受到與太陽之間的重力外，同時也輕微的受到其他行星的牽引。這樣一個微弱的作用使得行星的軌道方向會有緩慢的變化，或稱為「進動」（precession，自轉物體的自轉軸又繞著另一軸旋轉的現象，又可稱旋進。在天文學上，又稱為「歲差現象」）。因此行星的軌跡從上方看（垂直軌道平面），就像薔薇花瓣一樣。

這裡我們要提供一個特例，如果今天把其他行星的重力移除，水星軌道的軌跡仍然會如薔薇花瓣一樣進動，這樣奇異的行為曾經使科學家滿頭霧水，直到20世紀猶太裔物理學家愛因斯坦（Albert Einstein，1879～1955）提出解釋。

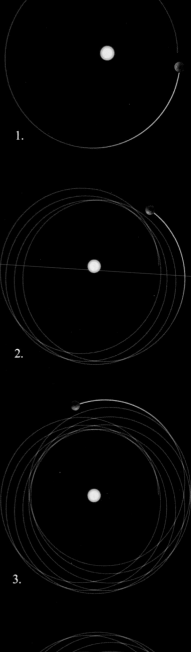

1.

2.

3.

4.

▶水星軌道的方向正不斷改變，軌跡看起來就像是薔薇花瓣一樣。

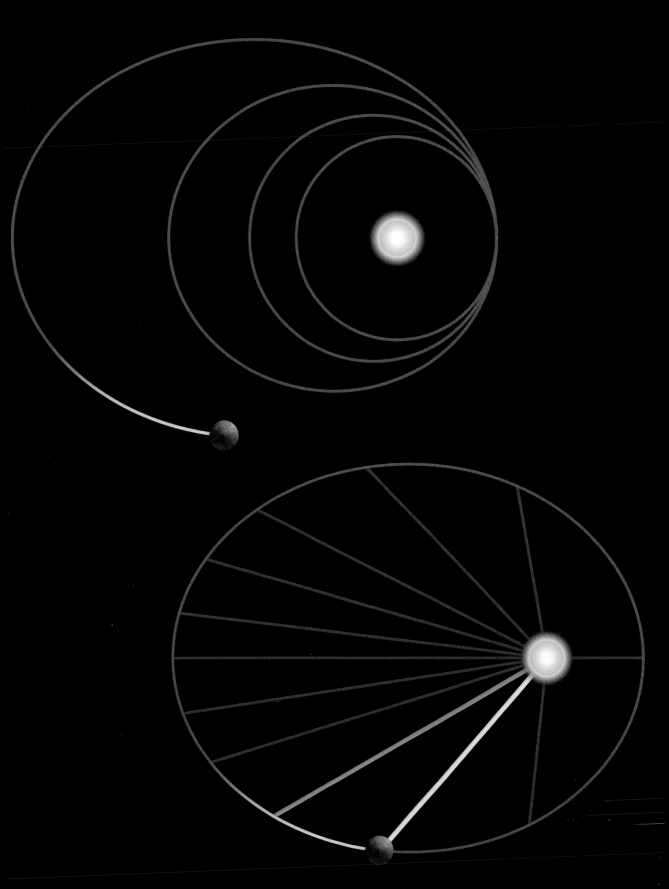

▲行星沿著橢圓軌道公轉。圖中藍色的線（行星和太陽的連線），代表的是固定
間隔的時間。任兩條相鄰的線和軌道圍繞出來的區域，其面積都相等。

# 愛因斯坦的扭曲時空理論，推翻了牛頓

　　根據愛因斯坦的理論，所有形式的能量都可以對應到質量，例如熱能、光能，甚至我們說話時聲音所攜帶的能量，所以重力也必然有它的質量形式。既然所有的能量都能對應到質量，就如同所有有質量的物體，又會產生額外的重力。

　　這種效應非常微弱，一般狀況下難以探測，除非身處在強大重力場之中，例如非常靠近太陽的時候。因為水星靠近太陽，重力場較牛頓所預測的稍微強大，所以水星實際上的軌跡，和只用重力（和距離平方成反比的力）描述的橢圓軌道，會有一些細微的差異。

　　愛因斯坦預測水星軌道會按歲差（axial precession，在天文學中是指一個天體的自轉軸指向，因為重力作用導致在空間中緩慢且連續的變化）移動，這樣的移動如花瓣的軌跡，週期是300萬年。這個從觀測中得到的令人困惑的現象，由於愛因斯坦的成功解釋，證明了數世紀以來人們所理解的牛頓力學，也有不完善的地方。

　　1915年，愛因斯坦提出的廣義相對論中，對於重力的理論，在水星的行為中獲得了證實。1919年發生的日全食，由於觀測到遠處星光受到太陽重力影響而偏折，更進一步為愛因斯坦的理論提供強而有力的佐證。

　　在愛因斯坦的理論中，重力不再只是一種「力」，而是一個看不見但扭曲的四度時空（譯註：三個維度的空間加上一個維度的時間）。簡單的說，這個理論闡明的是：「物體告訴空間如何彎曲，而彎曲的空間告訴物體如何移動。」同時這理論也描述了宇宙中最快的速度——光速。重力傳遞的速度也和光速一樣，太陽光傳遞到地球要八分多鐘，所以若是太陽現在忽然消失，那在未來的8分鐘內，我們將毫不知情。

　　愛因斯坦的理論也同時預測黑洞的存在，以及宇宙最初曾歷經過巨大的爆發——大爆炸，甚至也預測了時間旅行的可能。

▶ 2011年3月，信使號探測
　船進入水星軌道。探測船
　上的儀器由一個陶瓷纖維
　製成的遮陽器保護，避免

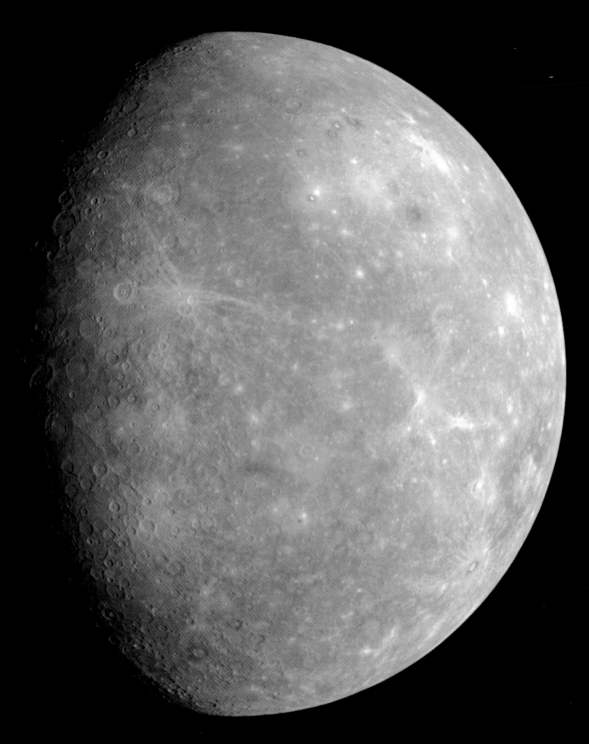

▲信使號第三次飛過水星，駛離時所拍攝的可見光與
紅外線疊合影像。經過色調加強處理後，可以清楚
看見較為年輕的隕石撞擊坑和輻射紋。其中藍色的
點與環狀結構，以及黑色陰影邊緣的都是隕石坑。

# 金星
## Venus

平均密度

| 鐵 | | 岩石 | | | 水 | |
|---|---|---|---|---|---|---|
| 7g/cm³ | 6g/cm³ | 5g/cm³ | 4g/cm³ | 3g/cm³ | 2g/cm³ | 1g/cm³ | 0 |

# 科幻小說筆下，霧氣氤氳的世界

　　金星就是一座煉獄，這是無庸置疑的。在濃厚硫酸雲層下的金星表面，溫度高到可以熔化鉛。所有到達金星表面的探測船，即便沒有立即、也是在很短的時間內就因為受不了厚重的大氣而被壓扁——金星大氣厚度是地球的100倍。

　　但奇妙的是，金星幾乎是地球的雙胞胎，因為這顆行星的組成和地球相似，而且質量只比地球小一點點。在如此相似的情況下，使得金星在科幻小說作者的筆下，是一個叢林密布、霧氣氤氳的世界。那為何現實中會有如此大的落差，究竟是哪裡出錯？

　　最簡單的回答是，因為金星比較接近太陽，所以比地球熱。這種情況導致這顆行星的水逸散到太空，並且在逐步上升的溫度中，最終形成一個失控且劇烈的溫室效應。

## 軌道特徵

**與太陽的距離**：1億700萬～1億900萬公里／
　　　　　　　0.72～0.73天文單位
**公轉週期（行星上的一年）**：224.7個地球日
**自轉週期（行星上的一天）**：243.02個地球日
**公轉速度**：35.3～34.8公里／秒
**軌道離心率**：0.0067
**軌道傾角**：3.39度
**轉軸傾角**：177.3度

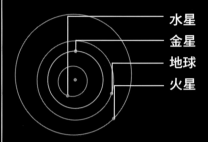

水星
金星
地球
火星

## 物理特徵

**直徑**：12,104公里／地球0.94倍
**質量**：48.7億兆公噸／0.82個地球
**體積**：9,280億立方公里／0.82個地球
**表面重力**：地球的0.905倍
**脫離速度**：10.361公里／秒
**表面溫度**：凱氏737度／攝氏464度
**平均密度**：5.2公克／立方公分

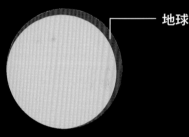

地球

## 大氣組成

**二氧化碳**：96.4%
**氮**：3.4%
**二氧化硫**：0.015%
**氬**：0.007%
**水蒸氣**：0.002%

濃密的二氧化碳大氣層

岩石地殼

矽酸鹽地函

熔融金屬外地核

固態金屬內地核

表面溫度

0 ℃　　100 ℃　　200 ℃　　　　400 ℃

0 K　　200 K　　400 K　　600 K　　800 K

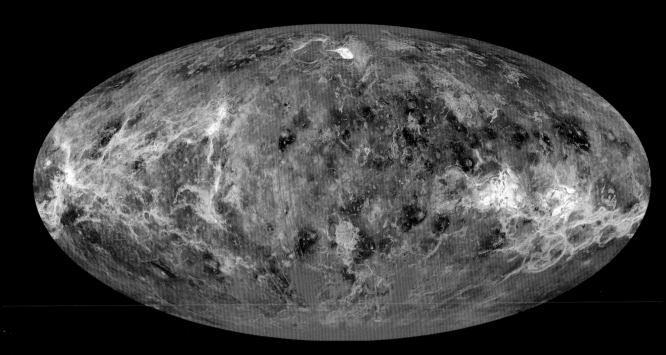

▲金星表面地圖。影像來自麥哲倫號的雷達，屬於「合成孔徑雷達」
（Synthetic Aperture Radar，簡稱SAR，一種主要用於遙測和地圖繪
製的雷達，其原理是利用運行當中所發射的一系列脈衝，合成一個等
同於巨大天線的發射源，並將接收回來的數據經過複雜處理，以得到
高解析度的影像），是結合向左、向右兩邊的雷達波，能形成雙向的
模式。

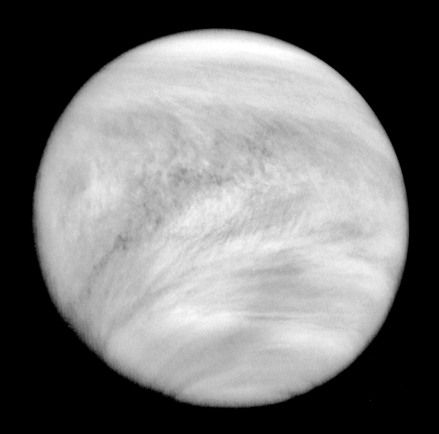

▶金星的紫外線影像。利用
紫外線可觀測到金星大氣
雲層的紋路；在可見光波
段下，只能見到平淡無奇
金星。

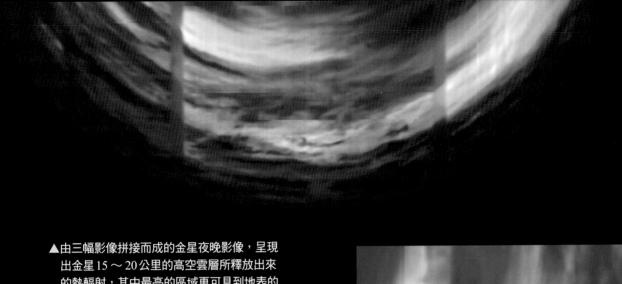

▲由三幅影像拼接而成的金星夜晚影像，呈現出金星 15～20 公里的高空雲層所釋放出來的熱輻射，其中最亮的區域更可見到地表的熱輻射。

▶金星的紫外線影像，呈現出大氣的條狀結構，成因可能是來自懸浮在大氣中的塵埃和霧氣。

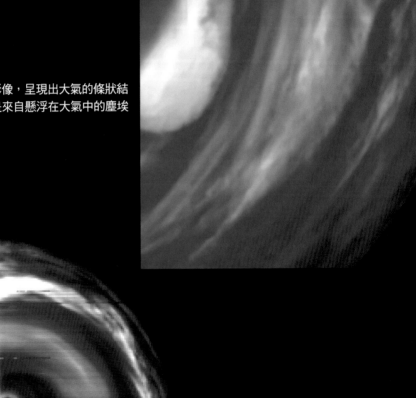

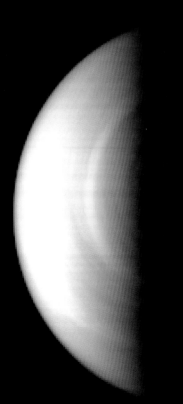

◀將金星白天與夜晚的觀測影像合成後，可見到螺旋的雲層環繞著金星的南極。

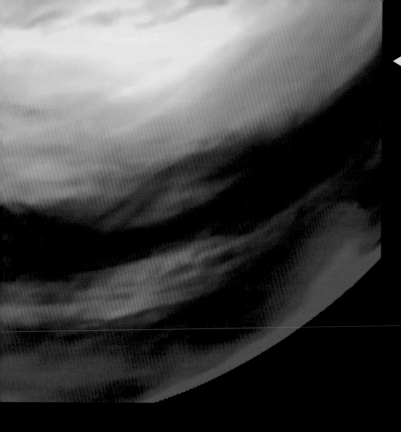

◀藍色區域是夜晚金星的大氣層中，氧原子釋放光形成的「氣輝」（airglow）現象。這些粉點狀的大氣輝光是在日夜交替時，氧原子重新結合成氧分子時所釋放的光。

▼金星表面的彩色影像，由俄羅斯金星計畫裡，其中一艘探測船金星13號（Venera 13）所拍攝。1982年3月1日，這艘探測船降落金星後，只運作了2小時又7分鐘。影像中的平面板狀岩石應該近似於玄武岩，右下方明亮的物體則是相機鏡頭蓋。

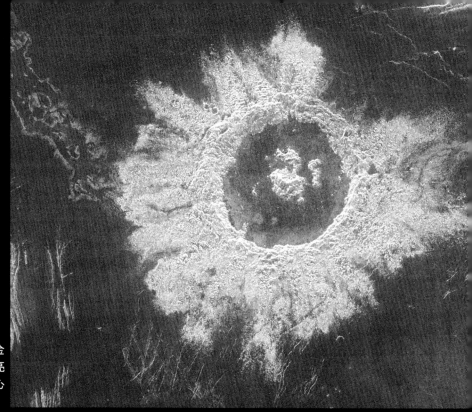

▶丹尼洛娃（Danilova）是金
星上最大的隕石坑，較明亮
區域是撞擊噴出的暈和中心
凸起處。

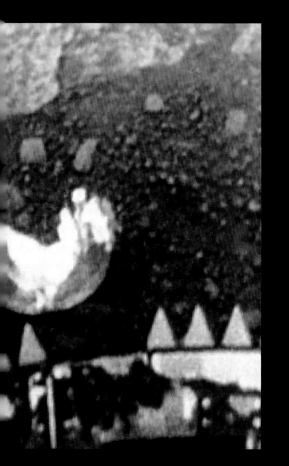

◀新月狀的金星。1978年，
由先鋒號所拍攝，這個角
度大約和月相四分之一時
相似。

# 脫韁的溫室效應，是地球未來的警訊

　　有時人們會好奇的提出疑問，為何花這麼多的金錢在探測行星上？金星給了一個答案。這顆如同煉獄一般的行星正給人類一個鄭重的警告，如果我們持續使用石化燃料，並將二氧化碳無節制的排放到大氣中，金星就是我們的未來。

　　科學家認為金星曾經和地球相似；但是由於較接近太陽，炎熱天氣使得海洋中的水不斷蒸發到大氣層中。而這些水氣本身就是一種溫室氣體，會將來自太陽的熱能保留在大氣層內。這些熱能使得更多液態水蒸發，更多的水蒸氣引發更強烈的溫室效應，如此不斷循環下去，最終脫韁的溫室效應使得海洋沸騰，並全部蒸發。

　　這場氣候災難並未就此結束，來自太陽的強烈紫外線，將大氣層頂端的水分子分解成──氫原子和氧原子，這些原子隨後就流失到太空。至於從火山噴發出來的二氧化碳，由於在缺乏水的狀態下，更無法藉由降雨回到地面。因此，這些例如水氣等組成的溫室氣體，使得金星的大氣密度高出地球數百倍。

　　在地球上，如果我們持續將二氧化碳排放到大氣中，海洋將因為溫度升高而逐漸消失，如同金星一樣。此外，地球上的二氧化碳含量和金星相當，但大都保存在白堊質峭壁中（chalk cliffs）。當地球溫度升高到足以將這些二氧化碳全部釋放出來，地球將完全轉變成另外一顆金星。

　　除了溫室效應之外，還有其他重要的因素使金星缺水。

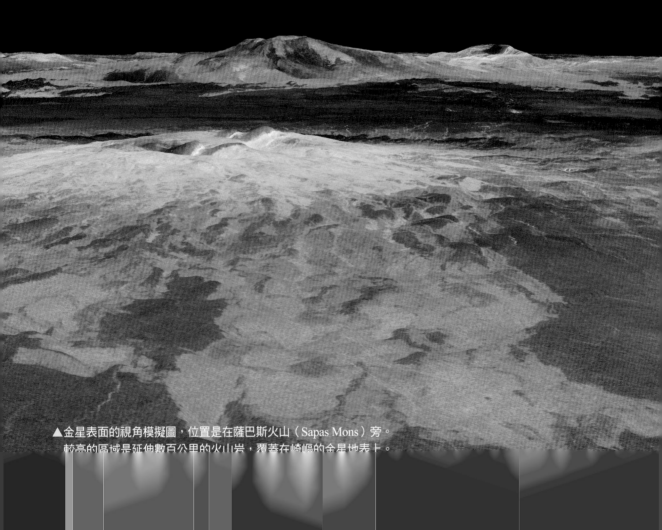

▲金星表面的視角模擬圖，位置是在薩巴斯火山（Sapas Mons）旁。
較亮的區域是延伸數百公里的火山岩，覆蓋在崎嶇的金星地表上。

# 火山遍布、雲霧漫漫、下著硫酸雨的國度

　　1954年，美國科幻小說家雷‧布萊伯利（Ray Bradbury，1920～2012）於小說《一日之夏》（*All Summer in A Day*）中描述，在金星上的學生們將一位同學鎖在衣櫥裡，不讓她目睹每7年一次雲層散開、太陽出現的日子。事實上，金星並非這種狀況，而是更糟，因為金星終年都被包覆在光線無法穿越的硫酸雲裡。但很可惜的是，即便金星是最靠近地球的行星，我們還是無法看到它的表面──除非使用雷達。

　　不同於可見光，雷達波可以不受阻礙的穿越雲層。當儀器接收到雷達回波後，可以藉由電腦將收到的數據，經過巧妙的轉換，重現深藏在雲層下的金星表面。美國太空總署運用這項突破性技術──合成孔徑雷達，並搭載在麥哲倫號探測船上，於1990～1994年之間繞行金星。

　　麥哲倫號發現金星不只是一個雲霧世界，同時也是一個火山國度。這顆行星有著為數極為可觀、大約5萬座的火山散布在各處。這些火山就是散發二氧化硫，並且造成硫酸雨的來源。

　　在地球上因為地殼較厚，所以火山分布較為零星，例如，在地球上火山多分布在板塊交界處或是較薄的海床上。但金星因為沒有板塊漂移，而且地殼普遍較薄，以至於岩漿得以在任何地方流出。

　　那為何金星的板塊不會漂移呢？因為這顆行星沒有水，水在板塊漂移的過程中，就像運輸帶上的潤滑油。

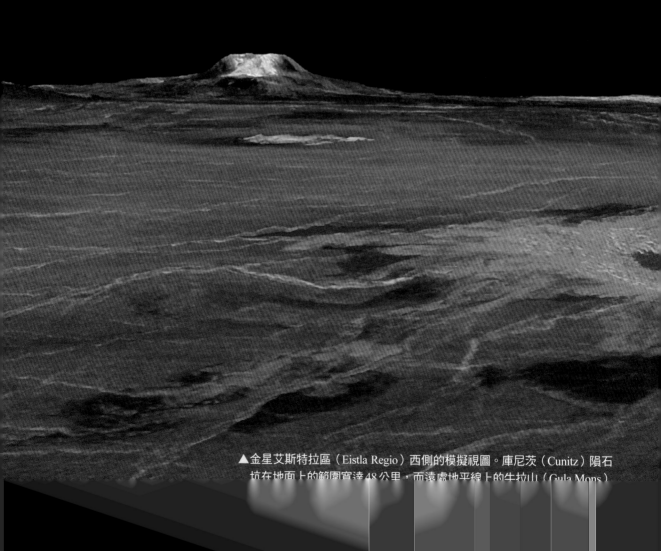

▲金星艾斯特拉區（Eistla Regio）西側的模擬視圖。庫尼茨（Cunitz）隕石坑在地面上的範圍寬達48公里，而遠處地平線上的古拉山（Gula Mons）

◀NASA麥哲倫號探測船，攜帶性能強大的雷達，可以穿透厚重的金星雲層。這張範圍橫跨630公里的影像中，可以見到岩漿瀰漫在山脊與山脊之間的山區，並在地勢較低處形成岩漿池。

▶在金星阿爾法區（Alpha Regio）東側邊緣的一叢「薄餅圓頂」。這些像天文臺圓頂的小山丘，是金星上特有的地形，寬約25公里、高約750公尺，成因可能來自富含矽成分的岩漿噴發物質。

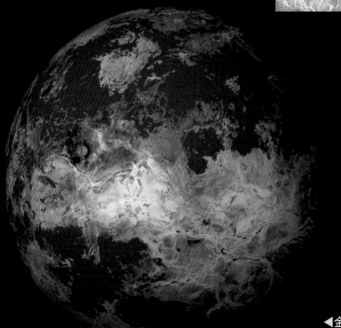

◀金星在過去可能一度擁有深達2公里的海洋。

# 金星凌日，測出行星間的絕對距離

　　1769年，世界著名的英國航海家詹姆斯·庫克船長（Captain James Cook，1728～1779）抵達數年前才被歐洲人發現的大溪地島（Tahiti，位於南太平洋東部，為法屬海外領地）。這次航行登陸的目的是為了要觀測難得一見的金星凌日。

　　大約每120年就有機會見到金星通過地球和太陽之間，讓地球上的人類可以觀測到一個小黑碟從太陽的前方掠過，這種現象稱為金星凌日。事實上，這個現象是每120年發生兩次，期間間隔8年。

　　在庫克船長的年代，這種天文現象對天文學家來說具有重大的意義。由於德國天文學家克卜勒發現軌道距離和繞行週期有簡單的關係，所以那時人類已知道每顆星球之間的相對距離，例如，木星距離太陽是地球的5倍。但即使科學家知道相對距離，卻不知道絕對距離，因此，藉由金星通過太陽所需要的時間，再利用簡單的幾何學，就可以推測這項重要資訊。

　　其實，庫克船長在1769年6月3日的觀測並不準確。在當時要觀測太陽是一件困難的事情，因為太陽刺眼且不清楚，所以難以決定太陽確切的邊緣。但無可否認的，利用金星凌日來計算地球和金星到太陽的距離，是一個大膽創新的方式。

　　今日，最精確的測量數據來自於雷達，測量的原理是利用雷達天線發射一個雷達波，然後測量這個雷達訊號反射回地球的時間。由於我們知道雷達波傳遞的速度等同光速，所以就可以計算出精確的距離。

▶2004年金星凌日放大的影像，太陽光被金星的大氣散射，使得金星剪影的外圍出現一個黯淡的環。

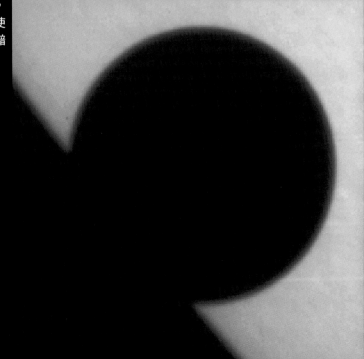

# 黃道12宮，12星座的由來

　　金星是最容易定位的行星，因為在天空中，除了月球和太陽之外，金星是最亮的天體，是一顆非常明亮的白色光源，通常在日出前或是日落之後不久出現，因此通常也稱為「晨星」或是「昏星」（譯註：古代中國對日出前出現的金星，稱為「啟明」，而當黃昏之後才見到它，就稱為「長庚」）。

　　其他行星也極為容易認出，因為在視覺上大都比背景恆星要來得明亮。在顏色上，火星偏紅色、木星偏白、土星則是些微偏黃，至於水星雖然看起來偏橘色，但水星太靠近太陽，所以當太陽升起或落下時，水星就已經很接近地平線。

　　所有的行星軌道大致都在一個平面上，稱為「黃道」，也就是說在夜空中行星移動的範圍是在一個帶狀區域內，而人類將這個黃道帶分成12區，並創造了12個星座，也就是黃道12宮，例如巨蟹座和牡羊座。

　　行星（planet）這個詞，本意是漫遊者（wanderer）。在古代觀察天象的人眼中，這些星體有著特殊的行為，因為行星會沿著黃道12宮的位置，遊走在似乎亙古不變的星海裡。事實上，若你將金星軌跡夜復一夜的點出來，會發現有時候金星的位置會折返，這是因為地球繞著太陽轉的速度比金星快，當我們超越了這個緩慢行進的行星時，從地球上就會看到這種金星往後跑的「逆行」現象。

　　此外，行星還有另外一個不同於遠處恆星的特點，就是行星不會閃爍。大氣的擾動會造成恆星星點的跳動，但這種擾動只會影響到觀測時行星的邊緣（譯註：大氣擾動會造成行星像果凍般扭動），所以不會讓行星的光度有劇烈變化，因此只有恆星才會像耳熟能詳的兒歌歌詞中，所描述的一樣：「一閃一閃亮晶晶。」

▼2004年6月8日，地球上可以看到金星從太陽前面經過，由於地球和金星的軌道平面傾斜角度稍大，所以金星凌日是罕見的天文現象。

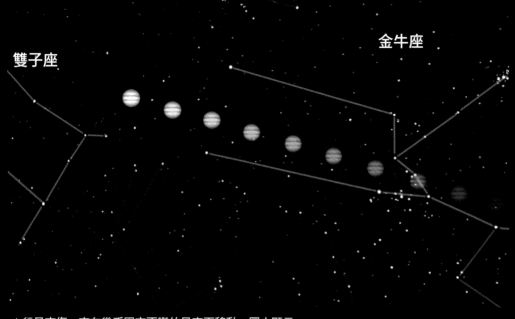

金牛座

雙子座

▲行星夜復一夜在幾乎固定不變的星空下移動，圖中顯示
　木星從金牛座位置移動到雙子座。

▼對於公轉軌道比地球長的行星來說，它們在星空中的軌
　跡有時候會折返，是因為地球軌道的位置超越了它們，
　才導致「逆行」現象，圖為火星的軌跡。

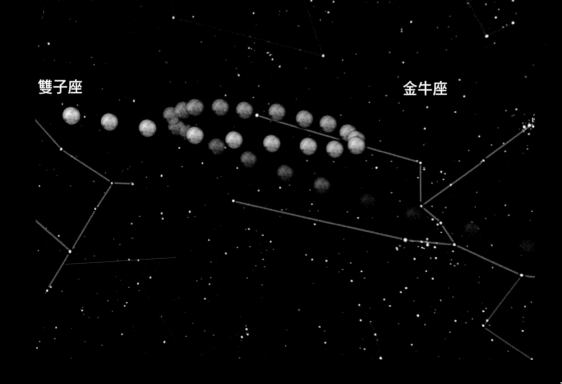

雙子座

金牛座

# 地球
## Earth

平均密度

| 鐵 | | | 岩石 | | | 水 | |
|---|---|---|---|---|---|---|---|
| 7g/cm³ | 6g/cm³ | 5g/cm³ | 4g/cm³ | 3g/cm³ | 2g/cm³ | 1g/cm³ | 0 |

# 不冷不熱最適生存

地球上的生物沒有地球就無法生存,所以我們都得依賴地球。對於如此熟悉的環境,似乎無法再說出什麼新鮮的事情。即便如此,地球依然有很多不可思議的地方,因為它是唯一有表面液態水的星球,也是唯一有板塊運動的行星,甚至還有臭氧層,以及生命。

為什麼地球如此特別?這必然關係到它與太陽的距離,這個距離恰恰好在「適居帶」上,這是一個不冷不熱適合生物生存的位置。此外,還有地球的質量與組成成分,以及可以穩定氣候的衛星——月球。

然而,地球上最複雜的是水,使得地球上的生物越來越多樣化,生命從細菌演化成多細胞的物種,甚至出現了人類社會、文明與科技。如果有任何人可以解釋為何我們存在這裡,那麼諾貝爾獎將會頒發給他。

對於今日的人類,地球是獨一無二的。

## 軌道特徵
**與太陽的距離:**1億4,700萬～1億5,200萬公里／0.98～1.02天文單位
**公轉週期(行星上的一年):**364.26個地球日
**自轉週期(行星上的一天):**23.934小時
**公轉速度:**29.3～30.3公里／秒
**軌道離心率:**0.0167
**軌道傾角:**0度
**轉軸傾角:**23.44度

- 水星
- 金星
- 地球
- 火星

## 物理特徵
**直徑:**12,756公里
**質量:**59.7億兆公噸
**體積:**1.08兆立方公里
**表面重力:**9.78公尺／平方秒
**脫離速度:**11.18公里／秒
**表面溫度:**凱氏204～331度／攝氏-69～58度
**平均密度:**5.515公克／立方公分

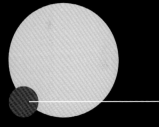

月球

## 大氣組成
**氮:**78.084%
**氧:**20.946%
**氬:**0.934%
**水蒸氣:**0.1000%
**二氧化碳:**0.039%
**氖:**0.001818%
**氦:**0.000524%
**甲烷:**0.000179%
**氪:**0.000114%
**氫:**0.000055%
**一氧化二氮:**0.00003%
**一氧化碳:**0.00001%

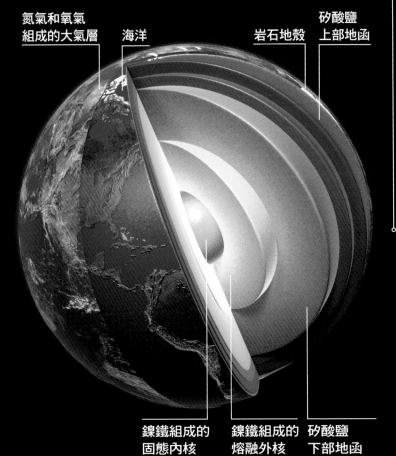

氮氣和氧氣組成的大氣層

海洋

岩石地殼

矽酸鹽上部地函

鎳鐵組成的固態內核

鎳鐵組成的熔融外核

矽酸鹽下部地函

表面溫度

0 ℃　　100 ℃　　200 ℃　　　　400 ℃

0 K　　200 K　　400 K　　600 K　　800 K

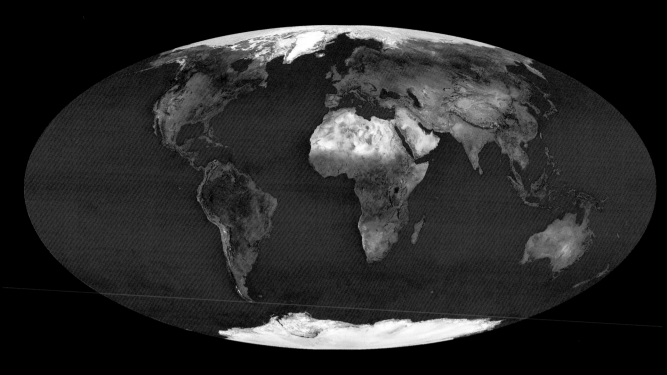

▲地球表面全圖。這張無雲的地圖是結合了數千張來自美國國家海洋暨大氣總署
（NOAA）的繞極衛星影像，這顆電視攝影及紅外線觀測氣象衛星（TIROS）上
面，搭載了先進超高解析雷達系統（Advanced Very High Resolution Radiometer）。
（摩爾魏特投影，地圖正中心為本初子午線位置。）

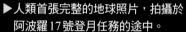▶人類首張完整的地球照片，拍攝於
阿波羅17號登月任務的途中。

▶受到地球強大磁場的影響，
　南北兩極可以見到壯麗的極
　光秀。

▼印度洋上方的南極光。地球磁場像漏斗般，能將來自太陽的帶電粒子引入，
　當這些粒子撞擊到地球大氣時，就會放出閃耀的光芒。

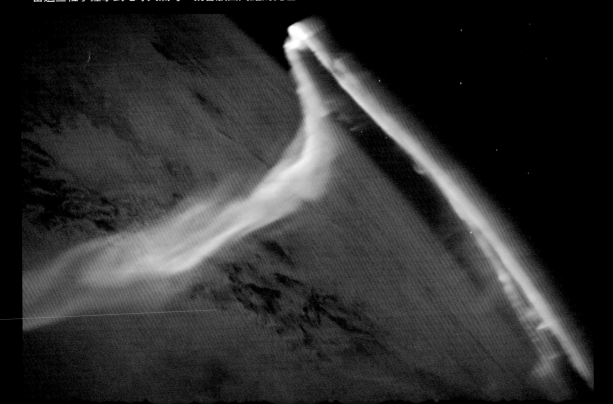

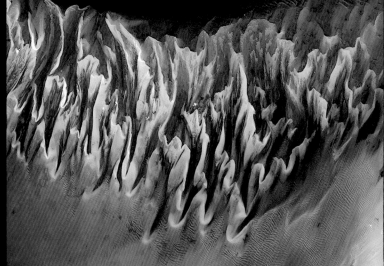

▶ 受到海流和潮汐影響的巴哈馬大淺灘和海草，看起來就像抽象畫一樣。這個海面下的平坦區域大部分深度不到10公尺，但在北方一段距離之外，深度就擴大到4,000公尺。

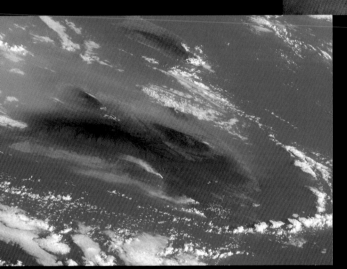

▲ 夏威夷島上的毛納羅亞火山（Mauna Loa）是世界上最大的火山。這座火山從太平洋海床向上延伸達9,700公尺。當太平洋海板塊上在「熱點」上移動時，火山就會一個一個生成，最後形成島鏈。至於在板塊不會漂移的行星上，可以形成多大的火山？不妨去看看火星上的奧林帕斯山（Olympus Mons）。（見第119頁。）

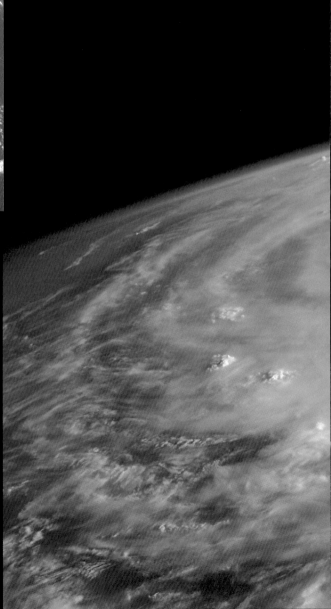

▶ 2002年，在大西洋颶風季節，肆虐墨西哥灣的颶風莉莉，是當年最致命的風暴，奪走15條人命。在南北赤道附近的海洋，每到夏季時都會形成強烈暴風。

紅外線遙測影像可以提供地質學家，分析岩石的化學成分。這張衛星影像使用不同顏色標示出北非小阿特拉斯山脈中，所蘊含的石灰岩、砂岩和黏土岩。

# 孕育萬物的水，來自岩石和隕石

　　地球獨特之處在於與太陽的距離，在這個位置上，地球表面上能保留液態的水。
這顆星球表面 70% 被水覆蓋，海洋最深的地方更深達 11 公里。

　　水對於生命來說非常重要，因為水充當媒介，使得生命所需的化學物質能夠結
合或相互作用。地球上的水可能是來自具有放射性的岩石，當岩石內部因為受熱熔化
後，就會像打了一個大嗝一樣釋放出水氣。然而，也有證據顯示地球上部分（甚至大
部分）的水，可能是地球年輕時，撞擊地球的隕石所攜帶而來的。

　　地球大部分的區域都被水覆蓋，但如果全被水覆蓋，那麼近似於人類的高等生物
將不會出現。畢竟在海洋中，生物所受到的環境壓力較小，例如鯨豚類不需要演化出
可以活動彎曲的手指，來操作工具與應付所在的環境。

　　地球上能有水是一件珍貴的事情。不過，地球在過去曾經忽然進入冰河時期，原
因是地球軌道和轉軸傾角的改變，稱為「米蘭科維奇循環」（Milankovich cycles）。
當地球進入冰河時期後，冰層會像鏡子一樣反射大量的太陽光，目前並不清楚地球如
何再次溫暖起來。特別是在 6 億 5,000 萬年前，地球曾經歷「雪球地球」時期，此時的
地球呈現完全冰封的狀態。解除冰封狀態的重要成因，可能來自火山噴發溫室氣體所
造成的回暖。

▼南極半島的拉森冰棚（Larsen Ice Shelf）上有液態水塘。由於
　當地氣溫上升，導致這塊冰棚在 2002 年 2 月和 3 月崩塌。

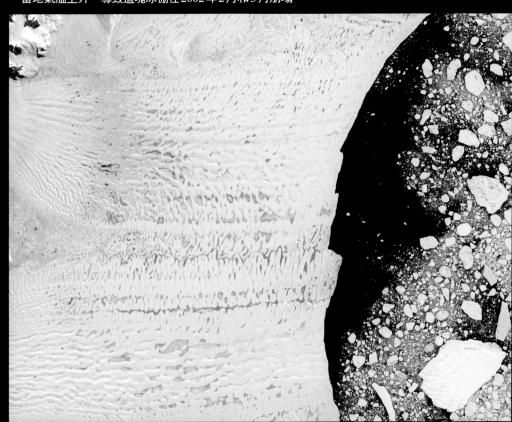

▲ 尼加拉大瀑布旁的一艘觀景船幾乎被霧氣掩沒，這座瀑布的寬度有

▲地球最南端的大陸：南極洲，幾乎被覆蓋在厚重的冰帽底下。當冰往大陸邊緣移動時，就會分裂形成冰河。圖中顯示馬特瑟維奇冰川（Matusevich Glacier）正向海岸山脈之間推進中。

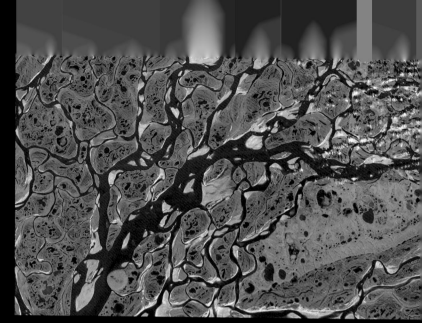

▲位於西伯利亞南部的勒拿河，豐沛的水流量達250萬立方公里，分成數百條的支
流流入北冰洋。

▼巴內斯冰帽（Barnes Icecap）與巴芬島上，冰與沙塵交錯形成的特殊景觀，約在1萬年前形成，
從最近一次冰河時期就開始陸續沉積。類似的沉積冰層，也可以在火星北極上發現。

# 魏格納的拼圖：合久必分的板塊

　　大陸漂移說創立者阿爾弗雷德·魏格納（Alfred Wegener，1880～1930）在進行格陵蘭島實地考察時去世。可惜，在他有生之年，沒有機會看到自己提出且極具爭議的「大陸漂移」學說，最終獲得證實。就像英國哲學家法蘭西斯·培根（Francis Bacon，1561～1626）所提出的理論一樣，魏格納發現非洲和南美洲的海岸線，可以像拼圖一樣拼起來。「這些大陸可能曾經接連在一起，然後才分開的嗎？」魏格納的想法，就是現代板塊結構的其中一個概念。

　　地球固態的外層，稱為「岩石圈」，漂浮在岩漿上面。岩石圈分為兩種類型，一種是海洋地殼，較薄卻有較高密度；另一種是大陸地殼，比較厚且較輕，所以可以漂浮得較海洋地殼高。這樣的差異導致岩石圈不規則的分裂，形成所謂的「板塊」。

　　當兩個大陸板塊相撞時，地殼就會抬升形成造山運動，例如喜馬拉雅山脈。當較輕的大陸板塊與密度較高的海洋板塊相撞時，海洋板塊就會沒入大陸板塊下方，這樣的板塊運動會把交接處上方的板塊推升，形成山脈，同時摩擦的熱能也會產生火山，南美洲安地斯山脈就是一個例子。

　　至於在板塊分離，稱為「中洋脊」的地方，岩漿會從裂縫流出而形成新的地殼。值得注意的是，由於衣索比亞的阿法爾地區（Afar）位在三個大板塊（阿拉伯板塊、非洲板塊與索馬利亞板塊）上，正在向外擴張，逐漸形成新海洋。

　　導致大陸漂移的力量是來自熱岩漿不斷上升，而較冷的岩漿往地球內部沉降。維持這種循環的能量是來自地球內部岩石內所含的鈾、鉀、釷等放射性元素衰變。事實上，放射性元素所產生的熱，不斷維持地球內部的熔融狀態，使得較重的鐵沉入內部，而較輕的岩石漂浮到表面形成岩石圈。

　　當然，除了岩石和水，地球還有空氣。

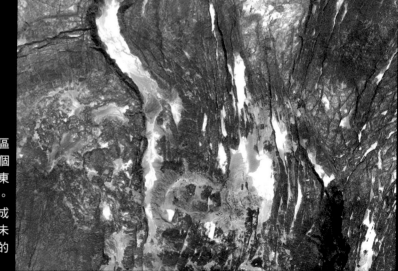

▶地殼正在衣索比亞的阿法爾地區分裂開來，而在這裡交界的三個區域，分別是紅海、亞丁灣與東非大裂谷（或稱東非大地塹）。圖中呈現黑色的是流出的火成岩，是最新形成的地殼，這裡未來將成為新海洋的海床，亮白的沙已經沉積在裂縫中。

**1.**

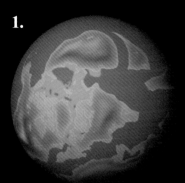

▲ 4億年前，地球板塊往南移動，使得古老的海洋逐漸消失。

**2.**

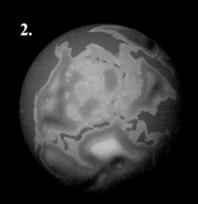

▲ 3億2,000萬年前，今日的南美洲、非洲、印度與南極洲都聚集在地球的南極，這塊大陸名為「岡瓦那大陸」（Gondwana，又稱作南方大陸）。

**3.**

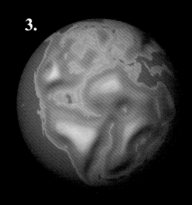

▲ 2億4,000萬年前，所有的大陸板塊結合成一塊超級大陸，形成橫跨南北兩極的「盤古大陸」。

**4.**

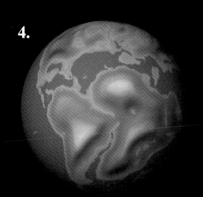

▲ 1億6,000萬年前，大西洋開始形成，往外將北美洲和歐洲、非洲、南美洲分開，自此盤古大陸正式走入歷史。

**5.**

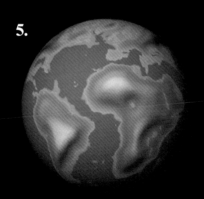

▲ 8,000萬年前，南大西洋和其他南邊的海洋逐漸展開，繼續將盤古大陸分離，形成今日我們看到的南美洲、非洲、南極洲和澳洲。

**6.**

▲ 今日，隔著大西洋，歐洲與非洲不再與美洲相連。

▲由灰塵和蒸氣形成的蕈狀雲，把其他雲層打出一個窟窿。這座薩雷切夫火山位於
千島群島上；而千島群島位於日本北海道與俄羅斯堪察加半島之間。

▼地球擁有太陽系中最活躍的地表活動。這些歷經百萬年所沉積的岩石，受到力量擠壓
而產生傾動、褶皺與隆起等結構，又受到風和水的侵蝕與風化，就如同這張在北非小
阿特拉斯山脈所拍攝的影像一樣。

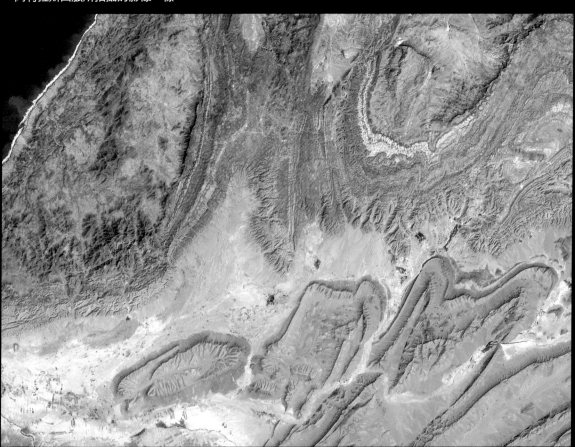

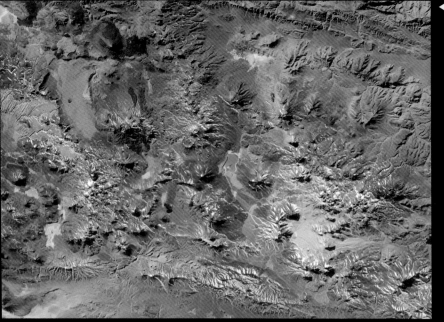

▲安地斯山脈上的火山錐，形成的原因，是來自火山噴發所堆積而成的錐形山丘，這些噴發的物質是來自太平洋海板塊推擠、隱沒到南美大陸板塊下，進入地球熔融深處而熔化形成的岩漿。

# 薄如蘋果皮的大氣層，瞬息萬變

　　從太空看地球的大氣層，簡直超薄，如果把地球縮成像蘋果一樣大，那麼大氣層就像蘋果皮一樣薄。雖然如此，大氣層受到來自太陽熱能的驅使，內部瞬息萬變。

　　在地球繞行太陽一圈時，南北半球上所受到的陽光不斷的變化，因此產生了四季。這是因為地球有一個因為轉動而維持23.5度的轉軸傾角，因此，當北半球面向太陽時，就是北半球的夏季；同時，南半球因為日照傾斜（譯註：單位面積所受日照變弱），所以是冬季，反之亦然。

　　1735年，美國氣象學家喬治·哈德利（George Hadley，1685～1768）在他的發現中，認為從赤道產生的熱空氣，會往有著冷且高密度空氣的極區移動。然而，這種簡單的「哈德利環流圈」循環只會發生在不會旋轉的行星上。在真實狀況中的地球，赤道向兩極流動的氣體會因為高速轉動的赤道，導致高空中移動速度比地表快。

　　此外，在地面上，氣體流動會朝東方偏移，稱為「科氏力」的現象解釋了信風帶（編按：指在低空從副熱帶高壓帶吹向赤道低壓帶的風，北半球吹的是東北信風，而南半球吹的是東南信風）的移動方向。不過事實上，情況更為複雜（似乎一直都是如此），地球上風循環並非由兩半球各自的哈德利環流圈所組成，而是由三個快速旋轉的環流圈，或稱風帶所組成（編按：哈德利〔低緯〕環流、費雷爾〔中緯〕環流、極地環流）。

　　科氏力同時也可以解釋低壓系統中的氣體，為何在北半球的旋轉方向是呈現逆時針；在南半球是呈順時針方向旋轉。不過值得注意的是，當拔掉水池中的塞子後，許多人誤以為是科氏力造成水往排水孔流出時，南北半球有不同的旋轉方向（譯註：事實上，排水口的結構影響遠超過科氏力）。總之，科氏力所造成的現象，主要還是表現在大尺度的氣候中。

　　地球大氣的組成成分大都是氧氣和氮氣，這其實是製造生物的副產品（譯註：主產品之一是葡萄糖）。

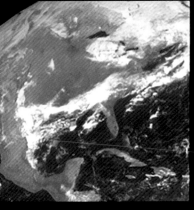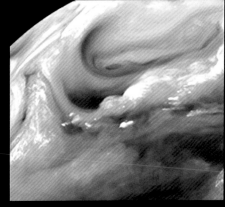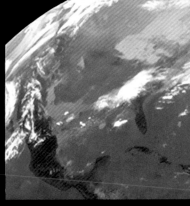

▲氣象衛星所拍攝的影像。這三張結合各種波長的反射、散射光影像,可以用來探測大氣層。左圖為可見光影像
所顯示雲層的位置;中間圖的中紅外線影像,可以顯示大氣層中的水蒸氣分布;右圖為遠紅外線影像,所表現
出來的是雲層頂部的溫度,同時也可以反映雲層的高度。

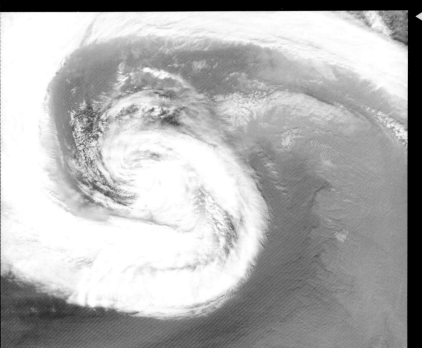

◀2001 年 4 月,中國大陸上空出
現極為嚴重的沙塵暴,使得應該
是白天的區域變得像午夜一樣漆
黑。這個強大的氣旋將沙塵送往
地球遙遠的另一端,甚至橫跨了
太平洋,到達北美的五大湖區
(編按:位於加拿大與美國交界
處的 5 個大型淡水湖泊,按面積
從大到小排列的話,分別為:蘇
必略湖〔Lake Superior〕、休
倫湖〔Lake Huron〕、密西根
湖〔Lake Michigan〕、伊利湖
〔Lake Erie〕、安大略湖〔Lake
Ontario〕)。

▲地球上的雲和水氣，大部分被限制在大氣中最低的對流層中，也就是高度在地表以上20公里內。離地表50公里內的是平流層，這裡的陽光被大氣分子散射出藍光。再更上面的區域，稱為中氣層。當距離地表超過100公里後，地球藍色的大氣層將逐漸轉成黑暗的太空。

▼午後雷雨在雨林上方形成的同時，可以見到馬代拉河（Rio Madeira）上仍閃耀著太陽的反射光，此處位於南美洲的亞馬遜盆地。

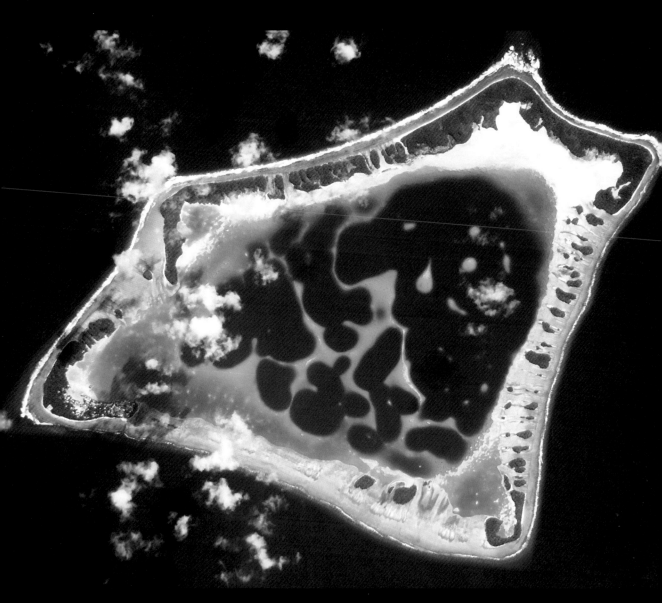

▲生物利用很多方式改變地球的環境,其中包括地面景觀。圖為南太平洋的阿塔富環礁,
　是沿著火山島邊緣生成的岸礁,如今已淹沒在海平面之下。珊瑚礁是一種附著在淺海的
　結構,由珊瑚類海洋生物的骨骼所生成。

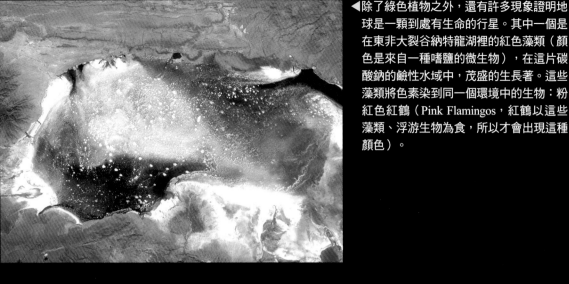

◀除了綠色植物之外，還有許多現象證明地球是一顆到處有生命的行星。其中一個是在東非大裂谷納特龍湖裡的紅色藻類（顏色是來自一種嗜鹽的微生物），在這片碳酸鈉的鹼性水域中，茂盛的生長著。這些藻類將色素染到同一個環境中的生物：粉紅色紅鶴（Pink Flamingos，紅鶴以這些藻類、浮游生物為食，所以才會出現這種顏色）。

# 生物如何被創造？科學家目前無解

　　在人類已知的宇宙中，地球是唯一有生物存在的地方。因為只有地球一個孤證，我們很難定義何謂生命。然而，生命還是有不可或缺的特色，例如能夠自我複製、遷徙散播、為資源相互競爭，並將一些訊息傳遞給下一代。

　　地球上所有的生命，在生化機制上都有相似的地方，生命都需要根基在一種稱為去氧核醣核酸，或簡稱DNA的分子上。DNA中記載產生蛋白質的資訊，這種像瑞士刀一樣摺疊的分子擁有非常多的功能：能搭起細胞的外壁、能夠在血液中攜帶氧氣，也能夠在眼睛中感應到光的照射。由於這些生物擁有許多相同的能力，所以指向生命是來自共同的源頭。

　　英國生物學家查爾斯·達爾文（Charles Darwin，1809～1882）領悟到，所有的生命都是從同樣一個古老的祖先演化而來。當生物擁有的因子，更能產生後代和適應環境時，就能繁殖得較多。而且透過「天擇」的過程，生物體逐漸朝不同方向變化，最終演化出非常多樣的物種。

　　根據化石所提供的證據，生命約在38億年前，地球冷卻到適當溫度不久之後就出現。但由於科學家沒辦法從無生命的環境中創造出生命，意味著這是一個相當困難的過程。另外一個極具爭議的理論，認為地球的生命來自太空的播種，微生物就是由撞擊地球的隕石中所夾帶而來。

　　英國理論物理學家布蘭登·卡特（Brandon Carter），是英國物理學家史蒂芬·霍金（Stephen Hawking）之前的研究夥伴，他利用巧妙的數學，來闡述生命如何歷經5段過程而產生人類。這5段過程實際上不容易達到，發生的機率很低，分別是：

# 地球防護罩：溫室效應、地磁、臭氧

　　想像一下，如果地球沒有溫室效應，那麼地球平均溫度是攝氏零下18度。雖然持續惡化的溫室效應，使得地球環境承受更多的壓力，但要是沒有溫室效應，我們也不會在這裡。這個關鍵在於，大氣層並不怎麼會吸收我們日常可以看到的可見光，這也是為何人類可以見到太陽，但是地球表面卻會吸收陽光，因此造成溫度升高，之後再以「遠紅外線」形式的電磁波，將熱能輻射回太空。然而，溫室氣體會吸收遠紅外線，阻止熱能逸散出去。要是沒有主要的溫室氣體——水蒸氣，我們將會被凍死。

　　二氧化碳也是一種溫室氣體，這種氣體由於人類燃燒石油和煤這類的石化燃料，逐漸釋放到大氣中。在人類的歷史紀錄裡，自工業革命後，大氣層中的二氧化碳增加，地球的溫度也就不斷上升，地球溫度攀升不能再歸咎於太陽亮度的變化。

　　溫室效應並不是地球上唯一能夠保護生物，使我們免於宇宙環境傷害的防護罩。另外，還有地球的磁場——地磁阻隔太陽致命的粒子輻射；此外，高空的臭氧也阻隔了來自太陽危險的紫外線（奇妙的是，這種保護生命的臭氧，在地面上卻會傷害人體的健康），若是缺乏這種不穩定氧分子的保護，生命只能在海裡生存。

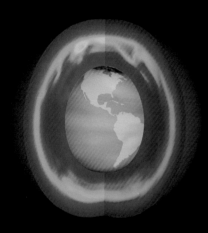
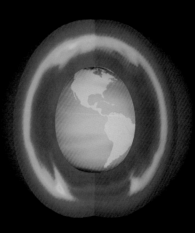

◀地球平流層裡的臭氧形成防護罩，保護地球上的生命，避免太陽紫外線傷害DNA。這兩張地球大氣層橫截面圖，顯示出地球在1月（左圖）時，臭氧層密度集中；在10月（右圖）南半球春天，南極的臭氧層密度明顯下降。

▶夜晚埃及尼羅河畔，城鎮所發出來的燈光。圖中可看見開羅、亞歷山大港、特拉維夫、安曼和大馬士革。此外，在地球上方有不明顯的黃色弧線，這是太陽輻射和大氣分子的作用下，釋放出來的氣輝，高度離地表約100公里。

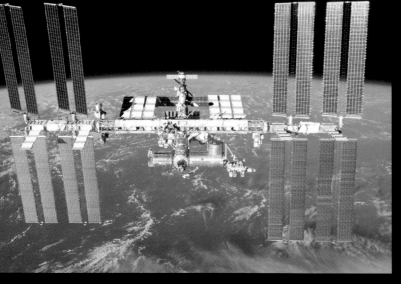

◀國際太空站（ISS）是提供人類長
時間在軌道上活動與研究的駐點。
太空站的大小近似於足球場，上面
的可活動空間，約有一百多坪。軌
道高度354公里，最多可以搭載6
位太空人。在此，有絕佳的視野觀
賞地球。

▼西元前3世紀，希臘天文學家埃
拉托斯特尼計算出來的地球圓周
長度，對比今日確切的數值，只
有非常些微的誤差。

# 如何知道地球是圓的？

　　如果不考慮各種地形，比如山脈，地球看起來似乎是
平的。我們很難察覺地球是圓的，是因為地球很大，以至
於人類難以察覺地平線的弧度。不過在古代，還是有人發
現克服的方法。

　　當船隻航行遠離時，這些船隻的整體並不會越來越小
到直接消失在人類眼中，而是逐漸沒入水平線以下，若地
球是平的，這種現象就不會發生；因為地球是圓的，所以當地球通過月亮和太陽之間形成月食，
月球上會出現彎曲的陰影；如果有人朝同個方向筆直前進，最終會回到原點。當然，我們現在有
從太空拍攝的照片為證，明顯知道地球不是平的。

　　假設在地球是平的狀況下，即使是4座相互有關聯的城市，所觀測到的各種現象也會不同，
更何況當地球是圓的（譯註：本書所說的圓，並非幾何上的正圓，只是一種球形的概念）。

　　在美國物理學家史蒂芬·溫伯格（Steven Weinberg，1979年諾貝爾物理學獎得主）的書《重
力和宇宙論》（*Gravitation and Cosmology*）中，甚至利用這種關係（譯註：指同一時間不同地點
測量到的各種現象，比如星點位置、杆影等關係，來推測大地的弧度），推算出英國作家托爾金
（John Ronald Reuel Tolkien，1892 ～ 1973）筆下中土世界（Middle-earth，或稱中土大陸，是出
現在托爾金小說著作中的一塊大陸，意指「人類居住的陸地」）的大地弧度。

　　西元前240年，希臘天文學家埃拉托斯特尼（Eratosthenes），是人類歷史上第一次估算地球
尺寸的人。他發現冬至那天的中午，在賽印（現位於埃及亞斯文）的垂直柱子沒有陰影，這代表
太陽是在天空的正中心。此時，在亞歷山大港地區，一樣垂直地面的柱子卻有7度的陰影。由於
知道亞歷山大港和賽印的距離，7度大約是圓周的五十分之一，埃拉托斯特尼就藉此計算出地球
的圓周長及直徑，他算出來的數值是7,800英里（約1萬2,553公里），這只比今天精確測量的數
據少了100英里（約160.9公里）而已。

　　事實上，地球並非完美的球形。在赤道地區地球自轉的時速大約是1,700公里，使得這顆行
星的腰圍比較突出；此外，地球內部物質並非均勻分布，也造成地殼高低不一，這看起來長滿疙
瘩的曲面，就稱為「大地水準面」（geoid）。

▲波斯灣杜拜海岸所建造的「世界群島」，這是一系列大尺度填海開墾工程的其中一項。地球上最大的人造島嶼，其中包含世界群島、朱美拉棕櫚島、傑貝勒阿里棕櫚島和德拉棕櫚島。這些人造島提供杜拜市額外的沙灘，長達520公里。

▼美國曼哈頓區的街道和建築，大都是以棋盤狀分布，並有中央公園作為休憩的綠地。唯一例外呈斜線的百老匯大道，是早期美洲原住民的道路。

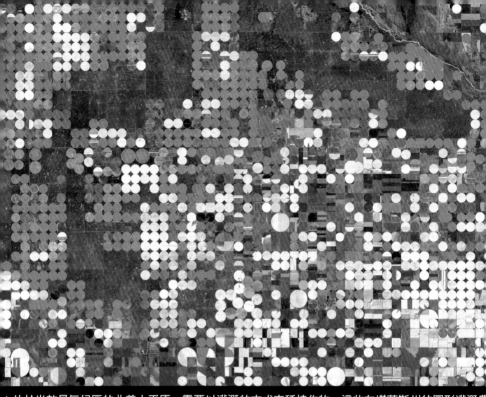

▲ 位於半乾旱氣候區的北美大平原，需要以灌溉的方式來種植作物。這些在堪薩斯州的圓形灌溉農場，直徑約 800 ～ 1,600 公尺。綠色區域是成熟的農作物，白色則是不久之前犁耕過、或剛栽種作物的區域。

▼ 玻利維亞的聖克魯斯，曾經是一大片呈現深綠色的自然森林，如今因為農業開發，大部分區域已經變成淺綠色和斑駁的褐色區塊。

# 月球
# The Moon

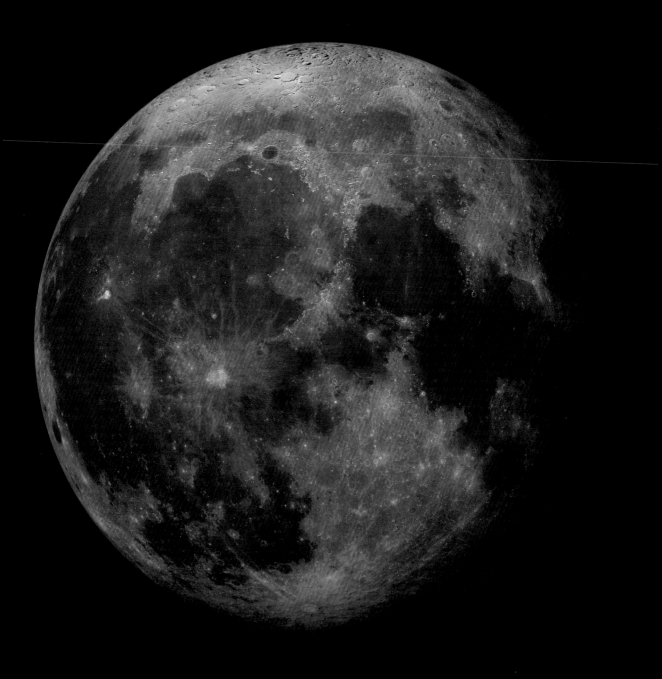

平均密度

| 鐵 | | | | 岩石 | | 水 |
|---|---|---|---|---|---|---|
| 7g/cm³ | 6g/cm³ | 5g/cm³ | 4g/cm³ | 3g/cm³ | 2g/cm³ | 1g/cm³ 0 |

# 太空人唯一登陸過的天體

　　月球，是最靠近我們的天體，而且視覺上的大小遠勝其他夜空中的天體。此外，也是唯一我們能用肉眼就可以看到表面樣貌的星球。或許數百萬年前遙遠的人類祖先，在非洲平原上仰望夜空時，也看得到並好奇這是什麼東西。

　　在工業革命之前，月亮是深夜中引領旅人的一盞明燈；後來的科學時代，更發現月球的存在有極為重大的意義，不僅能夠牽引海洋的潮汐，甚至穩定地球的氣候，讓地球的環境更適合生物生存。但真正的奇蹟在於它離地球非常近，也是太陽系中，太空人目前唯一登陸過的天體。

**軌道特徵**
與地球距離：36萬3,000～40萬6,000公里
公轉週期：27.28個地球日
自轉週期：27.32個地球日
公轉速度：1.0～1.1公里／秒
軌道離心率：0.0549
軌道傾角：18.3度
轉軸傾角：6.68度

地球
月球

**物理特徵**
直徑：3,476公里／地球0.27倍
質量：7,400萬兆公噸／地球0.01倍
體積：220億立方公里／地球0.02倍
表面重力：地球0.166倍
脫離速度：2.375公里／秒
表面溫度：凱氏40～396度／
　　　　　攝氏-233～123度
平均密度：3.340公克／立方公分

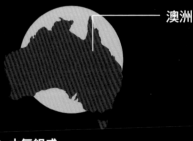

澳洲

**大氣組成**
氦：50%
氫：50%

岩石地殼
矽酸鹽地函
過渡帶

含鐵的固態月球核心

表面溫度
0 ℃　　100 ℃　　200 ℃　　　　400 ℃

0 K　　　　200 K　　　　400 K　　　　600 K　　　　800 K

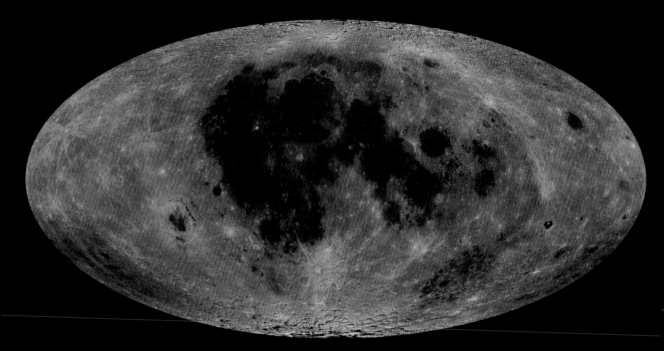

▲以7,500埃（Å）的紫外線／可見光影像組合而成的月面地圖，這是美國國防部和NASA的聯合任務，由克萊門蒂號（Clementine）上的相機所拍攝。

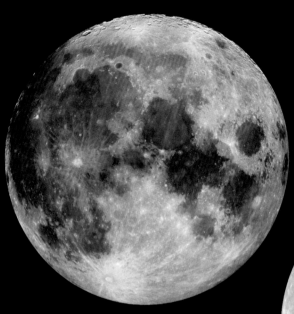

◀月球的彩色影像。1992年，伽利略號離開地球，飛往木星時所拍攝。

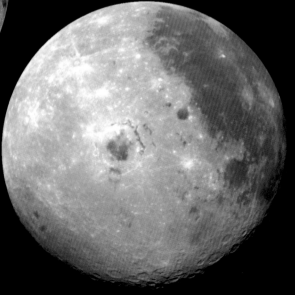

▶東方海（Orientale）是月球表面上的一個圓形撞擊盆地，位於顏色較淡的高原與較暗的月海之間，而高原分布在月球背面，在正面的月海則終年面對著我們。

▲ 2010年9月，國際太空站在低軌道繞行
　地球時，所拍攝的新月。

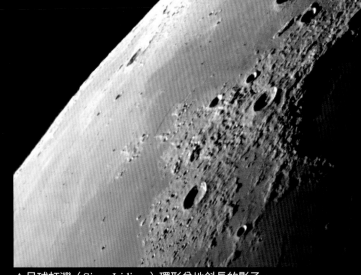

▲月球虹灣（Sinus Iridium）環形盆地斜長的影子，
　由地球上的望遠鏡所拍攝。

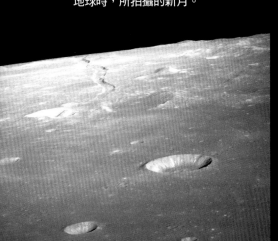

▲在月球軌道上，斜瞰阿里亞德烏斯月溪
　（Rima Ariadaeus）的影像，這是寬達
　300公里的裂谷。

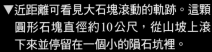

▼近距離可看見大石塊滾動的軌跡。這顆
　圓形石塊直徑約10公尺，從山坡上滾
　下來並停留在一個小的隕石坑裡。

▲月面上的假色影像可用來區別不同的化學成分。圖中是
　位於風暴洋中，長達42公里的阿里斯塔克斯隕石坑和
　周邊地貌。

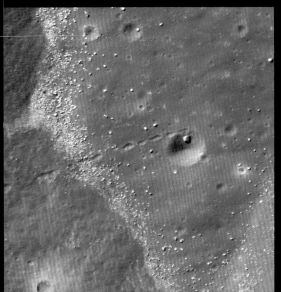

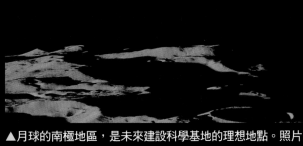

▲月球的南極地區，是未來建設科學基地的理想地點。照片
　前景中的沙克爾頓坑邊緣有永久陰影區，可能存在固態的
　水（冰）；至於附近（照片背景）的馬拉柏特山因為高度
　足夠，可架設太陽能發電與通訊設備。

至今，已經有 12 位太空人登陸過月球，甚至還有一位最後葬於月球，他是科學家吉恩·舒梅克（Gene Shoemaker，1928～1997），他證明了亞利桑那的巨坑是隕石的撞擊，同時也訓練阿波羅號登月的太空人如何辨認岩石，更是堅持遊說NASA將科學家送往月球的人，使得當時專注於和蘇聯進行太空競賽的美國，采納了舒梅克的意見。

人類最後一次登月任務是阿波羅 17 號，將地質學家哈里遜·舒密特（Harrison Schmitt）送往月球。之後為了向偉大科學家舒梅克所扮演的重要角色致意，1998 年 NASA 的月球探勘者號將他的骨灰帶往月球，一同撞擊到月面上。他是目前唯一一位葬在月球，或說將骨灰撒在月球上的人類。

1969 年 7 月～ 1972 年 12 月間，人類數度登陸月球，首兩位登陸月球的是阿姆斯壯（Neil Armstrong，1930～ 2012）和艾德林（Buzz Aldrin），他們所執行的阿波羅 11 號任務，差點就要以災難收場，因為當他們終於著陸時，發現登陸艇的燃料只剩下 45 秒就會耗盡。對於阿姆斯壯和艾德林及其他登陸月球的人來說，那裡是全然陌生的世界，一個在他們腳下的灰色、滿布隕石坑的世界，這片荒蕪的地面上，則是漆黑的天空。

因為月球較小，所以它的重力只有地球的六分之一，地平線的距離大約是 2.5 公里。由於沒有大氣層對陽光的散射，受陽光照射的區域和陰影處有很強烈的對比，因此，在月球上拍攝照片非常困難（令人難以置信的是，當阿姆斯壯成為第一位踏上月球的人類時，艾德林並未拍攝到這個紀念性一刻的照片）。

缺乏大氣層也使得月球景物不會因為距離遙遠而變得朦朧，這特點在地球上可以用來判斷遠近，因此，一個在 20 公尺外且寬 20 公尺的物體，和在 2 公里遠而寬 2 公里的山脈，看起來遠近差別不大。此外，月球上所有的東西都覆蓋了一層具有黏性、髒汙且令人窒息的月塵。

▲太空人艾德林在月球上為拍照所擺出的姿勢，從艾德林頭盔的反射可以見到拍攝照片的阿姆斯壯。

▼於亞利桑那隕石坑的吉恩·舒梅克，最後葬於月球。

▼月球景觀與阿波羅 17 號月球探測車。

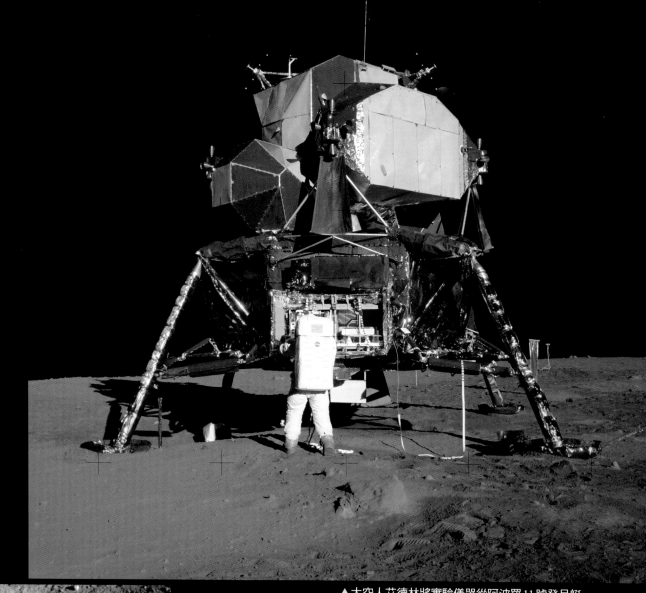

▲太空人艾德林將實驗儀器從阿波羅11號登月艇
（Lunar Module）上取下。

◀1969年7月，艾德林在月面土壤上留
下的足跡，這是人類第一次操作登陸艇
登陸月球。

# 月塵，月球上的奈米殺手

　　英國科幻小說作家亞瑟‧查理斯‧克拉克爵士（Sir Arthur C.Clarke，1917～2008）的小說《月球歷險記》（*A Fall of Moondust*）中描述，航行在月塵上的月之女神號沉沒到月海裡，上面的乘客無一倖免。此小說在1961年出版時，確實造成許多人害怕月球表面上，深厚的月塵會像流沙一樣吞噬物體。雖然太空人並未找到這種可怕現象的證據，但在月球表面上確實覆蓋著一層又薄又細的月塵，這對於將來探勘月球，確實會造成潛在的危險。

　　執行阿波羅太空任務的太空人，無法將這些月塵從太空衣上清除；這些月塵會飄散到太空船的每個角落和細縫中，依據太空人描述，這些月塵的味道聞起來像火藥。今天科學家發現這些「奈米微粒」的毒性，會經由呼吸沉積在肺部，引起呼吸問題。

　　此外，這些細微的粉末也會阻礙太空艙的氣密裝置，導致機械失靈引發災難。月塵的形成，是當宇宙塵（一種沙粒大小的微型隕石）撞擊到月球表面，將岩石擊碎並加熱後所產生的灰塵粒子。和我們在陸地上看到的沙粒不同，月塵像是細小的溶化雪花一般，形狀非常不規則，所以會衣附在太空衣表面。

　　月塵由於形狀不規則，所以當這些微塵反射陽光時，會因為反射角度不同而產生不同顏色。這也可以解釋為何太空人他們看到的月球，並非一片灰色，而是到處閃耀著咖啡色、金色和銀色的美麗光彩。

　　持續撞擊月球的宇宙塵，在數百萬年後也會沉積出一片新的月球土壤，所以，太空人在月面上留下的足跡，雖然以人類有限的生命來看會存在很久，但終究有一天會被覆蓋。

　　除了宇宙塵之外，月亮也會遭受到大型隕石的撞擊。

◀月球表面上近距離的影像，範圍只有3英吋
　（7.62公分）。阿波羅任務的太空人分析了
　一些照片中的岩石。

▶實驗室中分析月球岩石的樣本。從
　月球表面上帶回的岩石，和地球上
　的玄武岩類似。

▲在月面上執行3天任務的尤金‧塞爾南
（Eugene Cernan），身上滿布月塵。

◀科學家利用從月面帶回來的樣本，
來分析太陽系早期的岩石，研究發
現這些岩石已有45億年的歷史。

# 到月球，
# 尋找地球生命的起源

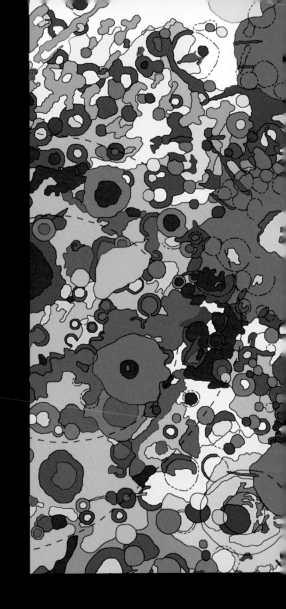

約8億年前，一顆和基韋斯島（位於墨西哥灣為）一樣大的小行星，撞擊月球產生了哥白尼坑。這次撞擊產生的隕石坑直徑寬達93公里，並噴濺出覆蓋月球表面的廣闊塵埃。

地球也曾經遭遇過類似的撞擊，事實上，地球還是比月球更大的目標！（譯註：地球面積較大，所以在宇宙中更容易遭受撞擊。也就是說地球上應有更多撞擊的痕跡。）然而，地球上持續的地殼活動和各種風化作用，已經磨滅這些撞擊的證據。所以說，布滿傷痕的月球和地球有相同的歷史。

如同人類在地球上找到來自月亮和火星的隕石，在月球上也會找到來自地球的隕石，這些隕石是地球受到撞擊後噴濺到太空，最後墜落到月球。這些來自地球的隕石，可能仍保存著地球生命剛誕生時的化學、甚至是生物化石，這些生命的證據早已被地球地質活動所抹除。或許，必須到月球上才能找到地球生命最古老的起源。

38億年前，月球發生另外一場遠大於形成哥白尼坑的撞擊。這次巨大的撞擊，是由於木星和土星共同作用所引起小行星帶的擾動，進而將一個和洛杉磯一樣大的天體往我們的方向送來。這次的巨大撞擊猛烈到將月球的地殼擊穿，使得岩漿流到表面聚集在低處形成月海。

即使到了今天，月海邊緣的震動有時還會釋放出氣體，這些瀰漫在內部的氣體，會受地球潮汐力的影響而拉扯壓縮。

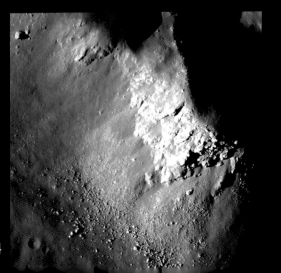

▶哥白尼坑的中心高點，向上傾斜而暴露出白色的岩床。

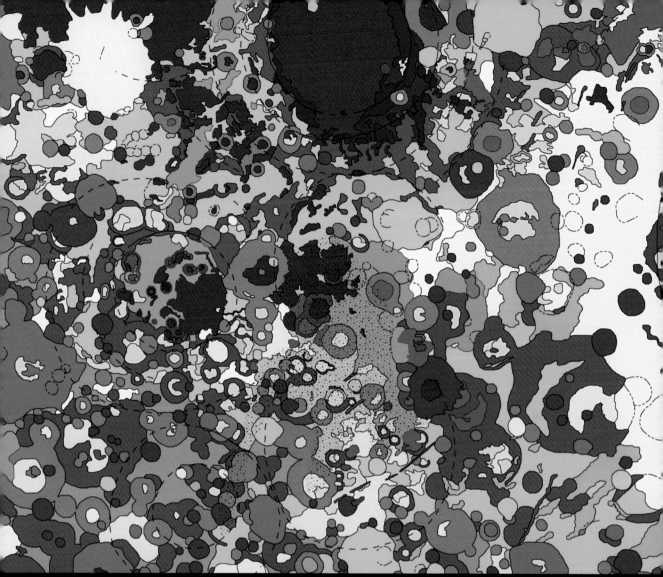

▲這是美國抽象派畫家傑克遜・波洛克（Jackson Pollock，1912～1956）的作品嗎？不，這是一張月球局部的地質地圖。黃、藍和褐色區塊，顯示年齡逐漸增加的撞擊坑；紅和粉紅色區塊，是遭受岩漿覆蓋的盆地，這些都於38億年前的撞擊所形成。

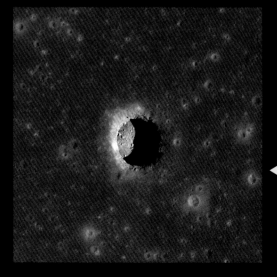

◀位於寧靜海中一個寬80公尺的坍陷凹坑，受到高角度的太陽光照射而顯露出坑底。成因可能是在地表下曾經有高速流動的岩漿，岩漿流經時會產生洞窟或隧道，當岩漿流走之後，這些洞窟或隧道的頂部塌陷，就會形成凹坑。

# 潮汐作用，讓地球自轉變慢

一天兩次，潮起又潮去。這個現象的成因藉由牛頓的解釋，是因為地球上的海水，距離月球最近時受到的重力最強，重力會隨距離遞減，所以地球另外一側的海水受到的月球重力最弱。這原理造成了海面朝兩個方向鼓起，其中一個方向的鼓起原因是海水被月球拉離地球；另外一個鼓起的原因是月球把地球拉離海水。（譯註：不妨把地球和海水想成三個部分：甲——面向月亮的海水；乙——地球；丙——背向月球的海水。這三個部分受到月球重力大小分別是甲＞乙＞丙，所以月球正把甲拉離乙，並把乙拉離丙。）

產生潮汐的成因不是重力，而是重力的差異。當地球以一天24小時回轉一圈時，鼓起的水也繞了地球兩次，產生漲退兩次的潮汐。潮汐現象也會對地球的岩石造成影響，但因為岩石固定不動，所以現象不明顯。但對於在日內瓦的大型強子對撞機（Large Hadron Collider，簡稱LHC，一座位於瑞士日內瓦近郊歐洲研究組織的對撞型粒子加速器，作為國際高能物理學研究之用）而言就需要非常注意，因為對這臺周長長達27公里的粒子加速器，一天之中月球也會兩度造成它交替拉長伸展和擠壓收縮。

太陽也會引起潮汐效應，這個現象發生時稱為大潮。當太陽和月球在相同方向吸引地球時，潮水達到最高點。此外，地球也會對月球造成潮汐效應，而且比月球作用在地球上的潮汐效應強81倍，因為地球的質量是月球的81倍；這個現象導致月球上的地震（月震），以及有時會造成氣體噴發。

久而久之，這股力量減緩了月球的自轉速度，最終使得月球自轉週期和公轉週期一樣都是28天，並且永遠以同一面朝著地球。不過月球無論是哪一面都會照射到陽光，這是因為月球在公轉軌道上不同的位置時，受太陽照射的面也會不同，也就是我們看到不同的「月相」，因此月球不會有永久黑暗的一面。

事實上，潮汐作用正不斷消耗地球的能量，造成地球自轉速度變慢，並使得月球不斷遠離。

▶月球的重力使得地球上的海
　洋，在距離月球最近和最遠
　的兩處隆起。

▲阿波羅14號任務：將月球測距後向反射器（Lunar Ranging Retro Reflectors，簡稱LRRRs）放置到月球上面。

▲從地球上觀測站射向月球的綠光雷射束。利用雷射的測量，可以取得地球和月球上反射鏡之間的精確距離，或繞行月球人造衛星的距離。

# 回向反射器，測出月球每年遠離地球3.8公分

　　每年，月球以3.8公分的距離遠離地球。科學家是如何知道這麼精確的數字？這是因為我們可以將雷射光射向月球，再接收反射光回地球的資訊。這些和拳頭一樣大、能讓雷射光反射的鏡子，稱為「回向反射器」（corner-cube，或稱角反射器），是美、蘇兩國在執行登月任務時放置上去的。回向反射器能夠將射向它的雷射光精準的朝原來方向反射回去，藉由測量雷射光反射回地球所需的時間，科學家就能計算出地球與月球的距離。

　　這些放置在月球表面上的回向反射器，是由人為駕駛的美國太空船——阿波羅11號、14號和15號，以及蘇聯無人駕駛月球自動車1號和2號所放置。這是最佳的鐵證，打破那些宣稱人類未曾登陸過月球的陰謀論。

　　月球自動車2號上的反射鏡偶爾會運作，其中一具在月球自動車1號上的反射鏡則遺失將近40年，直到最近由月球勘測軌道飛行器（Lunar Reconnaissance Orbiter）找到它降落的位置，當它的座標傳給了在新墨西哥州的科學家之後，2010年4月22日，科學家朝它降落的地點發射了一束脈衝雷射，很快就接收到一個帶有約2,000個粒子的閃光（或稱光子）。擁有了這4架（有時候是5架）回向反射器的運作，讓科學家不只能夠測量月球退後的速度，更可以測量月球因為地球潮汐效應，拉扯壓縮而變形的狀況。

　　月球正緩緩的遠離地球，讓我們看到日食現象，並了解到生在今日是何其有幸！接下來，就讓我們來了解這些幸運的巧合。

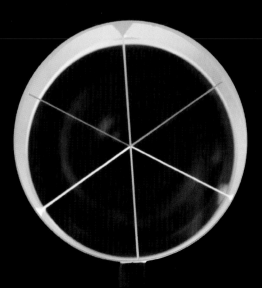

▲藉由回向反射器反射回來的雷射光，會和發射的方向完全相同。

# 完美的日全食，只有在地球才看得見

日全食發生的時候，月球正經過地球和太陽之間。這個現象會導致原來白天的區域，瞬間變成漆黑的夜晚，此時，溫度急遽下降、蝙蝠開始四處飛翔、空氣中瀰漫著鳥類和動物不安的叫聲。這個在天空忽然出現的大窟窿，在科學不昌明的時代，很多人類認為是怪獸將太陽吞噬，會開始敲打茶壺和鍋子，希望藉此嚇走怪獸（這個方法確實一直都有效）。

日全食，是地球上看得到最壯觀的自然現象。但此天象卻是宇宙中的巧合。太陽的直徑大約是月球的400倍，而太陽到地球的距離，也差不多是地球到

▲ 1999年8月11日，日全食發生時的太陽日冕，歐洲中部地區大都可見到這次日全食。

月球距離的400倍，因此，在視覺上看到的太陽和月球幾乎是一樣的大小。在太陽系中，即便還有其他一百七十多顆自然的衛星，卻沒有任何一個行星上可以看到如此完美的日全食。

事實上，還有更幸運的事情發生在我們身上。因為月球正不斷遠離地球，在遠古時代月球看起來比今天的要巨大，而未來則會變得較小，所以在地球歷史中能看到日全食的時間只有5%，我們確實很幸運能在這時候看到它。但幸運的事還沒說完呢！

# 月球的誕生：「忒伊亞」撞地球

當一個世界撞擊到另外一個世界，會產生一個新的世界。

想像一下地球剛誕生不久的樣子，這時候有一個和火星差不多大的行星，正逐漸接近地球。當兩顆行星猛烈撞擊在一起後，地球的外層熔化並噴濺出大量的物質。接著在地球外圍產生一個巨大的環，然後這個環逐漸集中、凝結成一個新的天體。起初，月球的距離只有現在的十分之一，地球上所有水域的潮差是現在的1,000倍高。但經過數十億年的歲月，月球逐漸遠離到現在的位置。

這就是月球誕生的過程嗎？沒錯，目前很多證據都支持這種觀點！關鍵證據是來自阿波羅任務，他們發現組成月球的物質可能和地球的地函相似，卻比地球上任何的岩石都要來得乾燥，似乎月球上的岩石歷經過快速的加熱，導致水分散失。

有另外一個問題：一顆和火星質量一樣的行星，撞擊到地球進而產生月球，卻沒有讓地球粉碎，那麼這顆行星應該是在低速下接近地球，而不像其他在地球軌道內或軌道外的天體，因為它們的速度都太快。

這個「大碰撞」學說，似乎可以解釋大部分的狀況，但這顆稱為「忒伊亞」（編按：忒音同特）的原行星，必須位在與地球相同軌道上的前方或後方60度的位置，而這個穩定的點稱作「拉格朗日點」（Lagrangian point）。在忒伊亞撞擊地球前的數百萬年之間，它一直在等待、尾隨著地球，尋找適合的時間點來撞擊，就像一顆跟蹤地球的行星。

▲科學家認為月球是地球受到撞擊後，噴發物質凝結所產生的天體。這顆撞擊地球的原行星的大小和火星相似，而且和年輕的地球繞行在相同的軌道上。

# 感謝有你，
# 幸運之星

如果沒有月球，我們會在這裡嗎？答案幾乎是否定的！

月球大得離譜，月球和地球的比例，遠勝過所有太陽系行星和它們衛星的比例。在地球和月球的系統中，幾乎就像一個雙行星系統。來自巨大衛星的重力，穩定了地球的自轉，當地球自轉像陀螺要轉停下來的時候，月球就會將地球拉直。因為這種晃動會導致日光照射的變化，所以月球也穩定了地球的氣候。

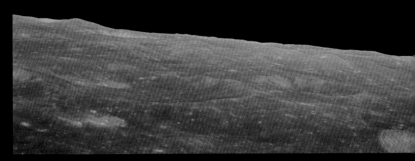

▲ 1968年聖誕節前夕，阿波羅8號完成繞月一周的任務後，太空人驚嘆的看到地球在月球地平線上緩緩的升起。

反觀火星，因為沒有巨型的衛星，所以承受著劇烈的氣候變化。如果地球沒有穩定的氣候，那麼生物在過去數十億年之間，無法散布到世界各個角落。

我們巨大的月球也引起了地球上的潮汐作用，一天2次，使得有一部分在較高邊緣的海岸，有時出現乾燥的區域，這種環境使得在淺灘的魚類演化出肺，並在陸地上生活。

月球這個巨大的衛星同時也促進科學進步。藉由日全食發生的時間，月球擋住太陽光，讓人類得以觀測鄰近太陽的恆星。1919年，藉由月球的幫助，科學家觀測到遠處星光受到太陽的重力影響而彎曲，為愛因斯坦的理論提供強力的證據。

美籍猶太人科幻小說家以撒·艾西莫夫（Isaac Asimov）在《悲劇的月亮》（*The Tragedy of the Moon*）提到，若金星有像月球一樣的衛星，金星上的科學會比地球進步1,000年。艾西莫夫主張，若金星有衛星且大到可以直接看到，那麼過去以為地球是宇宙中心的「地球中心說」將難以形成，甚至教會也不會鎮壓那些持不同意見的人。

為何地球會有這樣巨大的月亮呢？答案是經歷一個特別的起源。

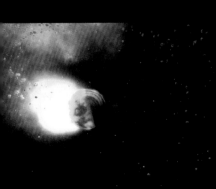

▲當兩顆天體相撞，較小的原行星完全熔化，而較大的地球只有地殼熔化，這些物質同時也向外噴發。

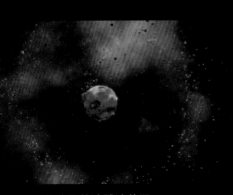

▲一些噴發的液體滴落回地球，其餘的一些則是持續繞著地球轉，而形成一個碎石環。

▲最後，這些石塊聚集成一個大衛星——月球。

# 火星
## Mars

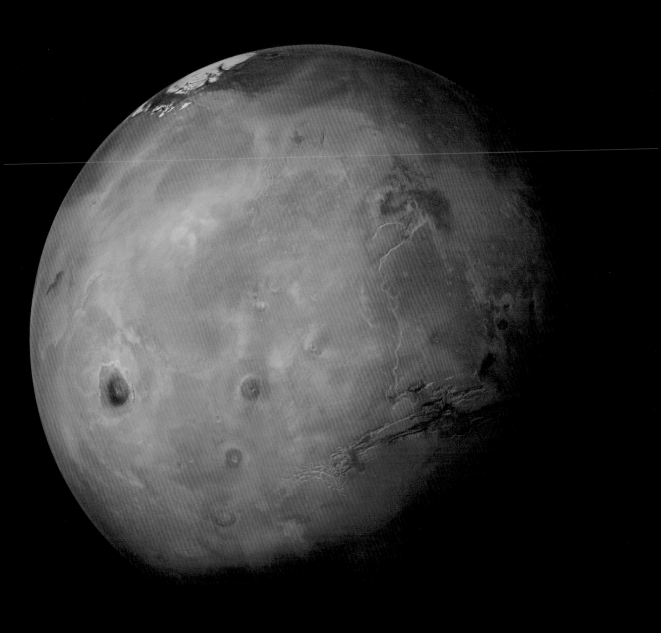

**平均密度**

| 鐵 | 岩石 | 水 |
|---|---|---|

| 7g/cm³ | 6g/cm³ | 5g/cm³ | 4g/cm³ | 3g/cm³ | 2g/cm³ | 1g/cm³ | 0 |

# 可（渴）望成為
# 人類第二個家？

　　歷史上，這顆閃耀著紅寶石光的火星不斷向我們招手。到了太空時代，科學家仍注意到它的招喚。擔任人類密使的機器人，更是一波接著一波，跨越行星間的鴻溝，到達這顆紅色行星的表面。眾所皆知，下一步送往火星的就是活生生的生物。火星將會是人類開拓的下一站，我們期待它有朝一日會成為一個可以呼吸、生存、而且會被人們稱為「家」的地方。

　　這顆紅色行星的大氣層非常薄，地表暴露在來自太陽次原子粒子的威脅中。即便是最炎熱的夏天，溫度也頂多到達攝氏零度而已。雖然火星上的氣候嚴峻，但並非一顆死亡行星，上面有冰原、有巨大的火山、有雲和橫掃整顆行星的沙塵暴。

　　最重要的是，有證據顯示這顆行星上曾經有古老的河流與可能存在過的海洋。水的存在提高了生命出現的可能──簡單微生物，要提醒一下，這並非指高階的火星文明。

## 軌道特徵
**與太陽的距離**：2億600萬～2億4,900萬公里／1.38～1.66天文單位
**公轉週期（行星上的一年）**：686.97個地球日
**自轉週期（行星上的一天）**：24.62小時
**公轉速度**：22.0～26.5公里／秒
**軌道離心率**：0.094
**軌道傾角**：1.85度
**轉軸傾角**：25.19度

水星
金星
地球
火星

## 物理特徵
**直徑**：6,794公里／地球0.53倍
**質量**：6.42億兆公噸／地球0.11倍
**體積**：1,630億立方公里／地球0.15倍
**表面重力**：地球0.379倍
**脫離速度**：5.022公里／秒
**表面溫度**：凱氏133～293度／攝氏-140～20度
**平均密度**：3.94公克／立方公分

月球

## 大氣組成
**二氧化碳**：95.3%
**氮**：2.7%
**氬**：1.6%

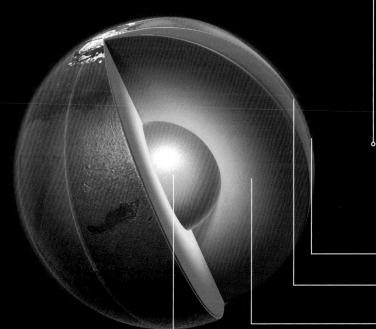

二氧化碳大氣層

岩石地殼

矽酸鹽地函

鐵地核

**表面溫度**

| 0 ℃ | 100 ℃ | 200 ℃ | 400 ℃ |

| 0 K | 200 K | 400 K | 600 K | 800 K |

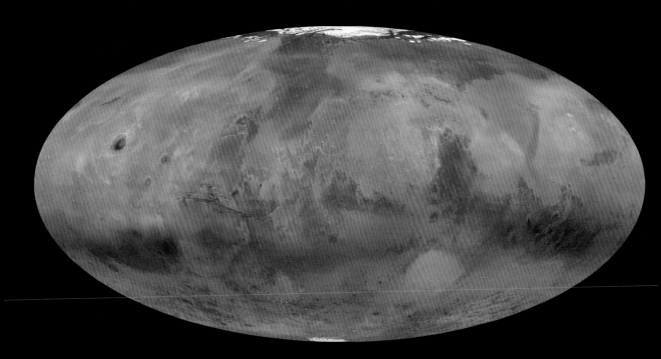

▲火星地圖，這是從繞行火星的人造衛星──維京1號和2號
所拍攝的影像中挑選合成。（摩爾魏特投影，地圖正中心
為本初子午線位置。）

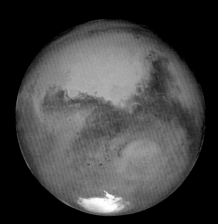

▲2003年8月，是6,000年以來，
火星最靠近地球的一次。當時
是夜空中最明亮的行星。

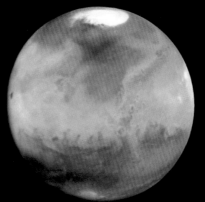

▲火星北半球的夏天，火星北
極的冰層昇華而形成由固態
水組成的雲。

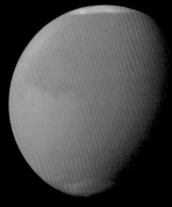

▲2001年，一場席捲整顆行星的
沙塵暴，持續了3個月，造成
我們無法看清楚火星表面。

▶阿倫混沌（Aram Chaos）是一塊
混亂的地形，原因可能是由於地
表下的冰融化，造成表面坍塌，
以及突然朝東的水流。藉由繞行
火星的衛星，可以探測到和水有
關的礦物，例如：赤鐵礦以及硫
酸鹽。

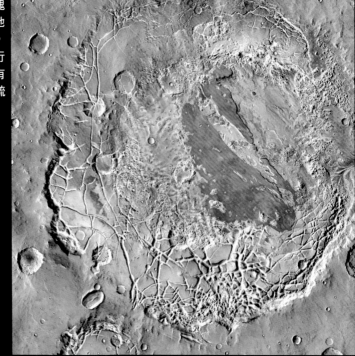

▼2006年9月～2008年8月，由機會號火星探測
船發現子午線高原（Meridiani Planum）的巨大
火山口，火山口直徑長達800公尺。

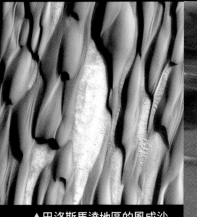

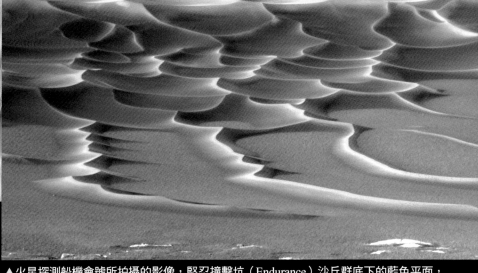

▲巴洛斯馬達地區的風成沙丘（Abalos Undae），主要成分是青色玄武岩。上面覆蓋著紅色沙塵。

▲火星探測船機會號所拍攝的影像，堅忍撞擊坑（Endurance）沙丘群底下的藍色平面，顯示這裡富含赤鐵礦。

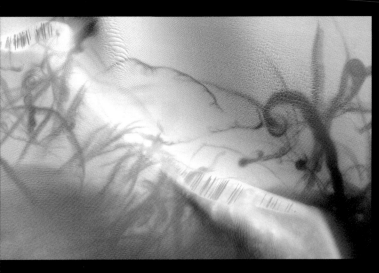

◀火星平原上的黑色條紋是由短暫經過的沙塵所形成，造成明亮的地表下出現令人不安的黑色物質。

▶這些並非生長出來的樹！而是在火星北方地區，沙粒從沙丘頂部滑落造成的現象。當乾冰在火星春天昇華時，這些沙粒的移動會形成有條紋的沙瀑，看起來就像是森林一樣。

# 火星上有運河？文明存在的象徵？

　　很久以前，人們一度以為火星上存在著沒落的外星文明。這是當義大利天文學家喬凡尼‧斯基亞帕雷利（Giovanni Virginio Schiaparelli，1835～1910），於1877年火星大衝（譯註：「火星衝」是指太陽、地球和火星排成一條直線，由於太陽照亮火星的光線會直接反射回地球，因此觀測上火星會較為明亮）時，在米蘭透過自己的望遠鏡，觀測到火星上的渠道如網絡般的刻蝕行星表面，但由於義大利文的渠道（canali）和英文的人工運河（canals）相似，因此引起誤解。

　　之後，美國天文學家帕西瓦爾‧羅威爾（Percival Lawrence Lowell，1855～1916）利用位在亞利桑那州旗竿鎮的天文臺，在斯基亞帕雷利研究的基礎上，畫出火星表面複雜的渠道，因為他認為這些渠道過於筆直，並非自然的產物。羅威爾更提出了一個聳動的說法，認為火星上經歷過災難性的氣候變遷，導致一個偉大的文明面臨消亡。在火星籠罩的絕望之中，這個文明展開了一系列的工程：利用運河把水從極冠（polar）上運往乾燥的赤道地區。

　　然而，隨後更多的觀測資料，使得原先斯基亞帕雷利和羅威爾礙於當時望遠鏡解析能力，以類似「連連看」看到的火星表面，並推測有運河功能的說法正搖搖欲墜。但這些手繪的線無疑的還是相當卓越。問題是，望遠鏡看到的彼端究竟是什麼？

　　火星自古以來一直激發著人類的想像，甚至遠自羅馬時代就以戰神的名字來替這顆行星命名，因為火星的顏色讓羅馬人聯想到戰場上的血腥，而羅威爾浪漫的觀點則更添火星在文學上的想像。後來許多作家如赫伯特‧喬治‧威爾斯（Herbert George Wells，1796～1917）、亞瑟‧查理斯‧克拉克爵士、基姆‧羅賓遜（Kim Stanley Robinson）也將火星寫入他們的作品中。

▼羅威爾的部分繪稿。他在斯基亞帕雷利研究的基礎上，
　想像這顆紅色行星上有廣闊的渠道系統。

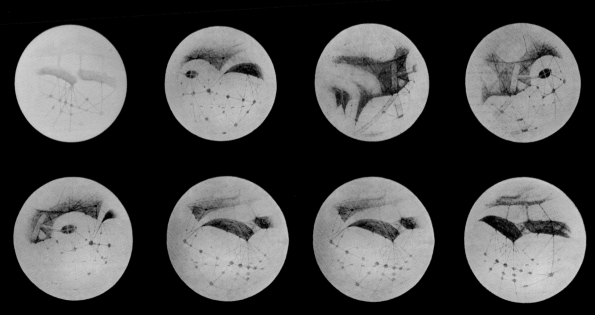

# 火星的真面貌：
## 荒蕪、隕石坑、沙塵暴世界

　　人類發射最早的火星探測船是水手6號和7號，但傳回的結果令人失望。雖然有一些黑白影像傳回地球，但這些探測船看到的卻是一片荒蕪的景象：一個到處都是隕石坑的世界。當1971年11月14日，水手9號成為第一個進入火星軌道的探測船，人類便知道不太可能看到有趣的景象。

　　不幸的，這艘探測船的軌道是火星風暴會到達的高度。這些沙塵像麵粉一樣細，藉由風吹和不斷來自外太空隕石的撞擊，在溫度較高的夏天，很容易就隨著上升的熱氣流飄散到稀薄大氣中。因為火星重力較弱，這些沙塵以緩慢的速度降回地表。1971年11月時，這顆行星剛好歷經這種偶爾被覆蓋在沙塵中的狀況。

　　在力不從心的祈求中，沙塵暴逐漸平息，火星上最高的區域開始露臉，接著是次高的區域，最後整顆星球逐漸明朗，這個過程能提供重要的3D影像。最先穿破沙塵區域而展現的是4座無比巨大的火山，第一座是奧林帕斯山，高度是聖母峰的2倍半；之後是火星上的巨大裂痕──水手峽谷，蜿蜒長達三分之一的火星周長，遠勝於地球上的大峽谷。火星上還有無數的沙丘和彎曲的渠道，但這些景色過了一夜之後，隔天就是全新的面貌。

　　已離開火星的水手6號和7號都曾經飛過火星的南半球，那裡看起來和月球相似。但是北半球就截然不同，它是一個地質學上的聖地，有許多火山活動，甚至可能有流動的水。

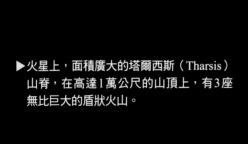

▶火星上，面積廣大的塔爾西斯（Tharsis）山脊，在高達1萬公尺的山頂上，有3座無比巨大的盾狀火山。

▼奧林帕斯山是太陽系中最高的火山，直徑廣達六百多公里，高度則有21公里。

▼水手峽谷的長度和深度都遠勝過地球上的大峽谷，蜿蜒長達3,000公里，平均深度達8,000公尺。

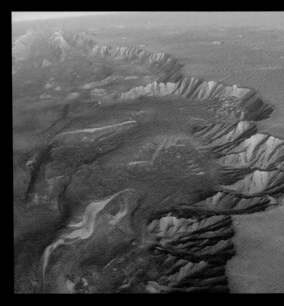

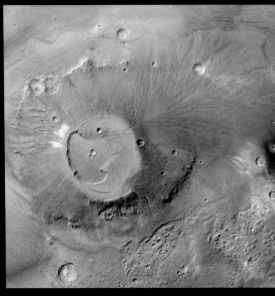

▲位於火星南方高原的阿波里那火山（Apollinaris Patera），高聳的火山口直徑寬達60公里。

▲火星南半球的諾亞高地（Noachis Terra）是一個高原火山口崩落的區域。圖中可以見到大氣靄霧。

# 火星上的水，到哪裡去了？

　　火星上有水流過的痕跡——河谷地形、氾濫平原，甚至是古代的海洋。但究竟是多久以前有水流動，那水現在都到哪裡去了？

　　今日的火星和以前相差很大。在火星誕生10億年內，火山噴發使得火星的大氣層比今天厚很多，最後卻消失了！為什麼會消失呢？可能是因為火星重力較弱，以至於大氣逸散到太空中，或巨大的撞擊將原來的大氣層吹掉。也可能是因為這顆比地球小的行星，內部熱能無法像地球一樣持久，導致地心中的鐵凝固，中止行星內電流的流動（電流的流動可以產生磁場）。當缺少磁場的防護罩，太陽風就會剝除它的大氣層。

　　當缺乏大氣層，水就容易沸騰，最後逸失到太空中。但液態水也可能滲入多孔岩石，這種被撞碎的岩石存在火星表面的巨大隕石坑中。因此，火星上可能還存有至少深達1公里、大量含水的含水層，而在赤道附近，這種地層可能深達400公尺，這已經由隕石撞擊後噴出的冰凍泥漿所證實。至於其他地區的含水層可能在地表100公尺下。除此之外，我們確實知道在火星極區表面有冰的存在。

　　水在火星上有許多複雜的故事。因為火星沒有巨大衛星來修正它的運動，火星的地軸傾斜度會有較大的變化。曾經火星有一度將它的極區對準太陽，太陽將上面的冰和乾冰完全蒸發掉，然後這些氣體飄移到較冷的半球，以雪或雨的形式重新落回行星表面。在這個短暫的溫暖時期，火星上可能有新的洪水、降雨，甚至彩虹的現象。至少對地球而言，水幾乎就是生命的同義詞。

▶火星的古代水文：或許在遙遠的古代，這顆行星曾經有三分之一的表面是海洋。

▼火星南極有一小塊區域被永久的乾冰覆蓋，這一小塊冰帽直徑不超過400公里。在這塊固態二氧化碳的冰原之下，可能存有水冰。

▼在火星北極區層積形成的結構，這些是由固態水和風沙交互堆疊而成。這張細部影像顯示，在峽谷深處的斷裂壁上，有富含冰的地層。

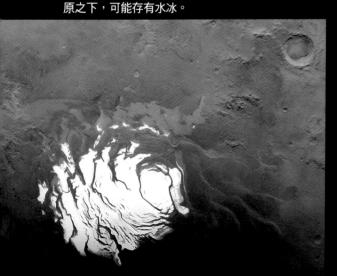

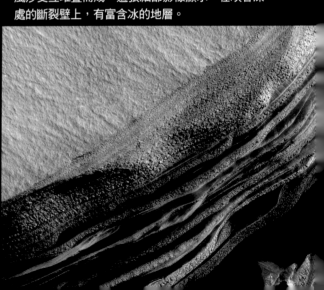

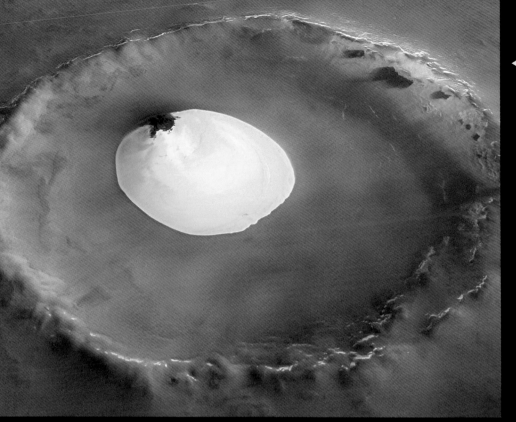

◀在火星夏天融冰時，北極附近一個未命名隕石坑底部與隕石坑邊緣陰影處，都有固態水的存在。

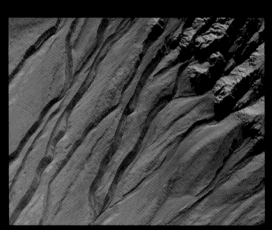

▲麻花狀曲折的峽谷。這些從岩石峭壁出現的峽谷，位於火星隕石坑的南方。

▼火星北極出現的複雜螺旋狀冰層，高達2公里，由冰和塵埃交疊而成。

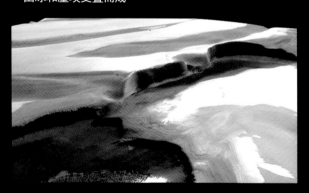

▼藉由紅外線探測到熱水礦泉的位置，這是尼利火山錐（Nili Patera）附近的影像。靠近火山錐底部明亮的地區，顯示過去這裡曾是一個溫暖、潮溼和充滿霧氣環境的證據。

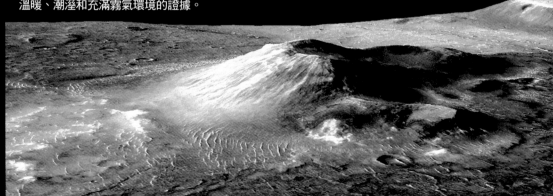

# 火星生命存在的證據，
# 地球生物可能來自於此？

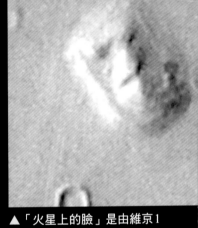

「在1976年，人類發現火星生命……。」——至少有些人是這麼相信。這樣的宣告充滿爭議，因為這是根據一項由NASA維京1號、2號對火星樣本實驗結果的解釋。

這樣的判定是依據一個簡單的概念：將火星土壤舀起一杯，然後在這個極為乾燥的土壤上面加水、維持在一個溫暖的環境並供給營養，若是這土壤中有靜止很久的沉睡生命，很可能就會開始轉變，並開始活動而產生一種副產品——二氧化碳。

想像一下，這項實驗曾經震驚很多人，因為這個實驗進行後，這土壤忽然釋出二氧化碳！但先別期望太高，這個現象很快就結束，若是微生物真的存在，那該現象會持續下去。

▲「火星上的臉」是由維京1號所拍攝。之後陸續前往火星的探測船，包含火星全球探勘者號（Mars Global Surveyor，簡稱MGS）發現這張「臉」實際上是陽光照射沙丘而形成的陰影，只有在特別的角度時才看得見。

NASA前研究員吉爾伯特．萊文（Gilbert Levin）是一位環境衛生工程學者，也是這個實驗的主要設計者，他認為這個結果是火星上有生命的證據。至於其他多數的科學家則認為，這應該是火星土壤的一種奇特化學反應，可能是土壤中含有大量高度反應的過氧化氫，急速氧化所放入的營養成分所產生的二氧化碳。

火星上還是有生命存在的可能，因為在地球上有一種嗜極生物（Extremophiles），生存在終年無光的海底火山氣口附近；也可以生存在南極這個荒涼的不毛之地；更能夠存活在數公里深的岩層下。此外有一種細菌，稱作「抗輻射細菌」（Deinococcus radiodurans），還特別喜愛核子反應爐的環境。所以，有誰還敢打賭火星上絕對沒有生命？

因為火星很小，所以這顆行星誕生後的熔融狀態會冷卻得比地球快。火星要是曾經存在過生命，應該會比地球更早出現。在地球上，我們已經發現數十個火星隕石，這些是來自這顆紅色行星受到撞擊後，噴發到太空的物體。

會不會在38億年前一顆來自火星的隕石，攜帶剛形成的微生物來到地球「播種」呢？好奇火星生物的長相嗎？照照鏡子吧！

▼有沒有可能，像這樣在地表深處發現的嗜極生物，也存在火星上？

▼火星夕陽從卡西佛隕石坑（Gusev Crater）的邊緣落下，這天是精神號探測車在火星上的第489天。太陽下山後的暮光可以持續2小時，這是由於火星高空的塵埃會散射太陽光。

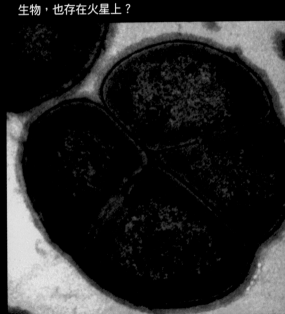

▲太陽系中最大火山──奧林帕斯山的三維模擬圖,根據NASA維京
號和火星全球探勘者號,測量到的高度數據和影像所合成。

# 最高的火山奧林帕斯山,聖母峰的2倍半

　　想像一下,有一座火山高度是地球第一高峰聖母峰(8,848.13公尺高)的2倍半,涵蓋的區域和亞利桑納州(29萬5,254 平方公里,約8個臺灣)一樣大;再想像一下,有一座火山的熔岩形成70公里寬的火山口(或稱破火山口、火山臼),而這個地方四處是高達3公里的峭壁……。

　　火星上確實存在這樣一座超級火山「奧林帕斯山」,是以希臘諸神的家命名。這座山穿透火星稀薄的大氣層,頂部則籠罩在霧氣與帶有塵埃的雪中。

　　地球上,當高熱的岩漿湧升到地表時,由於板塊運動,所以可以確保這個「噴燈」(譯註:也就是地質學上稱的「熱點」)不會一直加熱地殼下方的同一點。這種現象不同於火星,因為這顆行星上面沒有板塊運動,導致這種「噴燈」經過數十億年的加熱,讓岩漿不斷湧出到表面,形成像奧林帕斯山一樣無比巨大的火山。

　　奧林帕斯山是很高沒錯,但和地球上對應的毛納基火山(Mauna Kea)相似。這座位於夏威夷的火山頂部,平坦到難以發現它的傾斜,大約每走1公里才會上升四十多公尺。

　　因為高達21公里,使得奧林帕斯山成為太陽系中最高的山。但和它相比,其餘的高山又有多高呢?

　　火星上次高的山是艾斯克雷爾斯山(Ascraeus Mons),高達18.2公里;

　　其次是阿爾西亞山(Arsia Mons),高17.8公里;

　　帕弗尼斯山(Pavonis Mons),高14公里;

　　埃律西昂山(Elysium Mons),高13.9公里;

　　金星上引以為傲的馬克士威山脈(Maxwell Montes),高11公里;

　　地球上的高山相形之下就顯得渺小:聖母峰海拔高度是8.8公里,而毛納基火山從太平洋海床算上來,也不過只有10.2公里。

# 探索火星，期待發現外星生命

綜合前述提到的內容，前往火星，是一趟艱難的旅程。自從1960年代，蘇聯人嘗試向火星發射第一艘探測船以來，人類迄今至少執行過45次無人火星任務。然而其中只有40%左右完成整趟旅程。有些只到達繞行地球的軌道就宣告失敗，也有一部分曾航向火星，但在遠處飛掠後，就失控而在太陽系內流浪。即使排除萬難抵達火星，也有許多探測船在降落的過程中，撞上火星的紅色塵土，壯烈犧牲在撞擊的爆炸當中。

NASA的水手9號則是任務成功的案例，也是第一個進入繞行火星軌道的太空船。它在火星處於全球性沙塵暴的時期抵達，隨著塵埃逐漸落定，許多巨大的火山赫然顯現，其中之一的奧林帕斯山，高度是珠穆朗瑪峰的2倍半。在1971年至1972年間，水手9號不僅發現超巨型火山，還發現古老的河道和流動的沙丘地形。水手號太空船之前的所有飛越任務，揭示火星是一顆充滿隕石坑且荒涼如月球的世界，因此水手9號的發現出乎很多科學家的預料，同時也證明火星是太陽系中獨一無二的行星，它有兩個截然不同的半球，雖然科學家尚不清楚確切原因，但是多數認為兩半球的差異，來自於火星誕生後1,000萬年內的一次巨大撞擊。

在這之後，豎立下一個火星探索里程碑的是NASA維京號探測船。1976年時，維京1號和維京2號登陸載具成功登陸火星。這次任務當中有許多生物實驗，其中一項是將水滴到乾涸的土壤上，如果偵測到土壤釋出二氧化碳，就可能是休眠中的火星細菌重新活躍的特徵。起初，土壤散發的二氧化碳讓負責維京號的科學家欣喜若狂，但是很快就發現激增的氣體排放，是來自於特殊的土壤化學性質，而不是火星微生物的代謝產物，想藉此發現火星生物的希望很快就破滅了。

▼在距離登陸點大約5公里的一處山丘，精神號探測車於一個稱為科曼奇的露出岩石上，發現碳酸鹽的成分。碳酸鹽類的岩石形成於潮溼且非酸性的環境，這種環境相當有利於生物存活。

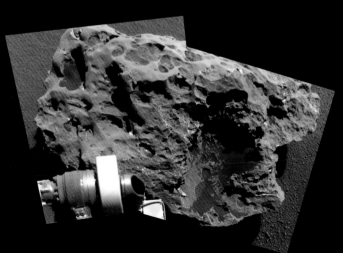

▲精神號和機會號火星探測車上面的機械手臂，上面搭載可以近距離探測火星岩石的感應裝置。

◀這塊在火星表面發現的岩石，在利用顯微鏡拍攝影像，以及透過Ｘ光光譜儀對它進行詳細的檢查後，確認是一塊鎳鐵隕石。

可能因為燃料槽破裂，導致太空船旋轉與地球失去聯繫而失敗，也不至於使人們有很長一段時間，幾乎沒有我們行星鄰居的新消息。但是到了1996年，科學家對於一顆過去（1984年）在南極大陸上尋獲，編號為ALH84001的隕石提出一項驚人看法時，一切都不同了。

維京號任務有一項衍生成果：透過分析火星上的岩石和大氣，以相似的成分當作參考，讓科學家得以辨識出在地球上發現的隕石當中，其實有數百顆來自火星。顯然在過去的某個時間點，火星受到如同小行星一樣的大型天體撞擊，造成地表破碎、噴濺並將岩石拋入太空當中，產出這些紅色行星的碎片，而1984年在南極大陸艾倫丘陵冰面上發現的「火星隕石」ALH84001，就是其中之一。接著，有科學家聲稱在當中發現火星細菌的微型化石。

雖然這個非比尋常的說法引起極大爭議，卻又沒有離奇到被視為無稽之談。從1970年代開始，科學家在地球上發現許多超乎預期的頑強生命，例如在南極的人類廢棄物中、深入地表之下數公里的固體岩石中、海面下好幾公里深的沸騰海底熱泉（hydrothermal vent）中，都依然有細菌存活著，它們都屬於嗜極生物。又例如藉由海底熱泉所提供的資源，就可以在完全黑暗的世界中，孕育出一個大群落的巨型管蟲，牠們甚至能長成如同人類手臂一樣的大小。

科學家忽然獲得一個重要的啟示：即使火星的大氣層幾乎都是二氧化碳並且相當稀薄，地表也充滿輻射並且寒冷，但似乎不同於人們以往的想像，生命並非無法承受這樣的敵意。

然而科學家不僅意識到生命可以存在於今日的火星上，還發現在遙遠的過去，火星的環境對於生命更加友善。在21世紀的最初幾年，火星的高解析度影像顯示，這顆行星經歷三個截然不同的地質時代。大約41億至37億年前的「諾亞紀」（Noachian）是最早的時期，此時火星擁有濃厚的大氣層，以及由豐沛的水所形成的海洋與河流；接下來的過渡時期稱為「赫斯珀里亞紀」（Hesperian），這段期間的水逐漸減少；最後，同時也是最長並延續至今的「亞馬遜紀」（Amazonian），這個時期的氣候已經相當乾燥而且寒冷，生鏽的含鐵礦物讓這顆行星出現了獨特的紅色特徵。

（譯註：諾亞紀之前有「前諾亞紀」，開始於45億年前火星的誕生，諾亞紀則是得名於火星南半球的諾亞高地。大約37億到30億年前的赫斯珀里亞紀，是以赫斯珀里亞熔岩高原命名。亞馬遜紀的命名，則是來自隕石坑分布稀疏，位於火星北半球的亞馬遜平原。）

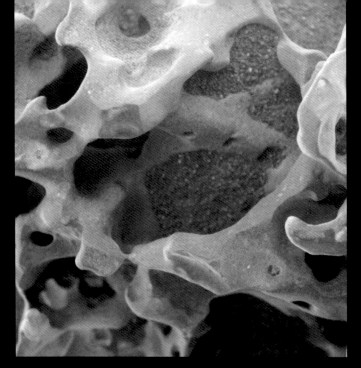

◀火星岩漿流的痕跡，在顯微鏡底下可以見到鋸齒狀的表面。在數十億年間風吹沙的侵蝕下，顯現出當時因為氣泡而產生的小孔穴。

　　NASA在2000年啟動火星探索計畫。主要的方式為利用地球和火星之間，每780天一次位於最有利的相對位置，逐一將太空船送往火星，而每次都會根據先前科學上的發現和技術來設計新的任務。（譯註：地球與火星的會合週期大約是2.13年〔780天〕，在這段期間的前後發射太空船，由於距離最近而可以節省燃料與航程，在航空太空術語中稱為「發射窗口」〔Launch window〕。）

　　1997年，NASA的火星拓荒者號（Mars Pathfinder）成功登陸火星，當中還搭載一輛僅重11.5公斤的旅居者號（Sojourner）探測車，這輛探測車在火星上運行95天並行駛超過100公尺。NASA從此公開宣布，接下來會將更大臺、更先進的探測車送往火星上更適合的地點。

▼跨頁圖中央是一輛小型的火星探測車──旅居者號，正在探勘阿瑞斯谷的一顆岩石。影像是從「母船」拓荒者號上看出去的景色。

　　2004年NASA的兩輛探測車分別降落在火星的兩側。精神號探測車降落在直徑166公里的古瑟夫隕石坑上，當它穿過布滿碎石的區域時，精神號在疑似熱泉的遺跡上，發現遠古時期熱夜活動的證據，因此在40億年前的諾亞紀晚期，這個隕石坑可能曾經是一座湖泊。另一輛探測車機會號則是很幸運的降落在一片外露的岩層旁，該岩層是由年復一年沉積到古老湖底的泥濘冗積物所形成的「沉積」岩，機會號也發現只能在水中形成的赤鐵礦。

　　精神號於2010年被困在沙丘上，而機會號則是繼續執行任務，直到2018年一次猛烈的沙塵暴，才使地球永遠失去與探測車的聯繫。這兩輛探測車在火星地表上取得的成功，遠遠超出所有科學家的預期，其中更讓我們了解，火星表面上曾經有水體存在數千萬年。

　　到了2004年，歐洲太空總署（ESA）放置在軌道上繞行火星的探測器（譯註：火星特快車號〔Mars Express〕），找到火星黏土礦物的證據，而這些礦物只能在水中形成。2006年，NASA的火星偵察軌道衛星（Mars Reconnaissance Orbiter，簡稱MRO）找出火星上許多含有水的區域。從此NASA探索的目標變得簡單而明確：追尋火星上的水。

　　NASA的鳳凰號登陸器（Phoenix Lander）在2007年降落在火星北極極冠附近時，發現了真

▲NASA 的好奇號火星探測車利用兩臺不同的相機，在梅爾庫山（Mount Mercou）
前拍出這張自拍照，梅爾庫山是一座20英尺（6公尺）高的露出岩石。

正的水──雖然是冰凍的狀態。當時鳳凰號的鏟斗向下插入土壤挖掘後，獲得閃閃發亮的白色永
凍土。

　　2012 年，NASA 的好奇號（Curiosity）探測車降落在直徑154公里的蓋爾隕石坑中，這裡曾
經有一座古老的湖泊，而湖畔的坑壁曾經被一場巨大的洪水沖毀。隕石坑的中央有一座高達 5 公
里的土丘，稱為夏普山（Mount Sharp），它類似於月球隕石坑的中心山，都是在遭受劇烈撞擊
中形成的地形。隨著每一次洪水氾濫，山體的斜坡就會留下一些新的物質，因而形成一層層的
沉積物。夏普山就如同一本火星史，NASA 的科學家在好奇號的幫助下，希望可以在此窺見火
星的過去。

　　當重量約一公噸，大小如同一輛小型汽車的好奇號，穿越過隕石坑的底部，一路行駛到夏
普山腳下時，發現關於一條河流、一個三角洲和許多湖泊沉積物的證據。隨著好奇號逐步登上
夏普山，更觀察到不同海拔高度的岩石都有各自的特徵，這些特徵記錄著氣候越來越乾燥的過
程。大約在 38 億年前，硫酸鹽類的礦物逐漸取代泥岩，訴說著火星從溫暖潮濕的氣候，一步步
轉變為嚴峻而乾燥的環境。好奇號從一個暱稱「老酒鬼」（Old Soaker，譯註：soaker也有濕

▲ 2020年7月30日星期四，聯合發射聯盟（United Launch Alliance）的擎天神五號（Atlas V）火箭，搭載NASA「火星2020任務」中的毅力號探測車，從卡納維爾角空軍基地的41號發射臺發射升空。

洗、滲水的雙關意思）的龜裂岩板所採集的岩芯中，發現當地反覆經歷洪水與乾旱，見證了一個垂死世界的最後喘息。

好奇號在2018年發現至關重要的有機物質，也就是生命賴以存在的碳基分子。如今我們已經明確知道形成生命的所有條件：水、有機物和來自火山活動的能量，都曾經存在於火星上。

但是最大的疑問依舊存在：古代火星表面的巨大水體，在數千萬年間是否都沒有變化？還是在流動轉移中，反覆出現又消失？也許後者更有可能，這是因為火星距離太陽，比地球更遠了50%，而且當時的太陽亮度也比今日低了30%。

當科學家在氣候模型中加入這些條件，希望得到火星能長期保有水的模擬結果，卻發現難以重現須存在的溫度和大氣壓力。此外還有更多問題：火星曾經有多少水？還有最重要的是：水去哪了？

2021年，NASA最先進的探測車毅力號（Perseverance）登陸火星，它是好奇號的改良版。儘管它配備與前輩相同的底盤，但是由於安裝新型車輪和不同的儀器套件，因此重量更重一些。在同年4月19日，與毅力號同行的機智號（Ingenuity）無人直升機在火星稀薄的大氣中起飛，這架重量為1.8公斤的直升機在離地3公尺的高度滯空90秒，證明在火星上飛行的可行性。而這次成功在另一個行星世界進行的首次飛行，更真實重現了「萊特兄弟的時刻」。

◀NASA 毅力號探
測車在火星上安
全登陸的想像圖。

毅力號的任務是探索直徑 45 公里的耶澤羅隕石坑，在此尋找生命存留過的生物印跡，因為這個隕石坑曾經是一座由河流沖積出三角洲，並為之充滿水的湖泊。這是自 1976 年維京號之後，首次將尋找火星生物列為目標的任務。

還有一件有趣的事情，科學家將一塊墜落到地球的火星隕石，安置在毅力號上送回了火星。科學家已經研究並了解這件 1999 年發現於阿曼的隕石樣本，因此它可以協助檢測探測車上的儀器，是否能夠正常分析火星上的岩石。

毅力號未來會採集大約 30 個火星岩石的樣本，並將不同的樣本管放置在一個罐子中。目前計畫在 2020 年代後期，由歐洲的火星探測車取回樣本，接著將裝有樣本的容器發射回太空並返回地球，如此一來就可以使用地球上更多更精良，卻無法帶到火星的儀器來分析火星岩石。

與此同時，火星探索有另一方面的重大進展，中國在首次抵達火星，就成為第一個同時成功放置火星軌道衛星和火星探測器的國家──天問一號攜帶的祝融號探測車於 2021 年 5 月 15 日登陸火星表面，將使用透地雷達來搜尋含水層，此外也會執行其他火星探測任務。

尋找火星生命已經刻不容緩。目前有許多傳言，認為人類將在 2030 年代登陸火星，這種狀況一旦成真，火星將無法避免地球微生物的汙染，屆時人類對於火星是否擁有自己獨特生物的疑問，將永遠找不到答案，這將會是科學上的一場悲劇。

# 火衛一
# Phobos（福波思）

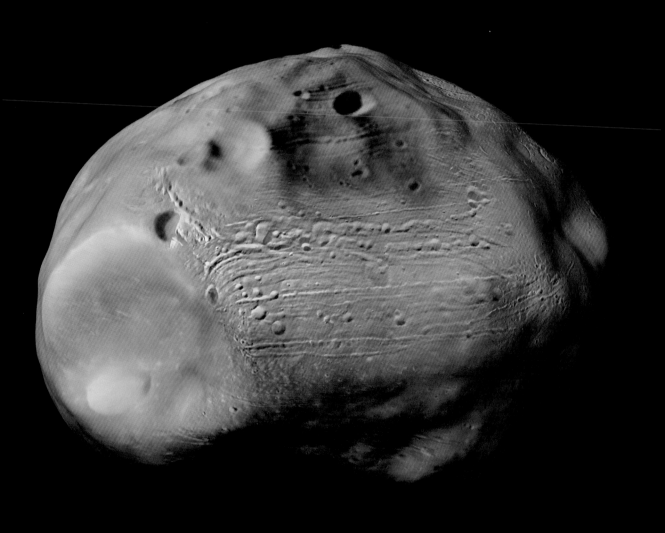

平均密度

| 鐵 | | | | 岩石 | | 水 | |
|---|---|---|---|---|---|---|---|
| 7g/cm³ | 6g/cm³ | 5g/cm³ | 4g/cm³ | 3g/cm³ | 2g/cm³ | 1g/cm³ | 0 |

# 格列佛遊記的
# 準確預言

在火星衛星的許多故事中，有一件很不可思議：英裔愛爾蘭作家強納森·史威夫特（Jonathan Swift，1667～1745）在《格列佛遊記》（*Gulliver's Travels*）中，竟然預想到這2顆衛星——火衛一（福波思）和火衛二（戴摩思）的存在，甚至相當準確預測了這2顆火衛的公轉週期，這年是1726年，而人類在150年後才確實發現了火星的自然衛星。

16世紀德國天文學家克卜勒，是一位相信即便是天堂也必須遵守幾何之完美性的人。克卜勒認為，既然木星（當時發現）有4顆衛星，而地球有1顆的話，那麼介於兩者之間的火星，應該就有2顆！

1877年，美國海軍天文學家阿薩夫·霍爾（Asaph Hall，1829～1907），利用華盛頓特區的美國海軍天文臺，發現了火星的2顆衛星。當時他差點就錯過這次的發現，因為霍爾歷經數個夜晚的尋找，依然沒有看到史威夫特所預測的衛星，失望之餘已經準備放棄。這時他的妻子安潔莉娜·史蒂克妮（Chloe Angeline Stickney，1830～1892）勸他回到望遠鏡前。

最後，他終於辨認出昏暗不清的2顆衛星，分別命名為福波思（Phobos，意為「畏懼」）以及戴摩思（Deimos，意為「驚恐」），這兩個名字是來自兩匹希臘神話中的馬，牠們拉著戰神阿瑞斯（Ares）所乘坐的雙輪戰車。

## 軌道特徵
**與火星的距離**：9,240公里
**公轉週期**：0.32個地球日
**自轉週期**：0.32個地球日
**公轉速度**：2.1～2.2公里／秒
**軌道離心率**：0.0151
**軌道傾角**：1.08度

火星
火衛一
火衛二

## 物理特徵
**直徑**：22公里
**質量**：11兆公噸
**體積**：5,680億立方公里
**表面重力**：地球0.001倍
**脫離速度**：0.011公里／秒
**表面溫度**：凱氏233度／攝氏-40度
**平均密度**：1.75公克／立方公分

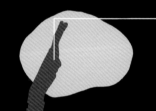

曼哈頓

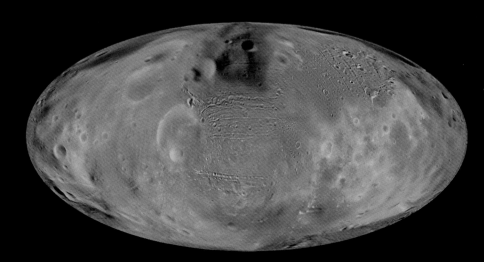

◀火衛一的地圖，以歐洲太空總署火星特快車所拍攝的影像所合成。（摩爾魏特投影，地圖正中心為本初子午線位置。）

表面溫度

| 0 ℃ | 100 ℃ | 200 ℃ | | 400 ℃ |
|---|---|---|---|---|

| 0 K | 200 K | 400 K | 600 K | 800 K |
|---|---|---|---|---|

# 為什麼有些天體是球形，有些像馬鈴薯？

　　所有的物體都有重力，加上物體內部所有組成的物質也會互相吸引。這樣的力量會讓物體聚集，如果聚集會流動的氣體或液體，重力就會將所有物質聚集到最靠中心的地方，而形成球形。

　　即便是固體也會流動，只要經過強力的壓縮。想像一下地球內部的狀況，岩石正是受到上方岩石的擠壓，最後破裂並且熔化。

　　那麼究竟要多大的物體，才能讓它的內部因為擠壓而流動，並變成球形？答案是直徑600公里！但當這個物體是由冰所組成，由於它不像岩石一樣堅硬，所以大概只需要400公里就可以形成球形。因此，在太陽系中大於這個直徑的物體都是球形，而小於這個數值的，就都像馬鈴薯！

　　為什麼物體這麼大才能變成球形呢？因為重力非常微弱，舉例來說，在氫原子裡面，電子繞行質子時所受到來自質子的重力，只有電磁力的1萬兆兆兆分之一（$10^{-40}$），而電磁力所形成的原子能夠抵抗其他物質的擠壓，使得物體變得堅硬。所以難怪即便聚集非常多的原子，如果沒有達到一定數量以上，重力還是不足以支配物體的形狀。火星的2顆衛星並未有足夠的原子，我們身體也沒有，這是為什麼我們現在看起來不是一顆球的原因！

▼比較太陽系中的小型天體，可以發現，
　當物體越大時越接近球形。

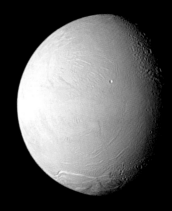

火衛一
（26公里）

司琴星
（Lutetia，132公里）

土衛七
（Hyperion，370公里）

海衛八
（Proteus，420公里）

土衛二
（Enceladus，496公里）

火星的重力能捕捉這些靠得太近的小行星

▶火衛一上面最有名的是斯蒂克尼隕石
坑，對於這顆不大的天體來說，這個
直徑9公里的隕石顯得相當龐大。

# 火衛二
## Deimos（戴摩思）

　　火衛二是火星2顆衛星中較小的1顆，繞行火星的速度和火衛一比起來，顯得相當緩慢，大約比火星的一天長一點。反觀火衛一，一天之中會繞行火星2次，也就是說在火星的夜空中會看到2次月出。但火衛二和同伴一樣，長得像馬鈴薯，表面則是和煤炭一樣黑，同時也讓人想到小行星帶的天體。

　　2顆衛星不同之處，還有火衛二的表面較為平滑，因為大部分的撞擊坑都被撞擊的粉塵所覆蓋。表面上最突出的隕石坑稱作「史威夫特」，這是為了紀念遠在2顆衛星被發現的前一百多年，史威夫特就在《格列佛遊記》小說中預言它的存在。

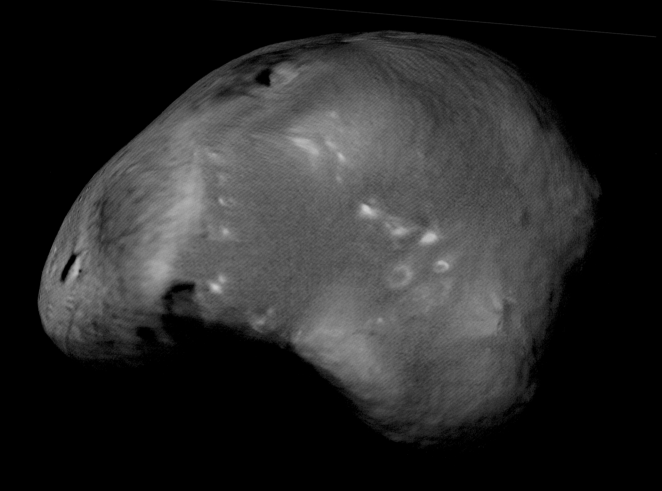

**平均密度**

| 鐵 | | | | 岩石 | | ● | 水 | |
|---|---|---|---|---|---|---|---|---|
| 7g/cm³ | 6g/cm³ | 5g/cm³ | 4g/cm³ | 3g/cm³ | 2g/cm³ | 1g/cm³ | | 0 |

# 在這裡，
# 你可以成為跳高高手

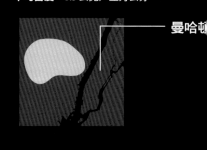

火衛二
火衛一
火星

想像一下，你人現在正在火衛二上面，穿著太空衣卻覺得很無聊。你決定要找些事情來娛樂一下，或許你會嘗試看看可以跳多高！你壓低姿勢往前跨了幾步，用力一跳，然後騰空飛過像黑炭、布滿麻點的地形。如果是在地球上，同樣的行為可以讓你離地1公尺，但是在重力只有地球的千分之一的火衛上，這一跳高度卻是地球上的1,000倍！而且，你還可以緩慢的橫跨非常遠的距離，直到數分鐘之後，才由1公里高的地方逐漸降落到這顆衛星上！

這下你玩出興趣了。看著不遠處巨大的火星，你又準備再次嘗試，在這次要跳之前決定先有更長、更快的助跑，然後跳得更用力，你將在天空中飛行更遠的距離。甚至這一跳會發現火衛二遠離的速度，和你掉落的速度一樣快，並且再也回不到它的表面，於是，你將永遠在它外面漂流。除非你此時點燃身上攜帶的推進器，不然永遠無法著陸，因為你已經進入環繞火衛二的公轉軌道。

地球外圍的人造衛星正是依據這種原理，所以才不會掉回地球上！這些人造物體永遠保持著「墜落」，卻不會回到地面。這個速度在地球上是每秒7.8公里，或時速2萬8,000公里；但在火衛二上卻只要每秒3.75公尺，或時速13.5公里就足夠了。對於一個健康的年輕人來說，要達到這樣的速度並且進入軌道並非難事。甚至，如果把速度繼續往上增加10%，便會達到所謂的「脫離速度」。想像一下，從火衛二上跳出去，然後穿過火星稀薄的大氣層到表面，或許未來行星間的極限運動者，會嘗試這項活動！

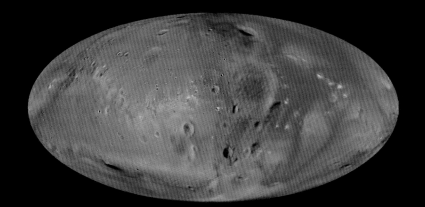

◀火衛二的地圖。根據火星軌道上，NASA維京號拍攝的影像所合成。（摩爾魏特投影，地圖正中心為本初子午線位置。）

表面溫度　　　0 ℃　　　100 ℃　　　200 ℃　　　　400 ℃

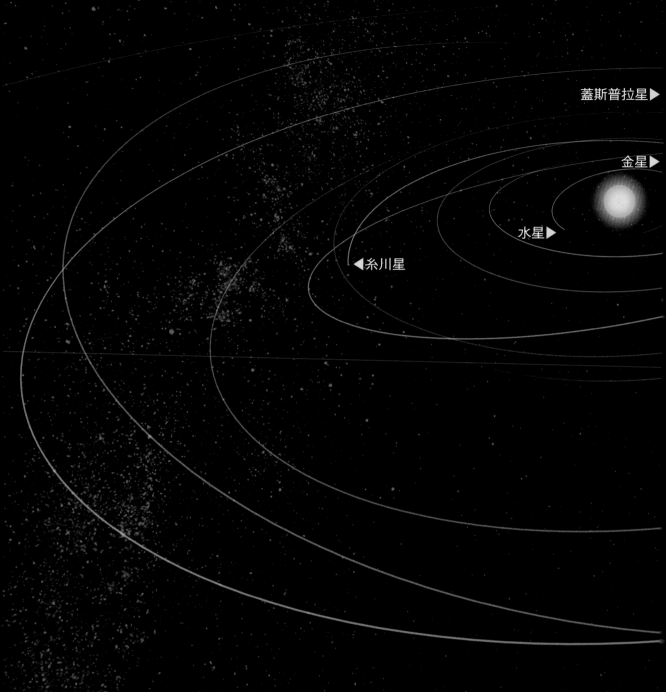

蓋斯普拉星▶

金星▶

水星▶

◀糸川星

# Ⅲ。太陽底下還有新鮮事：
# 小行星帶Asteroid Belt

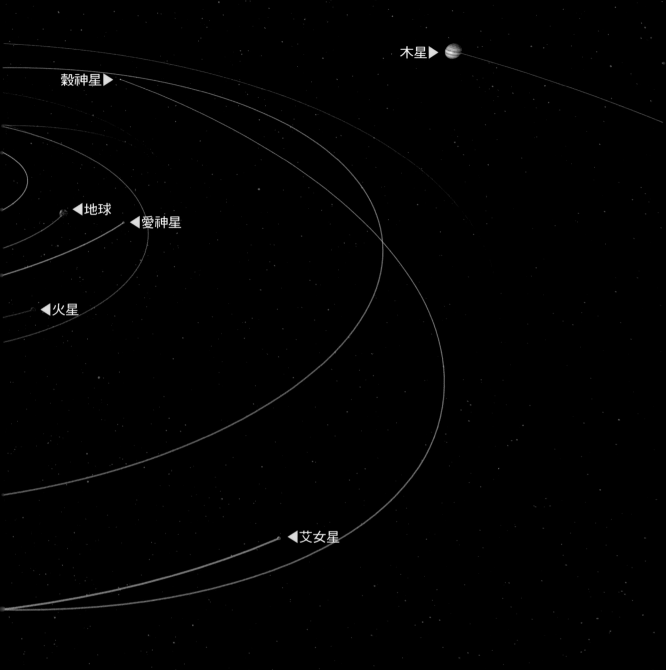

木星▶

穀神星▶

◀地球
◀愛神星

◀火星

◀艾女星

1801年，人類發現第一顆小行星，那時天文學家已經知道行星和衛星，卻發現太陽底下竟然還有新鮮事！有成千上萬的塵埃石塊繞著太陽，並在火星和木星之間翻滾著！這些究竟是什麼東西？

答案很明顯的是，這些其實是可憐的殘屑。它們來自行星所遺棄不要的物體，或是經歷過災難結局或炸毀的天體。但這些在小行星帶的天體卻不足以再形成一顆行星，因為它們太輕，總質量只有地球的千分之一。所以，小行星帶並非一顆死亡而散開的行星，而是自始至終都無法成形的一堆小天體！這些證據都烙印在小行星帶中。

**物理特徵**
**總質量：**300萬兆公噸
**成分：**碳質物體、矽酸鹽、金屬
**小行星數量：**70萬～170萬
**直徑大於200公里的小行星數量：**200顆以上
**最大的4顆小行星：**穀神星、灶神星、智神星、健神星

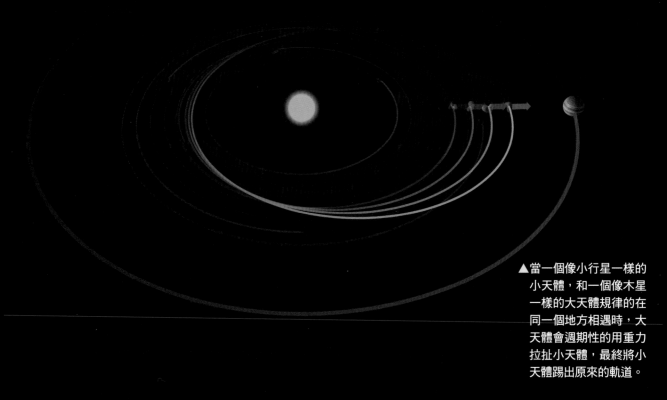

▲當一個像小行星一樣的小天體，和一個像木星一樣的大天體規律的在同一個地方相遇時，大天體會週期性的用重力拉扯小天體，最終將小天體踢出原來的軌道。

# 重力的三不管地帶：柯克伍德空隙

　　1857年之前，人類發現的小行星數量逐漸攀升到50顆。之後一位美國數學教授提出一個規則，他認為小行星會避開距離太陽特定距離的軌道。

　　美國天文學家丹尼爾‧柯克伍德（Daniel Kirkwood，1814 ～ 1895）的猜想正確說明了在這個區域中，有一條刻劃出來的縫隙，是受到附近巨型行星——木星的影響所產生。

　　這裡簡單說明一下它是如何運作的：以軌道週期比2：1來說，當小行星繞行太陽2次時，木星會剛好完成1次，這樣的週期會使得彼此最靠近的地方，幾乎都在同一個太陽系的相對位置上，而木星拉扯小行星的力量較強，久而久之，這樣拉扯的現象會越來越明顯，就像週期性的鐘擺，只要頻率正確，就會越擺越高！

　　如此一來，當一顆小行星軌道落在這個「共振」的位置上時，最後將會被彈出這個軌道之外。（譯註：當小行星在上述的共振軌道上，其結果不一定是脫離小行星帶，可能會因為軌道週期、距離改變，而脫離共振。然而數十億年以後，小行星是否都會被拋出去，科學的解釋仍在理論階段。）

　　重要的柯克伍德空隙（Kirkwood gap，分布在小行星主帶之內的空隙），會發生在當木星公轉週期和小行星公轉週期比例為4：1、3：1、5：2、7：3和2：1的時候。只有少數的小行星可以存在這個區域當中，其中最有名的是艾琳達家族（Alinda family）的小行星，位於3：1共振的位置，以及在共振位置2：1的葛魯夸家族（Griqua family）。這些小行星之所以不受這種現象干擾的原因，是因為它們擁有不是圓形而是狹長的軌道。

　　太陽系中到處可以見到這類「共振」的結果。柯克伍德甚至正確的猜測到土星環上有名的卡西尼縫（Cassini Division，見第193頁），是受到土星衛星影響而產生的空隙。

　　此外，並非所有小行星的軌道，都位於木星和火星之間的主小行星帶。

# 拉格朗日點，太空移民的好位置？

在木星和太陽連線，由這顆巨型行星向太陽展開上下60度的交點上，有著數以千計的小天體和木星共享軌道。18世紀時，約瑟夫·拉格朗日伯爵（Joseph Lagrange，法國偉大的數學家）提出對「特洛伊天體」（Trojan Asteroids，指軌道與大型行星或衛星軌道交迭的小型行星或衛星）的解釋。

他了解到當一個小型物體落在兩個具有強大重力場的物體，例如太陽和木星之間時，會有五個拉格朗日點（Lagrange point）是這2個重力場交疊而形成，使得在這些點上的小型物體可以精確的隨著大的物體旋轉。特洛伊天體就位在其中兩個點上，這兩個點是L4和L5。當物體進入這五個天平動點（libration points）後，因為受到兩個天體的重力與離心力的平衡，就如同被困在泥濘中，呈現相對靜止狀態，至於L4、L5兩點穩定的範圍較廣，在其中的物體於些微擾動之下也不會脫離這個位置。

此外，在很多地方也發現類似的特洛伊天體，例如火星和海王星。至於之前提到一顆大小和火星相近，撞擊地球所產生月亮的行星——忒伊亞，可能就是形成在地球軌道的L4和L5兩個點上的天體。

科學衛星也可以利用拉格朗日點來進行特殊的研究任務，例如NASA的威爾金森微波各向異性探測器（Wilkinson Microwave Anisotropy Probe，簡稱WMAP），就被送到地球拉格朗日點L2上，用來觀測宇宙大爆炸後殘留黯淡的餘暉（輻射熱），這個距離地球150萬公里，終年都位在太陽往地球方向之外的地方，可以避開地表熱輻射所造成的影響。

1975年，「L5協會」成立，目標是促進美國物理學家與天文學家傑瑞德·歐尼爾（Gerard O'Neill）的概念可以實行，歐尼爾是一位積極相信人類有朝一日可以移民到拉格朗日點上的科學家。特洛伊天體對於地球來說是良性的天體，但是另外一類的天體就存在致命的風險！

▼「力場」示意圖，可看出行星繞行恆星時，會出現5個「平原」（圖中以藍白色光暈標示）。
　由約瑟夫·拉格朗日發現，當第3個物體落在這些點上後，基本上將會永遠滯留在這裡。

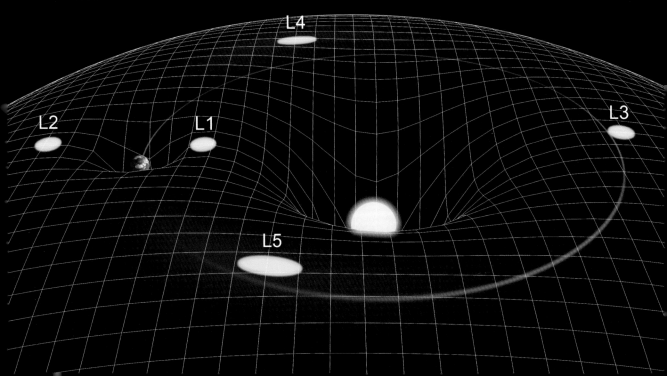

# 6,500萬年前那天，恐龍只剩10秒可逃

　　2008年10月6日，一架位於亞利桑那州林蒙山峰頂的1.5公尺（60英吋）望遠鏡，看到一顆朝著地球而來的天體，這架望遠鏡隸屬於卡特林那巡天計畫（Catalina Sky Survey），是專門用來搜尋對地球構成潛在撞擊威脅的小行星。19個小時後，這個小天體穿過非洲蘇丹北部的大氣層，不只氣象衛星看到它形成的火球，連從約翰尼斯堡飛往阿姆斯特丹的荷蘭航空，上面的駕駛員也看到這個景象。不久之後，這顆直徑達3公尺小天體的碎片就撞擊到地面。

　　這顆名為2008 TC3的小行星，是目前唯一在撞擊地球之前就被發現的天體。它屬於為數眾多的近地天體（near-Earth object，簡稱NEO），這些天體行進的軌跡會通過地球的軌道，是一種可能會撞擊地球的物體。它們有些是來自於小行星帶互相碰撞後彈射出去的小行星；有些是因過度靠近太陽，而遭分解碎裂的彗星殘骸。

　　從1990年代開始，陸續有許多望遠鏡加入搜尋NEO的行列，找到這些天體的數量在2010年時約有700顆，目前人類所發現直徑超過1公里的NEO數量大概是1,000顆。

　　歷史上，地球曾經遭遇過很多次這類天體的撞擊。1908年時，一顆和英式排屋一樣大（譯註：大小和臺灣小公寓可以類比）的天體在天空中爆炸，地點是西伯利亞的通古斯加河上方，這次爆炸造成了超過2,000平方公里的樹林被夷為平地（譯註：通古斯加大爆炸的成因目前仍眾說紛紜，天體撞擊是最為可能的原因，不過還有待研究）。

　　但6,500萬年前，地球歷經一次更大的浩劫，一顆直徑長達10公里的小行星撞擊地球，釋放出數百萬顆目前人類能製造出最強氫彈的能量，這次的撞擊終結了恐龍時代。而撞擊的痕跡目前相信是在墨西哥，猶加敦半島的希克蘇魯伯隕石坑（Chicxulub crater），此撞擊坑直徑長達180公里。6,500萬年前的那天，這顆隕石直到進入大氣層中，受到摩擦發光才看得見，但此時的恐龍只剩不到10秒鐘的時間可逃命。

▼小行星的尺寸分布很廣，從數公分的鵝卵石到橫跨數百公里縣市的都有。圖中由左到右分別是：小行星951（951 Gaspra），18公里長；愛神星，33公里長；艾女星（59公里長）與其衛星艾衛（達克堤利，Dactyl，1.4公里長）；梅西爾德星（253 Mathilde），66公里長；司琴星，132公里長。

▼在直徑10公里的隕石面前，這隻暴龍只有10秒鐘可以逃命。因為在進入大氣層燃燒發光之前，這顆小行星是一個幾乎看不到的物體。

# 搖滾吉他手炒熱了系外行星研究

　　在晴朗的夜晚，遠離一切都市光害的地方，請你仔細看著夜空。如果夠幸運，你會發現在深邃的夜空中有一個區域，和天空其他地方比起來稍微不那麼黑暗。那麼，你所看到的正是反射太陽光的黃道塵。

　　黃道塵是一道濃密而且散落在太陽周圍、黃道帶上的塵埃粒子，而黃道面就是行星運行的平面。因為行星會不斷將行星間的物體吸附造成真空，所以這些黃道塵需要持續補充，它們的來源可能是來自小行星帶上的塵埃，藉由小行星之間相互的撞擊所釋放出來。

　　關於黃道塵的研究主題，不久之前，英國皇后樂隊（Queen）吉他手布賴恩‧梅（Brian May）的博士論文，證明了黃道上的塵埃和行星繞行太陽的方向一致。1971 年，布賴恩放棄博士學業而專心玩搖滾樂隊，最後還成為皇后樂隊重要的搖滾吉他手。多年以後，在 2007 年，他重拾未完成的天文領域，拿到了博士學位。

　　布賴恩能夠在這個題目上獲得成就，是相當幸運的事，因為研究黃道塵的領域已經沉寂了 36 年，直到最近為了搜尋臨近恆星旁的系外行星，越來越多人投入這項研究。

　　由於系外行星的亮度對比於母星來說，非常微弱；但在某一個波長的光之中，會顯得較為明亮，這種稱為遠紅外線的光大都來自較冷的物體所輻射出來的光。這正是黃道塵所散發出來最主要的光，因此，天文學家急切想要知道，是不是其他恆星旁邊也有和太陽系黃道塵類似的現象，如果有，那這些黃道塵從地球上看過去又是什麼樣子。研究的成果能夠讓科學家將系外行星，從系外黃道塵的背景光中分離而觀測出來。

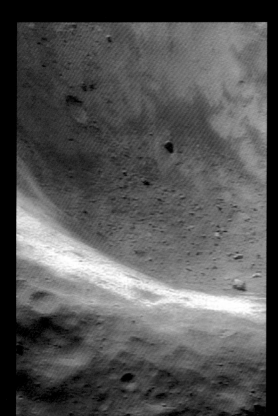

◀愛神星近距離的影像，可以發現這顆小行星表面吸附了許多紅色的塵埃，在直徑 5.3 公里的

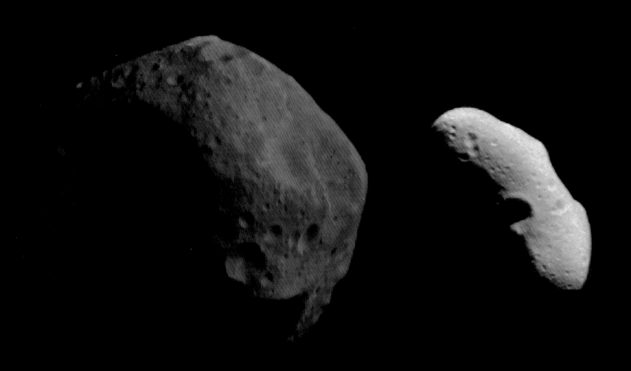

▲左邊是C型的梅西爾德星，由黑灰的「含碳」物質，
　甚至包含碳化物所組成。而右邊是S型的愛神星，由
　「石頭」或岩石所組成。

▶皇后樂隊的布賴恩‧梅證明了黃道塵運動的方向
　和行星相同，而取得博士學位。

# 穀神星
## Ceres

穀神星是一顆球狀的小行星，大小近似於不列顛群島。在被發現後半個世紀裡，人們一直認為是太陽系中第8顆行星。

▶NASA曙光號（Dawn）探測船於2015年接近穀神星時，在這顆矮行星上一個隕石坑內發現白點，令許多科學家感到困惑。其中有兩種可能的解釋：認為白點是暴露在地表的冰或鹽類。

**平均密度**

| 鐵 | | | | 岩石 | | ● | 水 |
|---|---|---|---|---|---|---|---|
| 7g/cm³ | 6g/cm³ | 5g/cm³ | 4g/cm³ | 3g/cm³ | 2g/cm³ | 1g/cm³ | 0 |

# 不夠格當行星，
# 只配當「矮行星」

德國天文學家約翰·波德（Johann Bode，1747 ～ 1826）將普魯士天文學家約翰·提丟斯（Johann Titius，1729 ～ 1796）和德國哲學家克里斯蒂安·沃夫（Christian Wolff，1679 ～ 1754）所提出來的想法，依據經驗法則歸納出一個公式。

在一個數列中，從 0, 3, 6, 12, 24, 48, 96……一直下去，後面的數值是前面的2倍（除了3之外），然後把這個數列加上4，再除10，得到的數列會變成：0.4, 0.7, 1.0, 1.6, 2.8, 5.2, 10.0……當以地球到太陽距離為一個單位，稱「天文單位」（AU），那麼幾乎每顆行星距離太陽的數值就為此數值放上天文單位。

提丟斯－波德定律（Titius-Bode law，簡稱波德定律）仍然無法完整用科學解釋。它可能剛好反映了太陽系誕生早期，原行星盤面上行星聚集而形成的過程。但詭異的是，這個原理可以不需要理解就能運用。

波德定律有個例外。因定律預測距離太陽2.8 AU的地方有行星存在，於是義大利天文學家朱塞普·皮亞齊（Giuseppe Piazzi，1746 ～ 1826）在巴勒摩和西西里島2個地方，嘗試觀測這顆預測的行星，終於在1801年元旦發現了這顆天體，命名為穀神星，直徑約只有950公里，以行星來說相當的小。但糟糕的是，陸陸續續發現的天體，例如1802年發現的智神星、1804年發現的婚神星、1807年發現的灶神星等等一堆小行星，將原來的慶祝氣氛轉變成了失望。

諷刺的是，最初被認為是行星的穀神星被降級成了小行星，卻在2006年升級成行星，但準確來說，不是行星，而是一種新的分類，稱為「矮行星」。

## 軌道特徵

**與太陽的距離**：3億8,100萬～ 4億4,700萬公里／ 2.55 ～ 2.99天文單位

**公轉週期（矮行星上的一年）**：1680.5個地球日
**自轉週期（矮行星上的一天）**：0.378個地球日
**公轉速度**：16.5 ～ 19.4公里／秒
**軌道離心率**：0.0739
**軌道傾角**：10.59度
**轉軸傾角**：3度

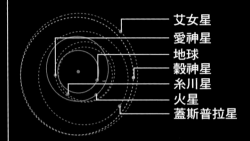

艾女星
愛神星
地球
穀神星
糸川星
火星
蓋斯普拉星

## 物理特徵

**直徑**：952公里／地球0.075倍
**質量**：94萬3,000兆公噸
**體積**：4億5,100萬立方公里
**表面重力**：地球0.028倍
**脫離速度**：0.514公里／秒
**表面溫度**：凱氏 167 ～ 239度／攝氏-106 ～ -34度
**平均密度**：2.08公克／立方公分

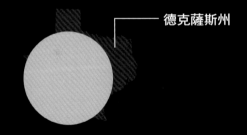

德克薩斯州

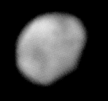

◀最大的兩顆小行星：穀神星（左）和灶神星（右）。因為穀神星夠大且成球形，所以被歸類成矮行星，灶神星卻因為數十億年前的撞擊而破碎，依舊歸類在小行星。

| 表面溫度 | 0 ℃ | 100 ℃ | 200 ℃ | 400 ℃ |
|---|---|---|---|---|
| 0 K | 200 K | 400 K | 600 K | 800 K |

# 愛神星
## Eros

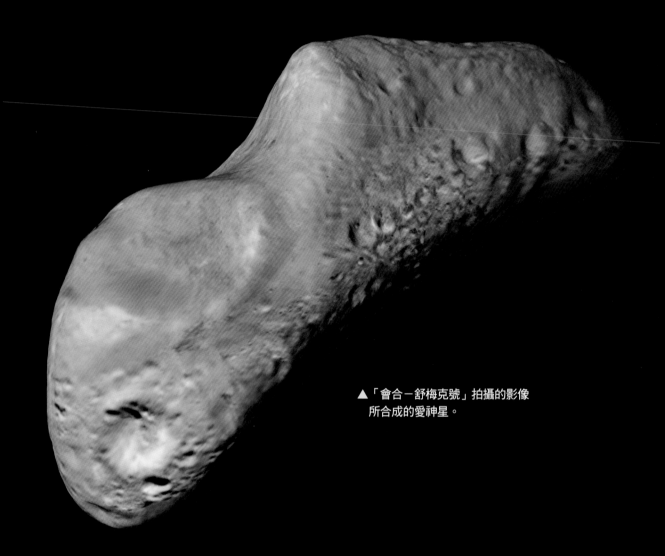

▲「會合－舒梅克號」拍攝的影像
所合成的愛神星。

**平均密度**

| 鐵 | | | | 岩石 | | 水 | |
|---|---|---|---|---|---|---|---|
| 7g/cm³ | 6g/cm³ | 5g/cm³ | 4g/cm³ | 3g/cm³ | 2g/cm³ | 1g/cm³ | 0 |

# 愛神星無關愛神，
# 可能是毀滅

愛神星，是一顆在地球和火星軌道之間運行的小行星。有著多項有名的特徵：第一，它是人類第一個發現的近地小行星，而且可以知道它有一天會和地球軌道交錯。若它真的撞上地球，結果將會非常可怕，因為它比6,500萬年前終結恐龍時代的那顆小行星，可能還要大上3倍。

此外，它也是第一個有人造衛星環繞的小行星，這顆會合─舒梅克號（Near Earth Asteroid Rendezvous-Shoemaker）除了繞行愛神星之外，於2001年2月12日成功降落，也成為歷史上第一架降落小行星的探測船。

**軌道特徵**

與太陽的距離：1億6,900萬～2億6,700萬公里／1.13～1.78天文單位
公轉週期（天體上的一年）：643個地球日
自轉週期（天體上的一天）：5.27小時
公轉速度：24.36公里／秒
軌道離心率：0.222
軌道傾角：10.8度

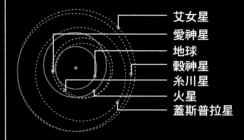

- 艾女星
- 愛神星
- 地球
- 穀神星
- 糸川星
- 火星
- 蓋斯普拉星

**物理特徵**

直徑：16.84公里／地球0.001倍
質量：7兆公噸
體積：2,530立方公里
表面重力：地球0.0006倍
脫離速度：0.0103公里／秒
表面溫度：凱氏227度／攝氏-46度
平均密度：2.67公克／立方公分

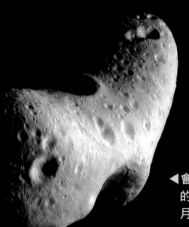

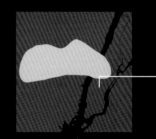

- 曼哈頓

◀會合－舒梅克號經過4年的旅程，終於在2000年2月底，抵達愛神星的軌道。

▼西馬洛斯（Himeros），是愛神星上面的一個鞍形凹地。圖中顏色較淡的是較古老區域；而紅褐色碎屑和亮藍色的地方，是年代較近的撞擊所形成的區域。

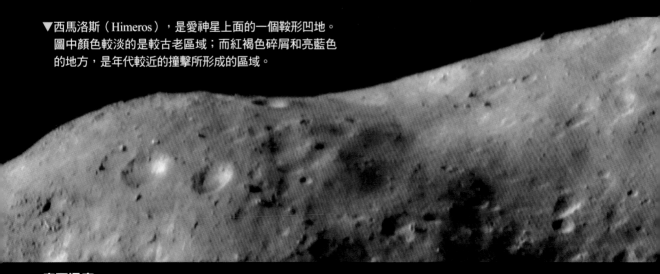

| 表面溫度 | | | | | |
|---|---|---|---|---|---|
| | 0 ℃ | 100 ℃ | 200 ℃ | | 400 ℃ |

# 小行星951
## Gaspra（蓋斯普拉）

小行星951是一顆馬鈴薯狀的小行星，大小和紐約曼哈頓區差不多。也是第一個有人造探測船經過的小行星。

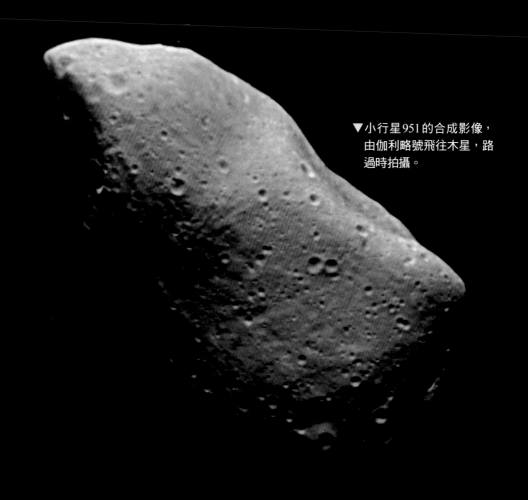

▼小行星951的合成影像，由伽利略號飛往木星，路過時拍攝。

**平均密度**

| 鐵 | | | | 岩石 | | 水 | |
|---|---|---|---|---|---|---|---|
| 7g/cm³ | 6g/cm³ | 5g/cm³ | 4g/cm³ | 3g/cm³ | 2g/cm³ | 1g/cm³ | 0 |

# 「迷你磁層」
# 隔離太陽風

1991年10月29日，NASA的伽利略號帶著探測磁場的儀器，前往木星的途中剛好經過了小行星951旁邊。忽然間，發生一件震驚許多科學家的事情——探測船上的儀器忽然偵測到強力的磁場而跳動，然後探測船就進入一個風平浪靜的區域，就好像有個防護罩隔離了不斷怒號的太陽風！

所有人都非常驚訝，因為以往相信只有行星大小的天體會擁有磁層。保護行星的磁層是來自行星內部流動的帶電岩漿，當這些帶電的物質流動時，就會產生磁場。但這種現象不應該發生在小行星951上，因為它太小而且整顆天體都是固體。

如今，「迷你磁層」的現象已經發現存在於艾女星、火星以及月球上。這些區域性的磁場，可能是一種殘留的磁性記憶，來自於岩石中殘留天體年輕時，覆蓋全球的磁場。同樣的，小行星951和艾女星可能是來自一顆較大且內部呈現熔化狀態、有磁場的天體，最後因為該天體遭受到撞擊粉碎，變成今日的小行星。但是，月球的迷你磁層和上述的不同，因為它是來自內部岩石，可能是久遠以前的撞擊而產生的磁場。

這些擁有磁場的小型天體，或許可以成為科學家在建造探測船的參考。例如人類若要登陸火星，從地球出發後長達6個月的太空飛行，勢必要面對來自太陽的致命高能帶電粒子，若是探測船能夠產生自己的迷你磁層，那人類探索宇宙時的這個巨大障礙，就可能從此排除。

## 軌道特徵

**與太陽的距離：** 2億7,300萬～3億8,800萬公里
／1.82～2.59天文單位
**公轉週期（天體上的一年）：** 1,199個地球日
**自轉週期（天體上的一天）：** 7.042小時
**公轉速度：** 16.8～23.9公里／秒
**軌道離心率：** 0.174
**軌道傾角：** 4.102度
**轉軸傾角：** 72度

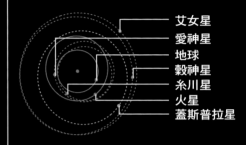

艾女星
愛神星
地球
穀神星
糸川星
火星
蓋斯普拉星

## 物理特徵

**直徑：** 12.2公里／地球0.001倍
**質量：** 25兆公噸
**表面重力：** 地球0.004倍
**脫離速度：** 0.006公里／秒
**表面溫度：** 凱氏181度／攝氏-92度
**平均密度：** 2.70公克／立方公分

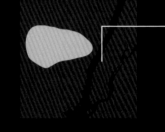

曼哈頓

▼2.5公分大小的磁鐵懸掛在「電漿」
風洞中，磁鐵的磁場形成一個保護
自己的磁泡。

| 表面溫度 | | 0 °C | 100 °C | 200 °C | | 400 °C | |
|---|---|---|---|---|---|---|---|
| 0 K | 200 K | | 400 K | | 600 K | | 800 K |

# 艾女星
# Ida（伊達）

　　恭喜艾女星幸運獲得人類注意的大獎！

　　雖然有成千上萬個天體在小行星帶上，但艾女星卻是少數探測船造訪過的小行星。伽利略號在執行探索木星的任務途中，造訪過小行星951之後，也順道造訪了艾女星。這張影像顯示，艾女星是太陽系中隕石坑非常密的天體；此外，還給了我們一個大驚喜！

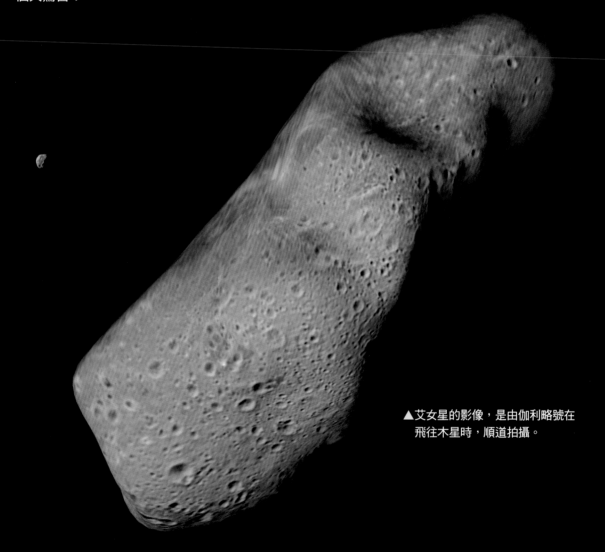

▲艾女星的影像，是由伽利略號在飛往木星時，順道拍攝。

平均密度

| 鐵 | | | | 岩石 | | 水 | |
|---|---|---|---|---|---|---|---|
| 7g/cm³ | 6g/cm³ | 5g/cm³ | 4g/cm³ | 3g/cm³ | 2g/cm³ | 1g/cm³ | 0 |

# 小行星也有衛星

只有大的行星天體才有衛星，對吧？

那麼請你想像一下，1993年8月28日，NASA的伽利略號經過艾女星，並將拍到的照片傳回地球後，科學家竟然發現這顆小行星有一顆自然衛星，這是多麼令人興奮的事情！

這顆衛星名為「艾衛」，尺寸只有1.4公里，是母星艾女星的二十分之一，繞行母星的週期約20小時，這個速度緩慢到就像慢速投出的棒球一樣。不過，艾女星並非唯一擁有衛星的小行星。

今天，類似的衛星大約已經發現兩百多顆，甚至有些小行星還有2顆衛星，衛星在這裡似乎已經見怪不怪！小行星有衛星的比例是2％，而柯伊伯帶的小行星甚至高達10％。讓人難以想像的是，這些雙體、三體運動系統究竟是怎樣產生的呢？

有一種可能是這些衛星是過去從母星上分離出來的物體，可能是母星受到撞擊而導致的結果。還有一種可能，就是小行星上較暗的區域，吸收陽光的效率比較亮的區域好，當熱散失到太空中後，岩石變得像耗盡燃料的火箭一樣，導致較黑的區域收縮回來的幅度比白色區域還要大，因此小行星越轉越快。最後，這些只靠微弱的重力聚集小石塊而成的小行星，因快速的旋轉遂將一些石塊分離出去，就此形成了衛星。

## 軌道特徵

**與太陽的距離**：4億900萬～4億4,700萬公里
／2.73～2.99天文單位
**公轉週期（天體上的一年）**：1,768個地球日
**自轉週期（天體上的一天）**：4.63小時
**公轉速度**：16.8～18.4公里／秒
**軌道傾角**：0.0452度
**轉軸傾角**：1.14度

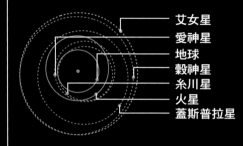

— 艾女星
— 愛神星
— 地球
— 穀神星
— 糸川星
— 火星
— 蓋斯普拉星

## 物理特徵

**直徑**：56公里／地球0.004倍
**質量**：42兆公噸
**體積**：1萬6,100立方公里
**表面重力**：地球0.0003～0.001
**脫離速度**：0.014公里／秒
**表面溫度**：凱氏200度／攝氏-73度
**平均密度**：2.60公克／立方公分

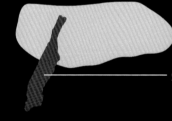

— 曼哈頓

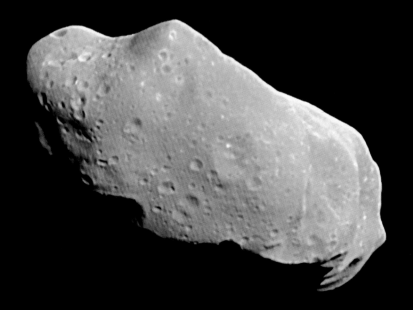

◀艾女星是第一顆人類發現有自然衛星的小行星。艾衛（達克堤利）直徑只有1.4公里，位於本圖右方。這張影像是使用自然視覺看到的顏色。

**表面溫度**

| | 0 ℃ | 100 ℃ | 200 ℃ | 400 ℃ |

| 0 K | 200 K | 400 K | 600 K | 800 K |

# 糸川星
# Itokawa

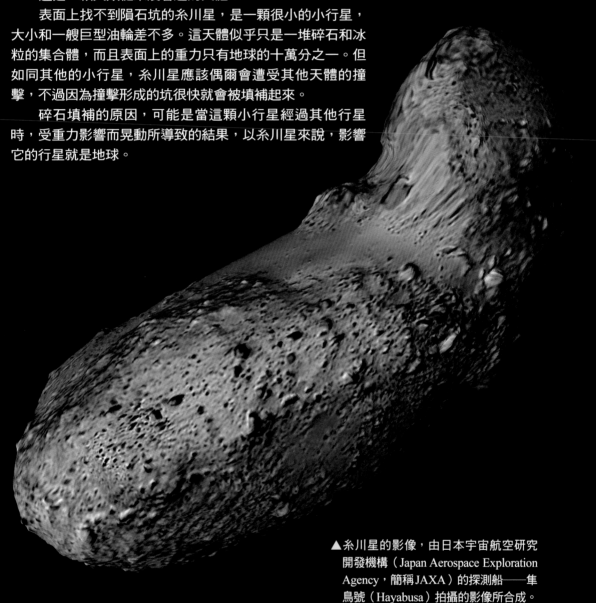

這是一顆人類從來沒看過的天體！

表面上找不到隕石坑的糸川星，是一顆很小的小行星，大小和一艘巨型油輪差不多。這天體似乎只是一堆碎石和冰粒的集合體，而且表面上的重力只有地球的十萬分之一。但如同其他的小行星，糸川星應該偶爾會遭受其他天體的撞擊，不過因為撞擊形成的坑很快就會被填補起來。

碎石填補的原因，可能是當這顆小行星經過其他行星時，受重力影響而晃動所導致的結果，以糸川星來說，影響它的行星就是地球。

▲糸川星的影像，由日本宇宙航空研究開發機構（Japan Aerospace Exploration Agency，簡稱JAXA）的探測船——隼鳥號（Hayabusa）拍攝的影像所合成。

平均密度

| 鐵 | | | 岩石 | | | 水 | |
|---|---|---|---|---|---|---|---|
| 7g/cm³ | 6g/cm³ | 5g/cm³ | 4g/cm³ | 3g/cm³ | 2g/cm³ | 1g/cm³ | 0 |

# 首次採集
# 小行星土壤樣本

▲日本火箭之父
糸川英夫。

軌道特徵
與太陽的距離：1億4,300萬～2億5,300萬公里
　　　　　　／0.96～1.69天文單位
公轉週期（天體上的一年）：556個地球日
自轉週期（天體上的一天）：12.13小時
公轉速度：19.4～34.5公里／秒
軌道離心率：0.28
軌道傾角：1.622度

- 艾女星
- 愛神星
- 地球
- 穀神星
- 糸川星
- 火星
- 蓋斯普拉星

物理特徵
直徑：0.3公里
質量：3,500萬公噸
表面重力：地球0.00001倍
脫離速度：0.0002公里／秒
表面溫度：凱氏206度／攝氏-67度
平均密度：1.90公克／立方公分

太空梭

　　隼鳥號任務和科幻小說描述的一樣，情節就發生在2005年11月，一艘日本的太空船兩次接觸了一顆近地小行星的表面。

　　這項任務展現出驚人的科技成果，隼鳥號必須飛越半個太陽系，到達之後還得和這顆微小天體的速度一樣，最終還能在精準和穩定的操控中降落，這實在難以想像！這顆小行星稱為糸川星，以日本火箭之父糸川英夫（Hideo Itokawa，1912～1999）為名的一顆天體。

　　隼鳥號並非第一架降落小行星表面的探測船，人類最先達成這個目標的，是NASA的會合－舒梅克號，2001年2月12日降落在愛神星。但隼鳥號是第一架將小行星上土壤樣本帶回地球的探測船，裝樣本的罐子在2010年夏天墜落在人煙稀少的澳洲南部。

　　雖然隼鳥號上採集樣本的功能失靈，但科學家相信其中還是包含當隼鳥號降落時，減速火箭吹起的小行星上的沙塵。這些物質重要的地方在於，它們從太陽系誕生後就沒有再變化過，也是當初組成地球的物質。

　　隼鳥號的成功同時帶給人類好消息，也帶來壞消息。或許有一天，人類必須面對朝著地球來的小行星，改變它們行進的路徑，好消息是如今我們已經有能力讓機械登上小行星；壞消息是，當我們要改變小行星的方向，對小行星碰撞，可能會將類似糸川星脆弱的小天體弄得粉碎。這只會讓原本要撞擊地球的物體，從一顆時速2萬公里的小行星，變成數百顆時速2萬公里的石塊而已。

▲日本探測船隼鳥號緩慢
靠近糸川星表面，將採
集到的小行星表面樣本
送回地球。

▲日本科學家與送回地球的塵
埃樣本，塵埃來自於糸川星
上的隼鳥號。

▲由於糸川星整體質量很小，所以聚集石
塊的重力非常微弱，形成獨特的表面。

表面溫度

| | 0 ℃ | 100 ℃ | 200 ℃ | 400 ℃ | |
|---|---|---|---|---|---|
| 0 K | 200 K | 400 K | 600 K | 800 K |

# IV. 挑戰你的想像：外太陽系

海王星▶ ● ◀海衛一

土衛六▶
土衛八▼　　　　　　◀土衛三
　　土衛七▶　　▼土衛二
　土衛一▶
　土衛四▲　　◀土衛五
　　　　▲土星

天衛三▶　◀天衛四
　　　　　◀天王星
天衛一▶　◀天衛五
天衛二▲

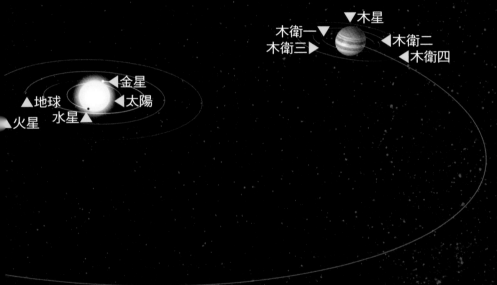

　　　　　　　　▼木星
木衛一▼
木衛三▶　　　◀木衛二
　　　　　◀木衛四

　　　　　◀金星
▲地球　　◀太陽
火星　水星▲

153

# 木星
## Jupiter

平均密度

| 鐵 | | | | 岩石 | | ● 水 | |
|---|---|---|---|---|---|---|---|
| 7g/cm³ | 6g/cm³ | 5g/cm³ | 4g/cm³ | 3g/cm³ | 2g/cm³ | 1g/cm³ | 0 |

# 沒有表面的巨大氣球

關於木星的一切事情，都將挑戰你的想像力！

大小足夠容納 1,300 顆地球，卻是一顆沒有表面的巨大「氣球」。木星藉由重力將氣體聚集，由於高速的自轉，使得赤道向外凸起了 7%。

一般人對於木星最開始的印象，大概是表面繽紛的顏色、帶狀雲，以及在旋轉的大氣中，那顆不祥的紅色巨眼，但實際上是一個比地球大 3 倍的風暴，而且在過去 200 年中威力未曾衰減過。

追隨圍繞木星的衛星們，看起來和一個小型太陽系沒兩樣。在這個自成一格的世界裡，有一顆木衛甚至比行星還要大。如果按照重量比例來算，有的木衛產生的熱比太陽多；甚至，有的木衛可能藏有太陽系中最大的海洋。

有朝一日若你能夠去木星旅行，這趟旅程的距離會是地球到太陽的 4 倍，不過你第一時間會遭遇到的，是一個無形的力量！

## 軌道特徵

**與太陽的距離：** 7億4,100萬～8億1,600萬公里／4.95～5.45天文單位
**公轉週期（行星上的一年）：** 11.86個地球年
**自轉週期（行星上的一天）：** 9.93小時
**公轉速度：** 12.4～13.7公里／秒
**軌道離心率：** 0.0484
**軌道傾角：** 1.3度
**轉軸傾角：** 3.12度

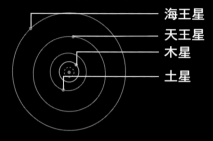

海王星
天王星
木星
土星

## 物理特徵

**直徑：** 14萬2,984公里／地球11.2倍
**質量：** 1.9兆兆公噸／地球318倍
**體積：** 1,430兆立方公里／地球1,321倍
**重力：** 地球2.39倍
**脫離速度：** 59.523公里／秒
**表面溫度：** 凱氏110～152度／攝氏-163～-121度
**平均密度：** 1.33公克／立方公分

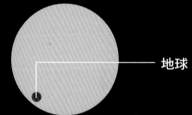

地球

## 大氣組成

**氫：** 89.8%
**氦：** 9.8%
**甲烷：** 0.3%
**氨：** 0.026%
**氘化氫：** 0.003%
**乙烷：** 0.0006%

氫氣與氦氣組成的大氣層

液態分子氫與氦

液態金屬氫與氦

冰質地函

岩石地核

| 表面溫度 | | 0 ℃ | 100 ℃ | 200 ℃ | | 400 ℃ | |
|---|---|---|---|---|---|---|---|
| 0 K | 200 K | | 400 K | | 600 K | | 800 K |

# 木星磁場：致命的無形殺手

1995年11月26日，NASA的伽利略號探測船從行星際空間，跨入到木星的磁層內，這層就像一個巨大的繭包圍著木星周圍。但此時，太空船距離木星還有900萬公里，這個距離相當於地球到月球的20倍。

如果人眼可以看到磁場，那麼木星無比巨大的磁層像一個狹長的水滴，反方向向太陽前進，也就是靠近太陽的那一面受到太陽粒子風暴擠壓而呈圓弧形；在木星背向太陽的一側，則是會拉出一條長的尾巴，長度大概是50萬公里，甚至跨越過土星軌道。

在磁層內的空間雖然受到保護，不會遭受來自太陽粒子的傷害，卻有很多木星自己產生的帶電次原子粒子。有些物質是來自木衛一上的火山，它所釋放出來的物質，在木星周圍產生一個甜甜圈狀的環，由硫和鈉所組成。

木星的磁層也和木星一起轉動，週期約是10小時，同時導致木星內側的衛星，不斷受到粒子的掃射。因此，伽利略號上的電子儀器都有經過強化設計，才能夠承受這些無形的攻擊，若是換成人類暴露在這種環境下，很快就會因此致命。

木星兩極區的磁場是地球的15倍，將來自木衛一的物質像漏斗一樣引入木星，過程中，這些物質會在撞擊大氣層後，粉碎到原子的尺度（約1奈米），並產生太陽系內最壯觀的極光。

此外，木衛一因為運行時切過木星的磁力線，使得它就像一臺發電機一樣會產生巨大的電流。這些在木衛一上飽含電能的氣體，往往會循著最少阻抗的路徑湧入木星的大氣層，形成巨大閃電，這閃電比地球上發生過任何的閃電，都要強百倍以上。

說到木星大氣層，精彩的還不只這些！

▼木星北極的紫外線影像，可以見到這顆行星的北極光。這些光是來自3顆木衛的「足跡」，圖中呈現的亮點和軌跡，則是由於衛星的帶電粒子隨著木星磁層的磁場流動而形成電流，所導致的現象。

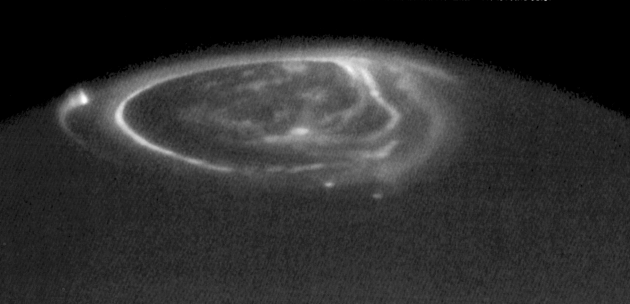

▼木星巨大的磁層，形成太陽系中極為強大的幅射區域。接近
　光速運動的高能粒子，產生本圖中的無線電波影像，部分影
　像是來自卡西尼號的雷達裝置所探測的數據。

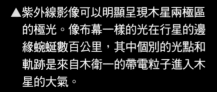

▲紫外線影像可以明顯呈現木星兩極區
　的極光。像布幕一樣的光在行星的邊
　緣蜿蜒數百公里，其中個別的光點和
　軌跡是來自木衛一的帶電粒子進入木
　星的大氣。

▲錢卓拉X光太空望遠鏡（Chandra X-Ray
　Observatory）觀測到木星上的極光，比
　地球上的強上一千多倍，甚至強到足以
　產生X光。

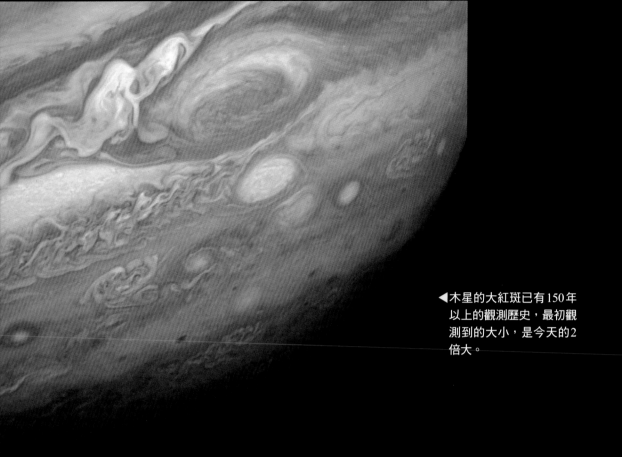

◀木星的大紅斑已有150年
以上的觀測歷史，最初觀
測到的大小，是今天的2
倍大。

# 可吞噬10萬個颱風的「大紅斑」風暴

　　我們可以想像颱風的樣子，但如果有一個風暴肆虐的時間不只是幾天，而是幾個世紀……是不是超越想像了？不過這件事情正發生在木星巨大的紅斑中，可能早在1655年就已經被人類觀測到，這個風暴的大小可以吞噬10萬個地球上的強烈颱風！

　　名為大紅斑的風暴，每6天旋轉一圈，比附近的雲層高出8公里。天文學家一度以為，它是一個渦流正環繞在無比巨大山頂上，但木星是一個液、氣態行星，並沒有表面，所以事實上，大紅斑是一個現象的頂部區域，這個現象是由大氣層內部的循環，造成大量上升氣流所引起的。至於大紅斑的顏色，一般認為是來自它下方的含磷化學物質，受到氣流影響而翻攪挖掘出來。

　　當有其他風暴在木星表面形成後，很容易就被大紅斑吞噬。大紅斑之所以這樣穩定，可能是一個「孤立子波」（soliton wave）。當這種「孤立子波」消散後，很快就又會自己形成。

　　孤波最早是在1834年，由蘇格蘭科學家約翰‧史考特‧羅素（John Scott Russell，1808～1882）在愛丁堡旁的聯邦運河中，所觀察到的現象。他發現當一艘船停止前進後，船艏波（bow wave，船航行時，船艏所造成的波）會持續行進，羅素為了觀察此現象，騎著馬跟隨水波前進了2英里（約3.2公里）遠。

　　木星表面上有很多平行的雲彩紋路，其中較明亮的區域是上升的氣體，而較暗的「帶」則是下沉的氣體。木星大氣層是由下方自身的熱源加熱而形成對流，就像加熱鍋子中的水所產生的對流一樣（這點不同於能量來自太陽而對流的地球大氣）。

　　此外，木星快速的自轉也形成大氣層中的帶狀條紋，這個自轉的速度若是以赤道地區比較，比地球快上30倍。科學家在實驗室裡，觀察到快速旋轉流體的對流中，也出現類似的帶狀條紋。

　　敘述了這麼多的木星大氣層，那這顆行星裡面又是什麼樣子呢？

▶近幾年，哈伯望遠鏡有更多時間可觀測木星大氣層。這組影像是在2008年5～7月間拍攝，圖中可以看到大紅斑吞噬了從西方來的小風暴。

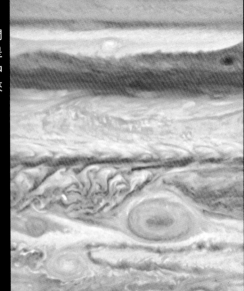

▼大紅斑是一個巨大且持久的風暴，比地球大3倍，每6天就逆時針轉一圈。

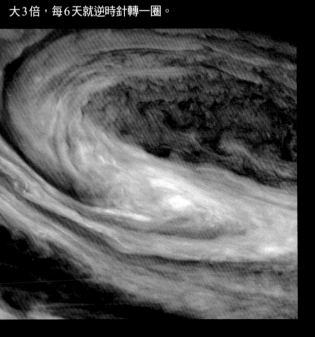

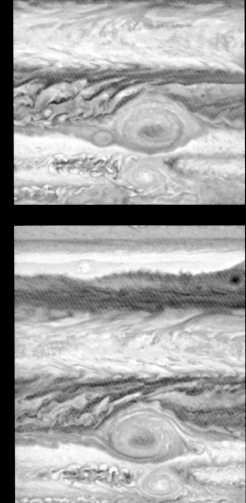

# 鑽入木星，你會歷經：
# 風暴閃電、液態金屬氫、3萬度高溫

　　2003年9月21日，NASA的伽利略號探測船以每秒30英里（約48公里）的速度，墜落在木星的背面，在這艘探測船化為火球之前，幾乎要穿透木星極為濃厚的大氣層。假使你今天能夠控制木星，在所有儀器都無法穿透的強烈上升氣流與旋轉的超級強烈暴風面前，你會發現什麼？

　　當你鑽入一堆雲層之後，陽光變成了一個不可觸及的記憶，取而代之的是無數此起彼落的閃電，點亮著周遭。有些科學家曾認為這裡是水母狀生物的家，牠們能夠隨風漂流，或掛在像氣球的氣團下，但這僅僅只是想像而已。

　　木星的大氣不像地球是在一個固體的表面上，在木星大氣層表面1,000公里下的地方，由於巨大的壓力，使得原本是氣態的氫氣變成了液態。因此，當你要進入內部時，所面對物質的密度比地球上任何固體的密度都還要高，然而這層的厚度不是數千公里，而是數萬公里！

　　當你繼續往下深入，接著就會看到，由無比巨大的壓力所形成的前所未見物質（型態）：「液態金屬氫」。在這個會導電的地方，形成強大的電流環繞，這現象類似熔融的地球內部所產生的電流，一般認定就是這些強力的電流形成木星強大的磁場。

　　請你繼續往下前進，這時溫度高達攝氏3萬度，眼前是固態的岩石，這裡的體積只有地球的二分之一，卻有著地球20倍的質量。這顆行星的「種子」，凝聚覆蓋周圍的氣體，形成我們看到的木星。最後，這趟旅程到此結束，你已經來到木星黑暗的核心！

▼紅外線影像能夠凸顯木星大氣層的變化。這張由地面望遠鏡所拍攝的影像，非常清晰，因為使用了一種「調適光學」（Adaptive Optics）的技術，原理是使用一面可形變的鏡子，將望遠鏡受到大氣干擾後接收的星光，藉由快速的變動鏡面來抵銷大氣擾動的影響，因此可以拍到更清晰的影像。

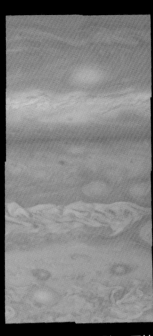
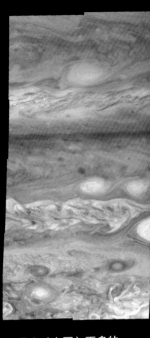

▲藉由紅外線（右圖），可拍到比可見光（左圖）更多的表面細節。紅外線影像中，較高而厚的雲偏白；高而薄的雲偏藍；較低的雲偏紅；至於低而清晰的地方，則是由紫色霧氣所覆蓋。

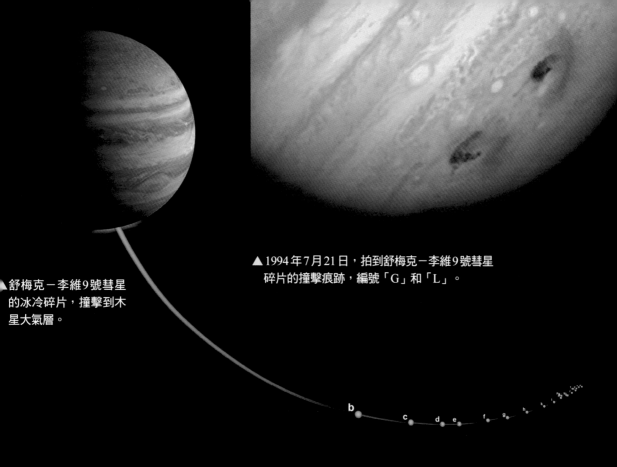

▲ 1994年7月21日，拍到舒梅克－李維9號彗星
碎片的撞擊痕跡，編號「G」和「L」。

◀ 舒梅克－李維9號彗星
的冰冷碎片，撞擊到木
星大氣層。

# 可清掉危險，但也引來殺機

　　1994年，舒梅克－李維9號彗星（Shoemaker-Levy 9）在太空中碎裂開來，因木星強大重力
的拉扯之下，變成一串像珍珠項鍊般的碎片。天文學家可是拿到了觀賞這次天文奇景的特等席，
清楚看到彗星碎片朝這顆巨型行星前進，而每一塊碎片的撞擊所釋放出來的能量，相當數十萬顆
百萬噸級核武的威力。在此之前，這種發生在別的行星上的撞擊事件，人類還沒有親眼目睹過。

　　1686年，義大利天文學家喬凡尼‧卡西尼（Giovanni Cassini，1625～1712）記錄到一件可
能是撞擊的事件。如果他真的有觀察到那次事件，將會是兩個世紀之間唯一一次的觀測紀錄。如
今科技已經非常進步，光是在2009年7月～2010年8月間，科學家就記錄了3次撞擊事件。

　　木星強大的重力不只能夠將彗星撕碎，也能夠吸入這些從遙遠且寒冷地區來的天體。因此，
這個太陽系內最大的目標，清除了許多潛在會撞擊地球的小天體，木星確實是我們的保護者。

　　不過，真的是這樣嗎？

　　太陽系剛誕生時，盤面上的塵埃，被安全的限制在太陽周圍的圓形軌道上。但久而久之，木
星的重力牽引改變了這個狀況，將許多物體拉往內太陽系。

　　因此，木星亦敵亦友，能替我們清除危險的小天體，卻同時將其他小天體送往地球的方向，
這可能導致地球上生物大規模的滅絕。所以木星是在內太陽系和外太陽系間的大門守衛。

　　一顆遠在4億公里外的行星，對地球上的生命有如此重要的影響，確實很值得深思。但木星

# 混亂之王，干擾太陽系運行規則

德國天文學家克卜勒發現，行星是以橢圓形的軌道繞行太陽，牛頓則以他的萬有引力定律證明克卜勒的理論。不過，行星繞行的軌道並非橢圓，至少不是完美的橢圓形。

牛頓知道他的理論只是一個近似值。重力並非只存在像太陽一樣巨大的物體，和像行星一樣小的物體上，而是所有具有質量的物體都存在著重力。這些重力存在於你和口袋裡的零錢之間；存在於你和辦公室同事之間；存在於行星和其他所有的行星之間。

其他行星的重力牽引，會讓原本完美的橢圓形軌道受到干擾。影響力最為明顯的是，太陽系內最重的行星——木星。木星的重力拉扯，甚至還會使得太陽微微的晃動。當科學家發現遠處恆星發生類似晃動時，就表示附近可能有看不見的行星在繞行。

這種細微的干擾，會隨著時間變得越來越明顯。就像一隻在斐濟的蝴蝶，拍動了翅膀，最後引起加勒比海的風暴，這種行星之間的干擾，會造成某些事情演變得不可預測又充滿戲劇性，而這個效應是「混沌理論」的一環。

雖然目前太陽系似乎都依照牛頓的規則在運行，但或許在未來的某天，這個規則會忽然變得混亂，甚至會把一顆行星（或許是地球）彈射到星際空間中。

這種現象並非空穴來風，38億年前，這樣的戲碼可能在太陽系內活生生上演過。當木星和土星進入軌道週期是1：2的共振時，內太陽系整個變成了射擊場，月球上的許多月海，就是在那時歷經過「後期重轟炸期」（Late Heavy Bombardment，又稱月球災難）所留下來的疤痕。

◀1979年，航海家號探測船造訪木星時，發現黯淡的木星環。從木星陰影處，回頭觀測木星的外圍時所拍攝。

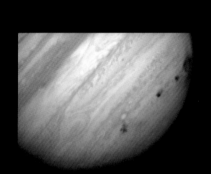

▲數個撞擊位置（由左開始，咖啡色區塊）：E/F、H、N、Q1、Q2、R和D/G。

▶如果木星的質量更大，我們可能就擁有2顆太陽。

▲木星的地圖，依據卡西尼號任務拍攝的影像合成。
（摩爾魏特投影，地圖正中心為本初子午線位置。）

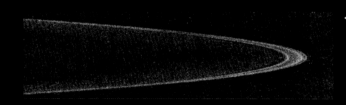

◀這是目前為止最清晰的一張木星環影像，
2007年，新視野號探測船經過木星時所拍
攝。由於新視野號是背對太陽往木星飛行，
所以這張影像記錄了木星環的反射光。

# 要80顆木星質量，才夠格當恆星

　　英國作家亞瑟・查理斯・克拉克在小說《2001太空漫遊》（*2001: A Space Odyssey*）中，敘述一架外星機器能將木星變成恆星。這聽起來或許很荒謬，但和太陽一樣都是氣體組成的天體，木星有可能變成恆星嗎？

　　恆星的主要特色是能夠自己發光和熱；但行星主要的特點，卻必須由恆星來加熱，而且行星的光芒是來自反射恆星，並非自己發出的光。那木星是怎麼回事？經由測量發現，木星放射到太空的熱，比從太陽接收到還要高出1倍。

　　天文學家認為，這是因為木星的內部正緩慢而不斷收縮──約每年1毫米，這樣的收縮會將重力位能轉變成熱能。但這並非太陽正在進行的事情，太陽的熱能是來自核反應的副產品（譯註：主產品是更重的原子核，例如氦），精確來說，是將氫原子核「融合」成氦原子核。這種反應要在高達攝氏1,000萬度的環境才能進行。木星所擁有的物質顯然不足以壓縮它的核心，達到如此高溫。

　　那麼，要多少質量的聚集才能形成恆星呢？答案是要80顆木星的質量才行，也就是太陽8%的質量。因此木星的等級，還不夠格成為太陽系內第二顆恆星。

　　天文學家將恆星和行星之間，分類出一個灰色（或稱「棕色」）的過渡區域。在這個區域內的天體質量是木星的1～80倍，稱為「棕矮星」，或失敗的恆星。所以嚴格來說，木星並非一顆行星，而是一顆棕矮星。（譯註：有部分科學家認為它仍是行星，有的認為應該劃分到棕矮星。目前棕矮星的完善定義未明。）

163

# 木衛一
## Io（埃歐）

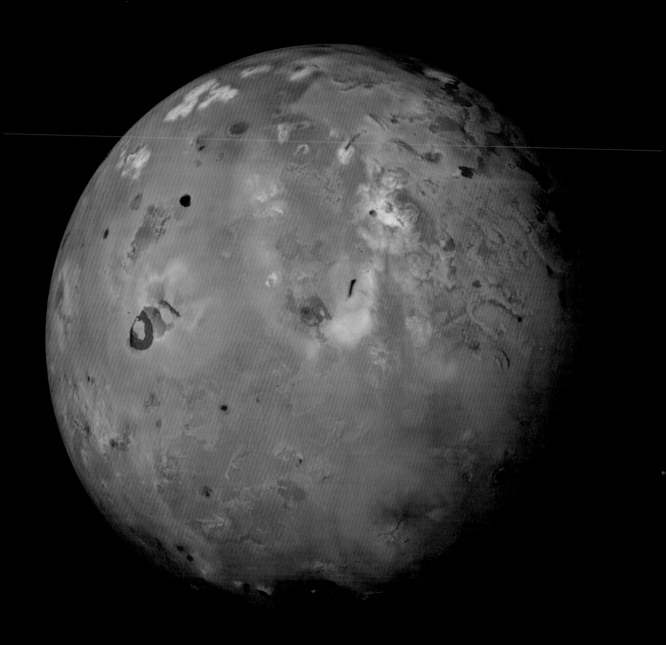

平均密度

| 鐵 | | | | 岩石 | | 水 | |
|---|---|---|---|---|---|---|---|
| 7g/cm³ | 6g/cm³ | 5g/cm³ | 4g/cm³ | 3g/cm³ | 2g/cm³ | 1g/cm³ | 0 |

# 外表像披薩的衛星

想像有一顆衛星，它的大小與組成和我們的月球相似，表面卻像融化的披薩。再想像一下，有一顆衛星它和母行星的距離，也是我們和月球的距離，不過並非28天繞一圈，而是1.7天……。

歡迎來到木衛一，這裡是四大伽利略衛星（木衛一、木衛二、木衛三、木衛四）中，最靠近木星的一顆。

如同月球，木衛一也受到木星的潮汐鎖定，永遠以同一面面向母行星。如果你可以站在這一面朝天空看，你會看到難以置信的畫面：木星在天空旋轉，帶狀的彩雲會占據天空四分之一的視野。生活在木衛一上，木星就是一切，它對這顆衛星的影響力，超過所有其他行星和它們的衛星。在這樣強烈的束縛關係中，造就了這顆披薩衛星超凡且戲劇性的特色。

## 軌道特徵
**與木星的距離**：42萬～42萬3,000公里
**公轉週期**：1.77個地球日
**自轉週期**：1.77個地球日
**公轉速度**：17.3～17.4公里／秒
**軌道離心率**：0.004
**軌道傾角**：0.05度
**轉軸傾角**：0度

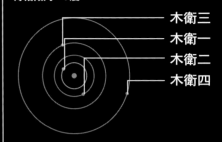

木衛三
木衛一
木衛二
木衛四

## 物理特徵
**直徑**：3,643公里／地球0.28倍
**質量**：8,900萬兆公噸／地球0.01倍
**體積**：253億立方公里／地球0.02倍
**表面重力**：地球0.183倍
**脫離速度**：2.558公里／秒
**表面溫度**：凱氏90～130度／
　　　　　　攝氏-183～-143度
**平均密度**：3.57公克／立方公分

月球

## 大氣組成
**二氧化硫**：90%
**氧化硫**：3%
**氯化鈉**：3%
**硫**：2%
**氧**：2%

▼木衛一地圖，由伽利略號和航海家任務所拍攝的影像中挑選合成。（摩爾魏特投影，地圖正中心為本初子午線位置。）

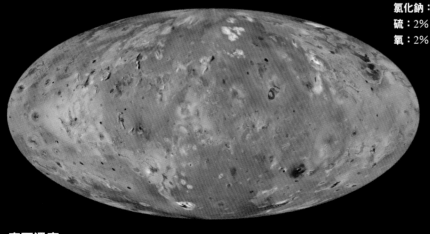

表面溫度

| 0 ℃ | 100 ℃ | 200 ℃ | 400 ℃ |
|---|---|---|---|

| 0 K | 200 K | 400 K | 600 K | 800 K |
|---|---|---|---|---|

# 擁有最多超級火山

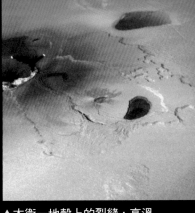

1979年3月8日，航海家1號航行的速度比子彈還要快，經過木星系統，並在1980年和土星碰面。在這艘探測船永久飛離木星之前，上面搭載的相機轉向後方，拍了一張告別的照片，拍攝到的正是木衛一。導航系統工程師琳達·莫拉比托（Linda A. Morabito）研究這張照片時，忽然屏氣凝神，因為她看到新月狀的木衛一上有一團物質噴出，而這些物質在背景星空前面出現隱約的輪廓，後來確定了這些是發出磷光的羽狀氣體流束（plume）。

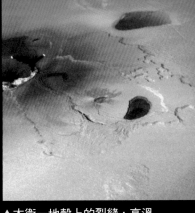

▲木衛一地殼上的裂縫，高溫的岩漿從活火山流出。周圍的平原和高原是矽酸鹽的岩石，上面則覆蓋黃色的硫磺和火山物質。

莫拉比托因此發現了木衛一上面的超級火山。在接下來的幾天中，航海家任務的團隊，仔細的研究了增強後的影像和溫度數據，最後發現總共有8處鼓起的區域，將物質向太空噴發數百公里遠。

這個發現使得科學家確定，木衛一是太陽系內，地質活動最活躍的地方。上面有超過400座活火山，有黃、橘和褐色像披薩的表面上，則是布滿了無數的氣孔，這也讓人聯想到黃石公園內的間歇泉。

事實上，這些並非火山，而是噴泉。

在木衛一內的岩漿並沒有直接噴出，而是加熱地表下面的液態二氧化硫，使得二氧化硫過熱而噴發出來。氣孔噴出來的蒸氣，就像地球上的間歇泉一樣。

木衛一每年噴發出來的物質高達100億噸，當這些硫化物落回重力不強的衛星表面後，就會在地面形成一大片硫磺，並且如同黃石公園裡面，噴氣孔周圍的狀況一樣。至於這個像披薩的衛星上面的顏色，則是來自不同溫度的硫。

但究竟是什麼在推動木衛一的超級火山？

▶1979年，當航海家號拜訪木星時，發現木衛一是一個非常活躍的世界。此圖邊緣處，可以看到從洛基火山口（Loki Patera）噴出高達140公里的羽狀流束。

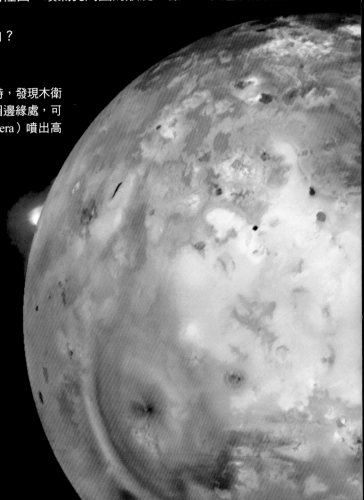

▼木衛一有著太陽系中最年輕的地表，這是由於火山活動不斷噴發新的物質。這兩張影像顯示1997年4月（左圖）和9月（右圖）時，皮蘭火山口（Pillan Patera）所噴出的深色噴流。深色流出物覆蓋原來紅橘色的區域，原來的顏色是來自附近的比利火山（Pele），這片剛形成的深色區域長達400公里。

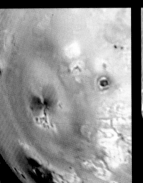
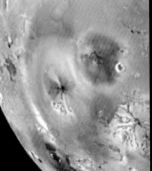

◀木衛一後方是一顆巨大到無法測量邊際的木星。木衛一和我們的月球大小相近。

▼2000年，卡西尼號探測船前往土星途中所拍攝，木衛一和在木星表面上的陰影。

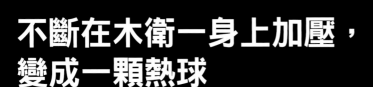

# 不斷在木衛一身上加壓，變成一顆熱球

　　如果你來回用力的捏一顆皮球，它內部的溫度會逐漸升高。這就是木星重力正在對距離最近的衛星——木衛一所做的事情。這顆氣態巨星對衛星面向它的那一側，展現的拉力比背向它的那一側強，所以木衛一就向兩側伸展而變扁。就像豆腐兩側被拉長時，垂直方向的距離會向內縮短一樣，木衛一垂直方向也會受到壓縮。

　　木星和木衛一的距離與地球和月球的距離一樣。木星的質量是木衛一的2,600倍，所以木衛一遭受木星的潮汐作用和伸展，是地球受到月亮的2,600倍。如果今天地球和木衛一的位置調換過來，那麼地球上的潮汐高度（潮差）將不是數公尺，而是數公里高。

　　不過，實際狀況要比上述的更為嚴重。當木衛一繞行木星4圈時，木衛二也會繞行2圈、木衛三是1圈。在這樣的軌道共振之下，木衛一受到木星的牽引，又同時和其他衛星連珠成一直線牽引的狀況，會週期性的發生。由於這些重力不斷在木衛一身上拔河，難怪木衛一每單位質量所產生的熱，會比太陽還要多了。

　　在航海家號到達木星之前，人們都以為和月球一樣大的木衛一，表面看起來也會像我們的月球……但來自加州的科學家斯坦頓·皮爾（Stanton Peale）另有看法，他在航海家抵達木星前一週，發表了一篇論文，認為潮汐作用導致的熱能，會使得木衛一上有火山的活動。

# 木衛二
## Europa（歐羅巴）

平均密度

| 鐵 | | | | 岩石 | | 水 | |
|---|---|---|---|---|---|---|---|
| 7g/cm³ | 6g/cm³ | 5g/cm³ | 4g/cm³ | 3g/cm³ | 2g/cm³ | 1g/cm³ | 0 |

# 太陽系最大的溜冰場

　　這顆衛星很光滑，非常非常的光滑。站在一個距離之外來看，木衛二就像撞球桌上的白色母球。如果現在你手上有這樣的球，請你拿起筆在上面亂畫一通，那如果今天也把木衛二縮小到和你手上的那顆撞球一樣大，原來這顆衛星的表面起伏將不會超過那層墨水的高度。木衛二上面沒有山丘，沒有凹谷，甚至幾乎看不到隕石坑！因此，木衛二可以說是太陽系最大的溜冰場。

　　這顆木星的冰衛星，公轉週期大約是3.6天，而且是4顆伽利略衛星中，離木星次近的一顆。雖然從遠處看來，它似乎只是一顆沒什麼變化而平凡的天體，但如果靠得夠近看，將會發現一個意想不到的世界。事實上，木衛二是繼火星之後，太陽系中最引人入勝的地方。

## 軌道特徵

**與木星的距離**：66萬4,000 ～ 67萬8,000公里
**公轉週期**：3.55個地球日
**自轉週期**：3.55個地球日
**公轉速度**：13.6 ～ 13.9公里／秒
**軌道離心率**：0.0101
**軌道傾角**：0.47度
**轉軸傾角**：0.1度

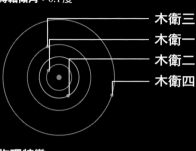

木衛三
木衛一
木衛二
木衛四

## 物理特徵

**直徑**：3,122公里／地球0.25倍
**質量**：4,800萬兆公噸／地球0.01倍
**體積**：159億立方公里／地球0.02倍
**表面重力**：地球0.134倍
**脫離速度**：2.026公里／秒
**表面溫度**：凱氏50 ～ 125度／
　　　　　　攝氏-223 ～ -148度
**平均密度**：3.02公克／立方公分

月球

## 大氣組成

**氧**：100%

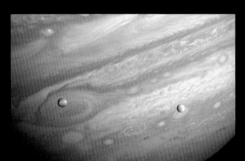

▶木衛中最亮、變化最不顯著的衛星：木衛二。左邊是色彩繽紛的姐妹星：木衛一。1979年2月，由航海家1號拍攝。

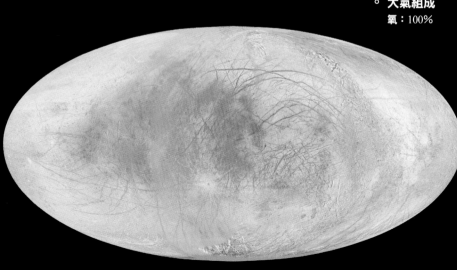

◀木衛二地圖，依據伽利略號和航海家任務拍攝的影像合成。（摩爾魏特投影，地圖正中心為東經90度位置。）

**表面溫度**

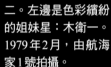

| 0 ℃ | 100 ℃ | 200 ℃ | | 400 ℃ |
|---|---|---|---|---|
| 200 K | 400 K | 600 K | 800 K |

0 K

# 地底汪洋一片，深達100公里

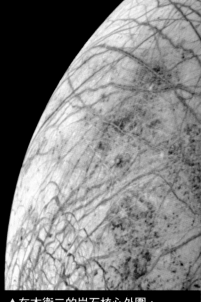

1979年，發生了一件令人興奮的事。由NASA的航海家2號探測船傳回來的影像中，顯示木衛二的表面實際上布滿了巨大的網絡，這些網絡是由錯綜複雜的裂縫和山脊所組成。最大的問題是，為什麼會這樣？

不久之後，伽利略號探測船傳回的影像呈現更多細節，同樣看到木衛二破碎的表面。這些位於衛星北極醒目的表面，顯示曾經有破碎的冰層，甚至在來不及重新凝結之前就漂流開來。對於很多行星科學家來說，這麼多相似的現象已經不是巧合了，如果這些現象確實發生在木衛二上，就暗示著底下擁有一片海洋。

截至目前為止，人類唯一知道有海洋的地方，就只有地球。所以可以想像對於行星科學家來說，期待木衛二上面有水是一件多麼快樂的事情。但木衛二真的有一片地下海洋嗎？

▲在木衛二的岩石核心外圍，有一層很厚的冰質地殼，介於地核和地殼之間的，可能是一大片海洋。一般認為是內部湧出的物質，形成這顆衛星表面上的條紋。

木衛二繞行木星的軌道距離只比木衛一遠一點而已，木星造成的潮汐效應，使得木衛一內部的岩石呈現熔融狀態，而這個效應應該也會融化木衛二深層的冰。從NASA伽利略號探測船得到的數據，顯示木衛二的地殼和內部有著不同的旋轉速度，這也是地殼漂浮在流體上的間接證據。

所有的跡象都顯示木衛二在冰質地殼下，有一片海洋。這片海洋則可能深達100公里，如果真的是如此，那將會是太陽系內最大的海洋。海洋的存在將大幅提升生命存在的機會。

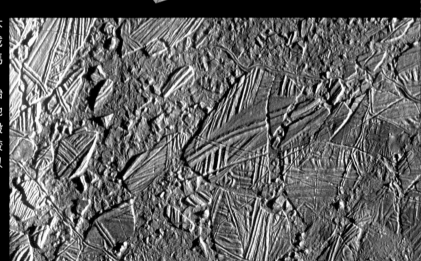

▶木衛二上兩塊深色且混亂的地形，破壞原本明亮平滑的表面。席拉（Thera，左圖）和瑟雷斯（Thrace，右圖）形成的原因，可能是底下物質有融化或湧出現象，造成的表面坍塌。

▶康納馬拉混沌（Conamara Chaos，木衛二表面冰外殼遭到擠壓等擾動造成的景象，以愛爾蘭西部邊界的康納馬拉命名）是木衛二冰地殼上的現象，呈現出來許多冰層的裂縫、移動和抬升，這和地球上的海冰有些相似的地方，因此這個現象是海洋存在冰地殼下最好的證據。圖中，呈現白色是較細的冰，而粗的則是藍色，至於冰以外的物質是呈現紅褐色。

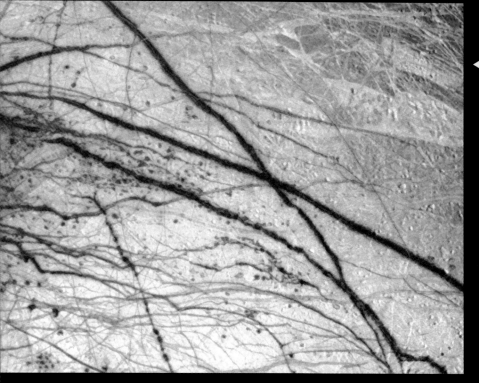

◀木衛二上的地形可分成三種：圖中，藍白色區域是明亮的平原；紅褐色是曾經融化過的地形；深色裂縫，也是呈現紅褐色。

# 尋找永不見天日的海洋生命？

　　1982年，亞瑟・克拉克的小說《2001太空漫遊》中，有一則對人類廣播的訊息：「這個世界都是你們的，除了歐羅巴……嚴禁企圖降落！」外星人將木星和木衛二變成一個小型太陽系，目的是什麼呢？真正的原因是，他們為了保護剛在木衛二上萌芽的生命。

　　克拉克的科幻小說很多地方都有事實的根據，也正確說出木衛二上嚴苛環境中，可能有生命存在。而且這些生命需要陽光和熱將冰融化，才能結束冰河時期並進行演化。

　　1977年的一項發現，更是提供一項樂觀的證據，能夠讓生命出現或寄居在木衛二上。這個發現是在地球的海床上，由美國海洋學教授羅伯・巴拉德（Robert Ballard）帶領的探勘小組，發現非常高溫的海底熱噴泉中富含礦物。在這熱泉旁邊，則有一個自給自足的小型生態系統，其中主要的生物是細菌，以及和手臂一樣長的巨型管蠕蟲。

　　如果生命在這個永不見天日的地方，可以繁衍得如此旺盛，那在木衛二陽光無法到達的底層海洋中，會不會也有生命存在？

　　雖然希望很高，但是經費卻達不到目標。NASA曾經預計要在2020年時，發射繞行木衛二的人造衛星，但目前為止，依然沒有足夠的經費。（編按：NASA和歐洲太空總署於2017年宣布，兩機構將合作「木衛二聯合任務」，在2025年左右發射登陸器。）這個想法主要是要製作這顆冰衛星的地圖，然後測量海洋的寬度。同時也會偵測表面所含的碳分子，因為碳分子是一種組成生命的必要條件。

　　當然，如果真要確定木衛二上是否有生命存在，人類可能必須派遣機器鑽入冰質地殼底下，然後再放出機械潛水艇進行探勘調查。

▼在海底熱泉旁繁茂的生態系統，讓生物學家對於太陽系中環境嚴峻的地區，抱持著有生命存在的希望。

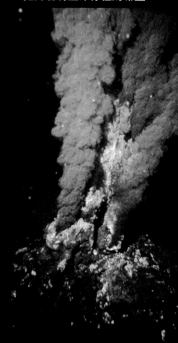

# 木衛三
## Ganymede（蓋尼米德）

平均密度

| 鐵 | | | | 岩石 | | 水 | |
|---|---|---|---|---|---|---|---|
| 7g/cm³ | 6g/cm³ | 5g/cm³ | 4g/cm³ | 3g/cm³ | 2g/cm³ | 1g/cm³ | 0 |

# 這顆衛星，
# 居然比水星大

衛星都比行星小，對吧？

木星的衛星木衛三卻是一個例外，它的體積比水星還要大。NASA的伽利略號太空船所測量的結果，顯示這顆巨大的衛星內部中，有金屬和岩石被包覆在一層厚厚的冰質地殼底下。地殼表面則是有大量明顯的撞擊坑，以及交錯的奇特裂縫和山脊，就像沙漠中的輪胎痕跡。這些跡象顯示地殼正遭受應力而斷裂、彎曲和扭轉，這種過程也會在地球上發生，並會造成地表下面的物質像液體一樣流出。而木衛三上所流出的物質，應該是冰和泥的混合物。

木衛三每7天就會繞行木星一次，1610年，由伽利略發現這顆衛星，是距離木星次遠的衛星。令人驚訝的是，其實木星在很久以前，可能還有更多這類巨型衛星。

**軌道特徵**
**與木星的距離：** 107萬公里
**公轉週期：** 7.15個地球日
**自轉週期：** 7.15個地球日
**公轉速度：** 10.88公里／秒
**軌道離心率：** 0.0013
**軌道傾角：** 0.2度
**轉軸傾角：** 0.33度

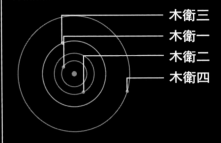

木衛三
木衛一
木衛二
木衛四

**物理特徵**
**直徑：** 5,262公里／地球0.41倍
**質量：** 1.48億兆公噸／地球0.02倍
**體積：** 763億立方公里／地球0.07倍
**表面重力：** 地球0.146倍
**脫離速度：** 2.742公里／秒
**表面溫度：** 凱氏70～152度／
攝氏-203～-121度
**平均密度：** 1.936公克／立方公分

月球

**大氣組成**
**氧：** 99.999%
**氫：** 0.001%

▼木衛三的地圖，依據伽利略號和航海家任務拍攝的影像所合成。（摩爾魏特投影，地圖正中心為東、西經180度位置。）

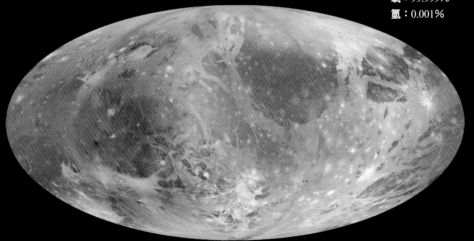

**表面溫度**

0 ℃    100 ℃    200 ℃      400 ℃

0 K    200 K    400 K    600 K    800 K

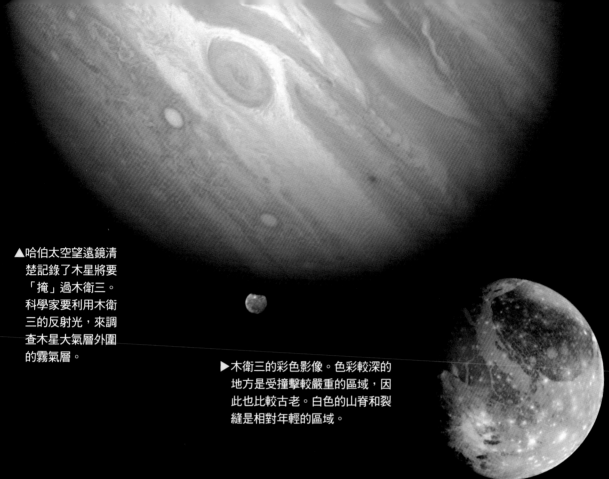

▲哈伯太空望遠鏡清
楚記錄了木星將要
「掩」過木衛三。
科學家要利用木衛
三的反射光,來調
查木星大氣層外圍
的霧氣層。

▶木衛三的彩色影像。色彩較深的
地方是受撞擊較嚴重的區域,因
此也比較古老。白色的山脊和裂
縫是相對年輕的區域。

# 吃掉老衛星,再形成新衛星

在太陽系形成的初期,木星吞噬了至少20顆衛星。今天我們看到的4顆伽利略衛星,是目前倖存的一代。

這項結論來自於羅賓‧卡娜普(Robin Canup)和威廉‧華德(William Ward)兩位美國天文學家,他們利用位於科羅拉多州博爾德(Boulder, Colorado)的美國西南研究院(Southwest Research Institute),做了許多電腦模擬。他們認為雖然木星和它的衛星形成類似「小太陽系」的系統,但還是有所不同。

太陽和周圍的塵埃盤面先形成,行星是之後才凝聚而形成,但木星周圍的盤面和衛星是在同一時間形成,導致這些衛星和當時塵埃盤上仍持續聚集物質,因此產生很多交互作用(譯註:可能是重力和撞擊作用)。

這些衛星的重力不斷擾動塵埃盤面,並且產生一種如同漣漪一般擴散出去的「螺旋密度波」(Spiral density waves)。當這種波和衛星相互作用後,會將衛星推向木星。越大的衛星,所受到的影響就越明顯。因此,當衛星達到一定質量後,就難逃被吞噬的命運。

卡娜普和華德還主張,當木星吞噬掉一組衛星,就會有一組新的形成。直到今天,可能已經歷過5個世代的衛星群;目前這組伽利略衛星之所以會存在,是因為太陽系已經不再將物質送往這個盤面。

每一代的主衛星(類似目前的伽利略衛星)都有相同的總質量,但是主衛星的數量不一定相同。可能曾經某一代的衛星有5顆;但是另外一代可能只有1顆。同樣的現象可能也發生在土星上,使得它最後一代的主衛星只有1顆:土衛六(泰坦)。

最後,木衛三對人類科學也有相當的貢獻——測量光的速度。

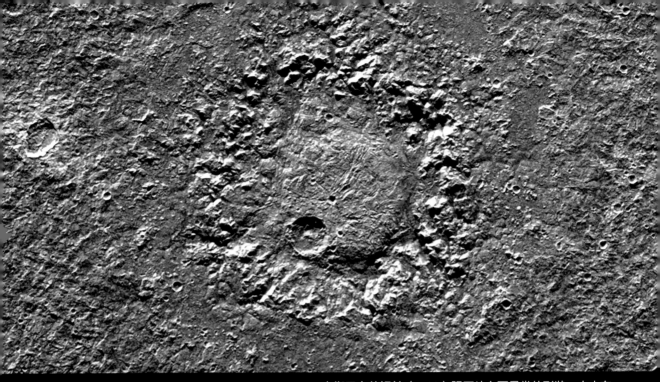

▲木衛三上的妮絲（Neith）隕石坑有不尋常的形狀，中央有巨大的圓頂、不平坦的環及被壓平的外圍。在相對脆弱的表面上，這個形狀可能是來自於高能量的撞擊，或在撞擊之後，黏性物質長期的弛緩變化所造成。

# 木星掩木衛三，
# 精準測出光速

光的速度比任何地球上的交通工具，都還要快100萬倍以上，所以我們必須佩服那些找到方法測量光速的人。

17世紀丹麥天文學家奧勒·羅默（Ole Christensen Rømer，1644～1710）的想法是測量光經過一個已知距離的時間。因為光在地球上行進的距離太短，以當時的技術無法利用鐘錶來測量，於是他把測量的目標轉向天空。

1676年，他發現當地球離木星最遠時，隱沒在木星後面木衛三的光，需要橫跨整個地球軌道（編按：地球圍繞著太陽運動的軌道，半徑1億4,959萬7,870公里）的距離，才能抵達地球。相較於地球最接近木星時，這樣的掩星現象延遲了22分鐘（現代精確的數值是16分40秒）。這樣的觀測結合對地球軌道長度的估算，得到光速是每秒鐘22萬公里。

羅默的測量直到1729年，因為英國皇家天文學家詹姆斯·布拉得利（James Bradley，1693～1762）的確認，而廣為人所接受。至於布拉得利的想法，則是使用光速和其他高速行進物體的相對速度來測量，也就是使用已知的地球繞行太陽的速度。地球的運行會改變地球接受到星光的角度，這就和你在雨中奔跑時，雨滴打在臉上的角度會不同的原理一樣。布拉得利從測量恆星的週年視差，得到光速每秒行進29萬8,000公里的數值，而且非常準確。

▼木衛三表面尼克爾森地區（Nicholson Regio）的細部影像，顯示出一系列平行的碎屑山脊，可能是地殼拉伸或斷層。

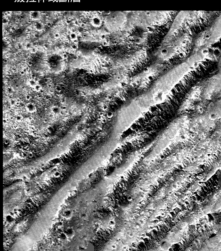

# 木衛四
## Callisto（卡利斯多）

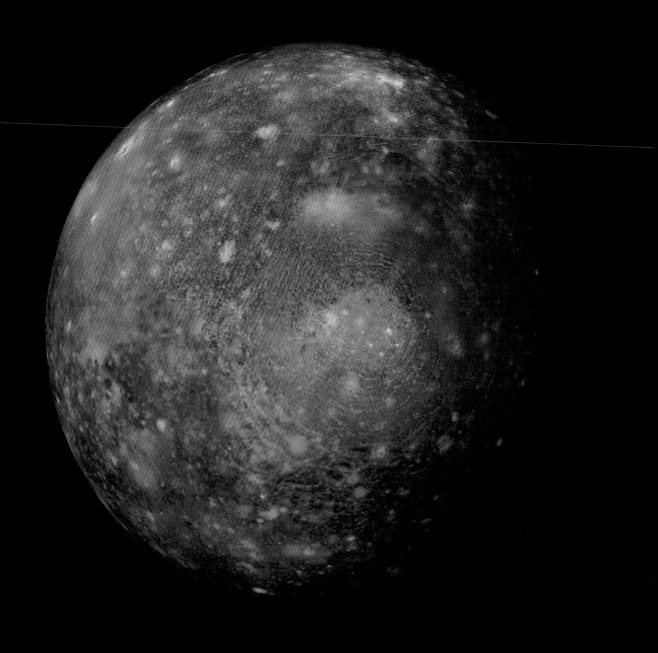

平均密度

| 鐵 | | | | | 岩石 | | ● | 水 | |
|---|---|---|---|---|---|---|---|---|---|
| 7g/cm³ | 6g/cm³ | 5g/cm³ | 4g/cm³ | 3g/cm³ | 2g/cm³ | 1g/cm³ | 0 |

# 人類建立新基地的有利據點

如果人類生存的環境忽然遭遇一場大浩劫，我們將會在木衛四上建立新的基地。為什麼這樣說呢？

因為木衛四是距離木星最遠的伽利略衛星，也是唯一沒有落在木星強烈輻射帶上的主要衛星。這裡是探索木星系統最安全的基地。

木衛四是太陽系中第三大的衛星，僅次於木衛三和土衛六。木衛四的表面布滿非常多的傷痕，NASA伽利略號探測結果顯示，這顆衛星內部主要是由岩石和冰所組成。如同木衛二，在木衛四地表下可能也有一片海洋存在。

不同於其他3顆伽利略衛星，木衛四在義大利天文學家伽利略・伽利萊（Galileo Galilei，1564～1642）的生命中，扮演關鍵角色，並使他和羅馬天主教會發生正面衝突。

## 軌道特徵
與木星的距離：187萬～190萬公里
公轉週期：16.69個地球日
自轉週期：16.69個地球日
公轉速度：8.1～8.3公里／秒
軌道離心率：0.007
軌道傾角：0.19度
轉軸傾角：0度

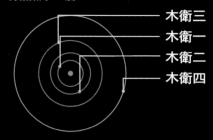

木衛三
木衛一
木衛二
木衛四

## 物理特徵
直徑：4,821公里／地球0.38倍
質量：1.08億兆公噸／地球0.02倍
體積：587億立方公里／地球0.05倍
表面重力：地球0.126倍
脫離速度：2.441公里／秒
表面溫度：凱氏80～165度／
　　　　　攝氏-193～-108度
平均密度：1.851公克／立方公分

月球

## 大氣組成
二氧化碳：99%
氧：1%

▶白色區域是遭撞擊而新噴出的物體，與木衛四上深色而較舊的表面有明顯對比。布爾（Burr）撞擊坑和厄特加爾（Utgard）撞擊坑，覆蓋了較古老而巨大的阿斯嘉特（Asgard）撞擊坑。

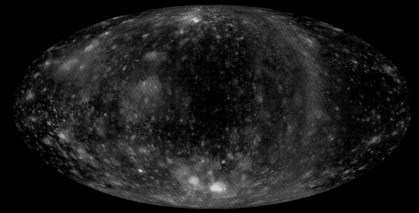

◀木衛四的地圖，依據伽利略號和航海家任務拍攝的影像所合成。（摩爾魏特投影，地圖正中心為子午線位置。）

表面溫度

| 0℃ | 100℃ | 200℃ | | 400℃ |

| 0 K | 200 K | 400 K | 600 K | 800 K |

# 世界的中心在哪？
# 科學家牴觸了宗教

1609年，伽利略聽到一件發明後，馬上丟下他手邊所有工作。這是一位在荷蘭的眼鏡製造師傅漢斯‧李普希（Hans Lippershey，1570 ～ 1619），將兩片鏡片放在一個管子的兩端後產生的神奇事情──這樣的裝置拉近了遠處的景色！

▲木衛四上的深色區域來自均勻分布的隕石坑，其他有色彩的區域，是表面上冰和岩石隨機混合的結果。

伽利略對於這個裝置欣喜若狂，他藉由實驗來測試並加以改良，不久後就製造出自己的「望遠鏡」，並且將望遠鏡的倍率提升到30倍。

伽利略的這架望遠鏡，並不是要用來偵查威尼斯海上的船隻，而是指向夜空。當透過望遠鏡，伽利略所看到的景象把自己嚇呆了！難以計數的星星散布在銀河上；月球表面上分布著廣大的山脈；原來太陽「完美」的臉，竟然有黑點。

當然，還有環繞木星的「月亮」。

伽利略觀察到的4顆衛星，每天晚上的位置都不一樣，因為這些衛星正繞著木星轉。

這次發現有著極為重大的意義，在此7年之前，波蘭天文學家尼古拉‧哥白尼蒐集了許多強力的證據，證明行星所繞行的是太陽。然而，這卻違背了當時羅馬天主教會的想法，他們認為世界的中心是地球，不是太陽。

但這時伽利略從天空所看的，卻是另外一個「中心」：有許多物體明顯環繞另外一個物體。對於當時正統的地球中心論，無疑是致命的打擊。

當伽利略看到這個現象後，他很清楚未來會如何。他無法否定自己的眼睛和對科學的理解，因此，他最後一定會被羅馬教會視為異端。

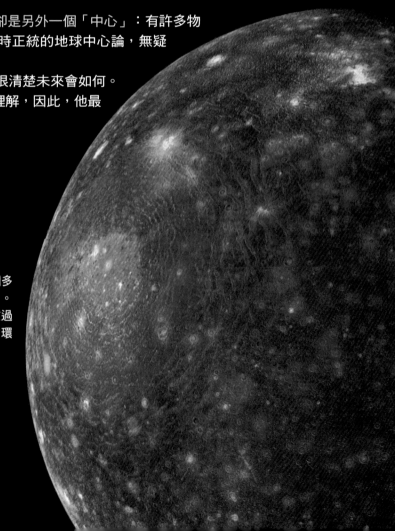

▶木衛四上最大的表面特徵，是一個多環撞擊結構：瓦爾哈拉（Valhalla）。中心最亮的區域（看起來很像塗改過的紙張）約有600公里寬，周遭的環狀特徵則可以延伸1,500公里遠。

# 多達95顆衛星，太陽系之冠

　　截至2023年2月，人類確定發現的木星衛星共有95顆，也就是除了前面探討的4顆伽利略衛星之外，還有91顆。

　　除了4顆伽利略衛星之外，最大的一顆是木衛五（Amalthea，阿馬爾塞），直徑約168公里，並且運行在比木衛一更靠近木星的軌道上。

　　木衛五，顧名思義就是第五顆發現的木星衛星，發現的時間是1892年，幾乎是伽利略發現4顆衛星之後的300年。此外，木衛五是4顆木星最內層衛星的其中一顆，其他3顆分別是木衛十六（Metis，墨提斯）、木衛十五（Adrastea，阿德拉斯忒亞）和木衛十四（Thebe，忒拜）。

　　木衛十六和木衛十五，在細塵所組成的木星環上繞行，不同於土星壯麗的環，這個脆弱且黯淡的木星環，是在1979年時，由NASA的航海家號所發現。

　　在航海家飛抵木星之前，人類已知的木星衛星僅只16顆，當這艘探測船成功的觀測木星之後，發現了額外的47顆衛星，大都是遭木星捕捉的小行星，直徑通常小於10公里。這些捕捉來的衛星不像原生的衛星，其軌道可能更為狹長，或公轉方向和母行星自轉的方向相反。

　　另外，編號S/2003 J2的衛星是一顆缺乏特色的天體，距離木星2,950萬公里，等同於地球到月球的70倍。這距離顯示了木星重力場極大的影響範圍。

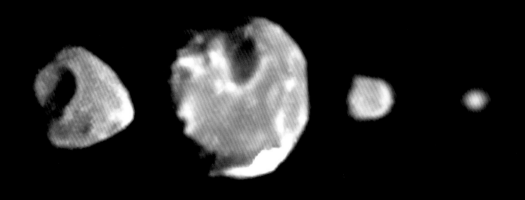

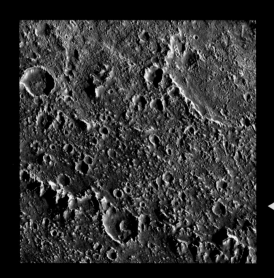

▲木星內層衛星（左到右）：木衛十四，上方有一個40公里的巨型隕石坑，稱為席瑟斯（Zethis）；木衛五，南極有一塊明亮的區域；木衛十六；木衛十五，原本是一顆小行星，直徑只有30公里。

◀散布在阿斯嘉特撞擊坑邊緣的冰質隆起地形。這種地形在右上方靠中心的區域，顯得較小而且受到局限；在左下方遠離中心的區域，就顯得較大而且稀疏。

# 土星
# Saturn

## 倫敦地鐵標誌的藍本

土星到太陽的距離，是地球與太陽的10倍；土星的直徑，也是地球的10倍。它是太陽系中第二大的行星，並有著名聲顯赫的特色。在人類發明望遠鏡之前，從未有人想像得出這樣的特色。但即使發明了望遠鏡，真正的細節還要再等50年，才被科學家發掘。

平均密度

| 鐵 | | | | 岩石 | | 水 | ● |
|---|---|---|---|---|---|---|---|
| 7g/cm³ | 6g/cm³ | 5g/cm³ | 4g/cm³ | 3g/cm³ | 2g/cm³ | 1g/cm³ | 0 |

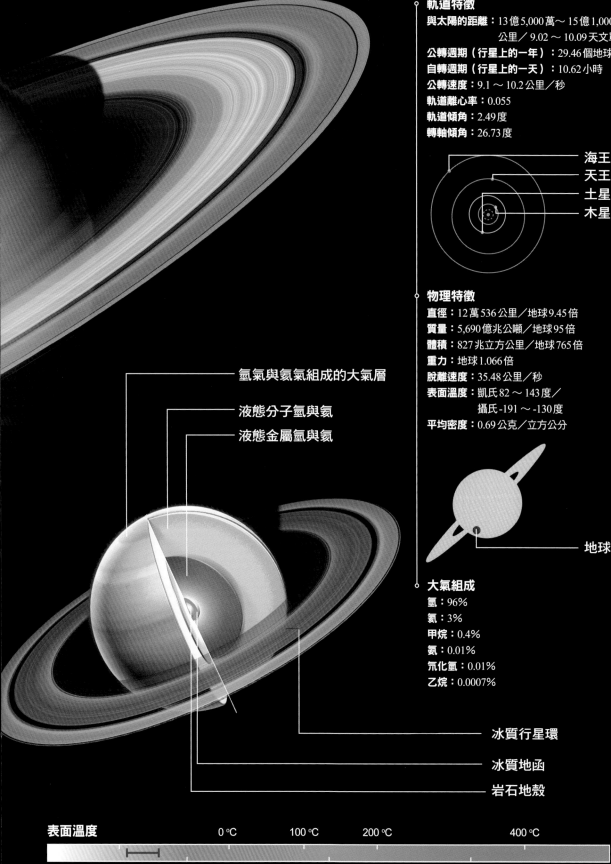

**軌道特徵**
**與太陽的距離：**13億5,000萬～15億1,000
　　　　　　　公里／9.02～10.09天文單
**公轉週期（行星上的一年）：**29.46個地球
**自轉週期（行星上的一天）：**10.62小時
**公轉速度：**9.1～10.2公里／秒
**軌道離心率：**0.055
**軌道傾角：**2.49度
**轉軸傾角：**26.73度

海王
天王
土星
木星

**物理特徵**
**直徑：**12萬536公里／地球9.45倍
**質量：**5,690億兆公噸／地球95倍
**體積：**827兆立方公里／地球765倍
**重力：**地球1.066倍
**脫離速度：**35.48公里／秒
**表面溫度：**凱氏82～143度／
　　　　　攝氏-191～-130度
**平均密度：**0.69公克／立方公分

地球

氫氣與氦氣組成的大氣層

液態分子氫與氦

液態金屬氫與氦

**大氣組成**
**氫：**96%
**氦：**3%
**甲烷：**0.4%
**氨：**0.01%
**氘化氫：**0.01%
**乙烷：**0.0007%

冰質行星環

冰質地函

岩石地殼

**表面溫度**　　　　0 ℃　　　100 ℃　　　200 ℃　　　　　400 ℃

▲土星，依據卡西尼號任務拍攝的影像合成。（摩爾魏特投影，地圖正中心為本初子午線位置。）

▼土星的北半球隨著季節變化，呈現暖色調，2008 年拍攝的影像中，土星極區仍有藍色痕跡。

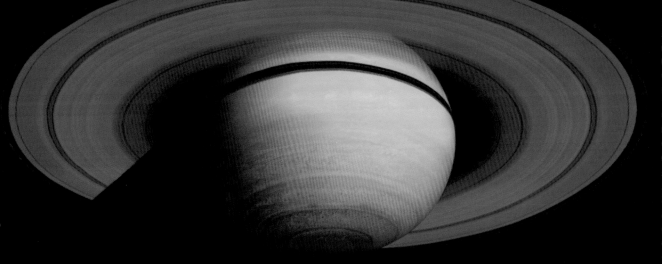

▲藉由疊合3張不同波長的紅外線影像，展現出土星不同區域的熱輻射。藍色和綠色
區域分別是1～3微米波長的紅外線，來自反射太陽光的近紅外線；紅色區域則是
5微米的紅外線，來自行星內部的熱能（熱紅外線）。

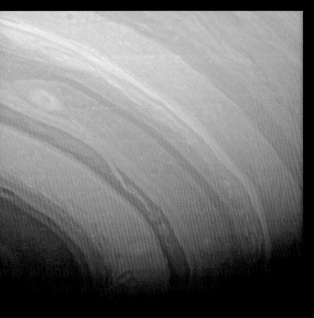

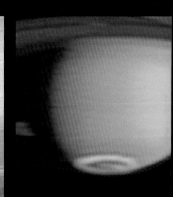

▲近距離的紅外線影像，顯示出土
星南半球劇烈運動的雲景。同樣
地方的可見光影像，所呈現出來
的則是平淡無奇的景色。

▲土星像地球一樣有極
光，這是由於太陽的
帶電粒子，藉由行星
磁場引導，而進入並
撞擊大氣層所產生的
現象。

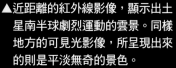

▲土星表面上緯度向的帶狀大氣結構。這些結構在
紅外線影像中，呈現粉蠟筆畫的色調。

▶大部分人類對於土星的知識，包括其衛星和行星環，
皆來自卡西尼－惠更斯號（Cassini-Huygens）探測船
所傳回的資料。這艘探測船於2004年7月1日進入土
星軌道。

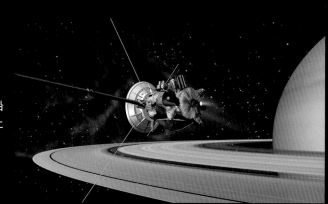

# 伽利略天文成就最大的失誤：
# 土星長耳朵

　　義大利天文學家伽利略是科學史上的巨擘，除了天文上的成就，還發現鐘擺精準的週期。在他輝煌成就的一生中，卻有一項失誤，那就是他宣稱土星是一個「有耳朵的行星」。

　　伽利略的錯誤是因為在當時，也就是他在1610年從威尼斯看向夜空的望遠鏡，還不夠強大到能解析土星的最大祕密。起初，他以為那是2顆位在土星兩側的衛星，而且這些衛星的大小有土星的三分之一大。

　　到了1612年，他對於這2顆衛星的消失大為困惑，他寫信給他的贊助者托斯尼大侯爵（Grand Duke of Tuscany）：「難道土星把自己的小孩給吃掉了？」但1613年，這2顆衛星再度出現，這使得伽利略更無法理解這個現象。

　　到1655年，這個謎團才由荷蘭天文學家克里斯蒂安・惠更斯（Christiaan Huygens，1629～1695）所解開，經過他的改良，望遠鏡的倍率已經提升到50倍，於是他正確觀察出土星的那「2顆衛星」，實際上是土星的行星環系統。因此，當土星環的方向隨著時間改變，有時就會在行星兩側出現，就如同伽利略看到的「耳朵」一樣；有時候會側向地球，此時幾乎看不見星環，就像消失了一樣。

　　今天，我們知道這顆有環的行星在我們的視線上，呈現26.7度的傾角。雖然土星環就像陀螺儀，會保持固定的旋轉方向，但當它隨著土星以29.5年的公轉週期繞行太陽時，土星環的環面會有兩次面向我們。

　　地球人對於土星環的熟悉度，不輸給麥當勞黃色M字的商標，甚至土星的獨特形象，還是倫敦地鐵標誌的設計藍本。不過卻很少人知道除了行星環，土星上面還有白色斑點。

▶當土星環側向我們時，看起來就像是一道
　狹長的陰影。拍攝於2009年，土星剛經
　過「秋分點」的數個月後。月相只有一半
　的冰衛星——土衛五，剛好在土星前面；
　另外，土衛三的陰影則是位於左側。

▲從地球看到的土星環，隨著土星公轉29.5年的週期，在不同的軌道位置，會有不一樣的變化。這組影像拍攝於1996～2000年間，這時土星的南半球從春季轉換到夏季。

▶以土星環為概念設計的倫敦地鐵標誌。

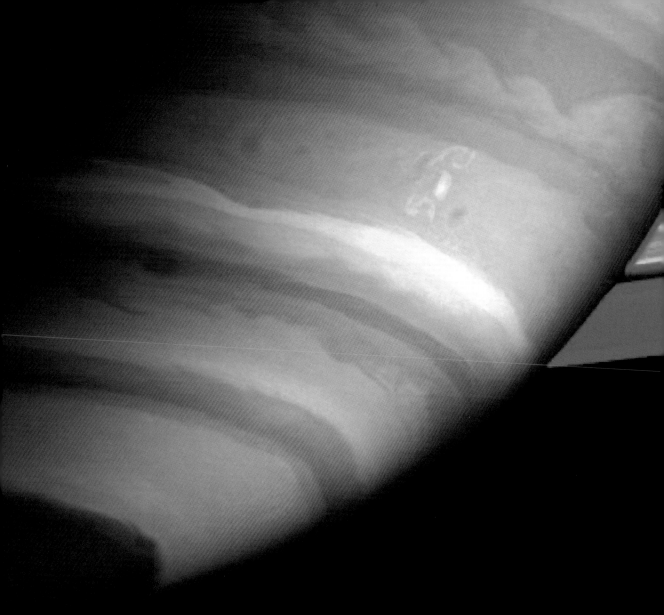

▲2004年9月，土星上的「龍形風暴」形成，成因來自形狀複雜的對流氣候系統。軌道上的卡西尼號衛星記錄到這次事件的同時，此區域放出強烈的無線電波，這種現象和地球發生雷雨時頗為相似。

# 木星有大紅斑，土星有大白斑

在土星高速旋轉的大氣層上，有許多風暴。但不同於木星的長期風暴，土星上的白色巨斑是間歇性出現。發現大白斑最有名的一次是在 1933 年，發現者是一位知名的英國喜劇演員、同時也是敏銳的業餘天文學家——威爾·海（Will Hay，1888 ～ 1949）。

土星上這種不定期出現的風暴，一般認為和木星上的大紅斑一樣，都是來自內部湧升的氣體所引起的高速旋轉氣流。有些人認為這些湧升氣流，突破了大氣層外圍年代較老、厚且髒汙的冰。當氣體膨脹的時候會變冷，因此促使乾淨的冰凝結，形成一片白色閃耀的氨冰。

大白斑的尺寸，有時候可以達到和它太陽系的表親——木星的大紅斑一樣大，這種情況約每30年會發生一次，而且是出現在土星的北半球上。威爾·海的發現是人類第一次了解，大白斑會在隔了很多年後，出現回歸的現象。

大白斑出現的間隔，一般猜想和土星29.5年的公轉週期有關係，因此科學家推測，當土星在公轉一年之中最靠近太陽的時候，大氣層受到加熱而引起這樣的風暴。

土星的大氣充滿神祕，大白斑只是其中一個謎團而已。

▲大白斑是土星北半球不定時出現的風暴，
1994年，由哈伯太空望遠鏡所拍攝。

◀發現土星大白斑的英國喜劇演員——威爾·海。

# 六邊形的颱風？
# 土星的北極風暴啦！

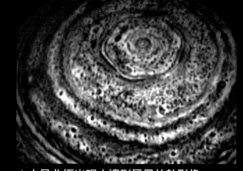

▲土星北極出現六邊形風暴的熱影像。

當空氣在大氣層內循環流動時，通常以圓環狀在流動……但是有誰聽過方形的颱風，或者六邊形的颱風呢？不過，這真實出現在土星極區的現象。

2007年，當卡西尼號探測船飛過土星時，拍攝到一張非常古怪的影像，顯示位於北極的雲，排列成可以容納兩顆地球的六邊形，而且正在旋轉。奇怪的是，土星北極並沒有任何可以對應的六邊形物體，只有圍繞「風眼」的雲而已，就如同地球南極大陸上空的雲一樣。

在25年前，航海家1號和2號就已經觀測到這個現象，所以我們知道這個龜甲狀的氣候系統非常穩定，並存在已久。

地球上的實驗室，為這個奇特現象提供了可能的解答。研究人員發現當氣體在桶中高速旋轉時，於特定的狀況下，會自然產生一個不變的波或「駐波」（Standing wave，兩個振幅、波長、週期皆相同的正弦波，相向行進干涉而成的合成波。此種波的波形無法前進，因此無法傳播能量）形成的紋路，而這種紋路可以是三邊、四邊、五邊或六邊的多邊形。在實驗室中，這種幾何形狀一般認為是來自流體和桶壁的相互作用。

模擬的結果顯示實驗室中的氣流與桶子，和土星上環繞的大氣層有關聯。但在土星上扮演桶壁的角色的，究竟是什麼？

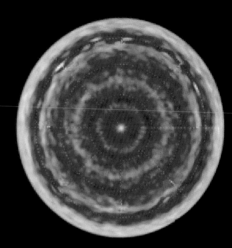

▲隨緯度景色變化的可見光影像，和土星表面的溫度分布有關聯。在北極卻出現一個令人訝異的熱點，明顯受到六邊形風暴環繞。

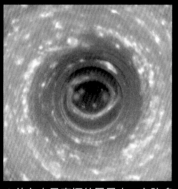

▲位在土星南極的風暴中，有許多亮點環繞進入風眼。風眼周圍的眼牆比中心區域高出30～75公里，而中心深色的風暴區域，則寬達8,000公里。

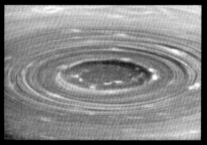

▲呈同心圓狀的眼牆斜視圖。其中還包括了短暫性出現的南極漩渦。

▼在土星冬天的陰影下，所呈現出的特殊六邊形風暴。

▼土星自轉快速且密度低，變得較為扁平。
白色的正圓圓圈可以對照土星形狀的變化。

# 比水還輕，一天只有10小時

想像一下，你有一盆大到足以裝下任何一顆行星的水。然後你把行星一顆一顆分別丟到水中，會觀察到行星就像石頭一樣沉到水底，不過當你把土星放到水中，它卻會漂浮起來。雖然土星外表看起來很厚實，密度卻只有水的70％，而先前介紹的木星，密度則是水的3倍。

之所以會知道土星比水輕，是因為當我們知道它的體積和重量後，就可以估算它的密度。那要如何知道它的質量呢？

首先，牛頓的重力定律告訴我們，使用衛星繞行行星的速度，可以推算出行星的質量，衛星繞得越快，行星的質量越大。但是要測量行星的大小就需要一點技巧，因此科學家藉由發射雷達波，並記錄反射回來的時間，就可以知道地球和行星的距離。得到距離之後，就能把視覺上的行星大小，換算成實際的大小。最後算出來得到土星的大小，可以吞下770顆地球。

當取得行星質量的資訊之後，再從已知的體積大小，可以推估這顆行星可能的組成成分。木星和土星的成分似乎只有較輕的物質：90％的氫和10％的氦原子，而這種組成，類似太陽系形成初期原始星雲的成分。

由於土星是一顆不結實又高速旋轉的行星，只花10小時就完成一個畫夜，導致這顆行星的赤道比兩極還要凸出11％，這項特色是所有行星中的第一名。

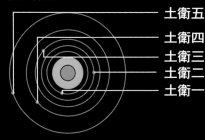

**軌道特徵**

土衛五
土衛四
土衛三
土衛二
土衛一

**物理特徵**

直徑：25萬公里

厚度：小於20公尺

（內部組成物質小於3公尺）

組成：絕大多數是水冰

人類（這個人類圖示
是知名科學家卡爾‧
沙根的妻子，繪製在
一片鍍金的鋁板上，
由先鋒十號探測船攜
帶出太陽系。）

# 土星環，像是
# 黑膠唱片聲槽

　　太陽系內4顆行星擁有行星環，但
沒有任何一顆比得上土星。土星環薄到
難以想像的境界，當它完全側向我們
時，就等於從視野中完全消失。這麼薄
的一片環，要是讓它環繞地球，寬度卻
是地球到月球的三分之一。它們究竟是
由什麼所組成的？

▲紅外線影像中,藍色是G環和E環,較內圈呈現綠色是D環。與內部呈現亮紅、黃色的主環相比,外圍環組成的粒子較細。

▲航海家2號發現,土星B環上深色輻射狀的「輻輪」,會隨土星環系統一起旋轉。

科倫坡縫

C環

馬克士威爾縫

B環

▲從暗處看C環的影像,顯示這個位於內側的土星環有很細緻的結構。它經過土星表面的地方,看起來就像覆蓋在土星的黑面紗一樣。

▶明亮且擴散開的G環,在影像下方因為土星陰影而無法顯現。

◀長時間曝光所取得的影像,可以觀察到土星環中,未被陽光直接照亮區域的細部結構。視線上部分的土星環也延伸到土星表面上(因為過度曝光而變成亮白)。

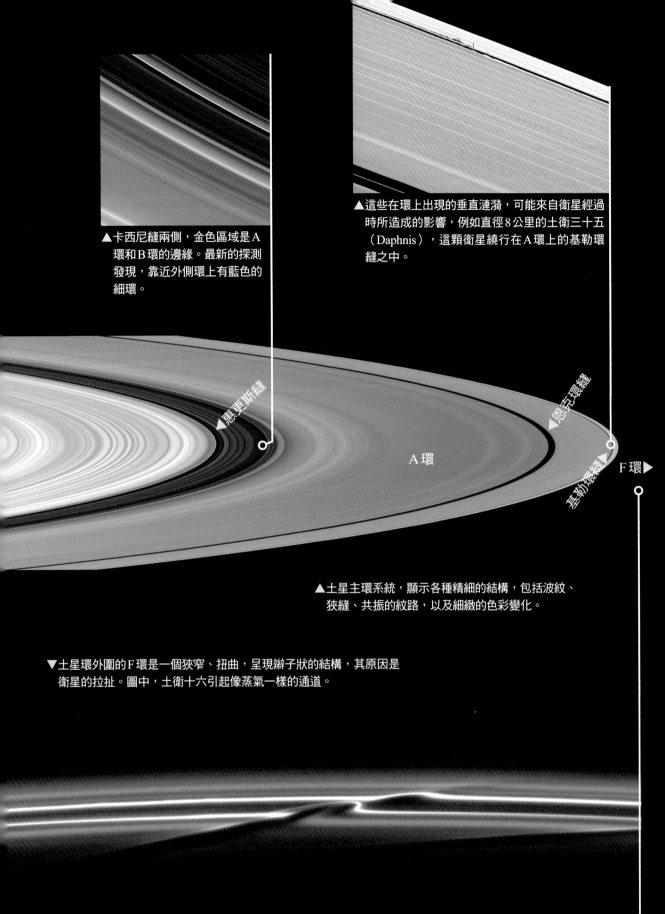

▲卡西尼縫兩側，金色區域是A
環和B環的邊緣。最新的探測
發現，靠近外側環上有藍色的
細環。

▲這些在環上出現的垂直漣漪，可能來自衛星經過
時所造成的影響，例如直徑8公里的土衛三十五
（Daphnis），這顆衛星繞行在A環上的基勒環
縫之中。

惠更斯縫

恩克環縫

A環

基勒環縫

F環▶

▲土星主環系統，顯示各種精細的結構，包括波紋、
狹縫、共振的紋路，以及細緻的色彩變化。

▼土星環外圍的F環是一個狹窄、扭曲，呈現辮子狀的結構，其原因是
衛星的拉扯。圖中，土衛十六引起像蒸氣一樣的通道。

# 99% 由固態水組成

19世紀，英國物理學家詹姆斯·馬克士威（James Clerk Maxwell，1831 ～ 1879）是介於牛頓和愛因斯坦時代之間最偉大的科學家，他將所有電與磁的現象整合成一套方程式，並且發現光是相互震盪的電磁場。但在這之前，他曾經致力於探討土星環的形成原因。

那時對於土星環最大的困惑是：究竟組成這個行星環的物質是固體、流體，還是許多分散的物體？

▲圖中的顏色代表土星環上組成顆粒的大小。紫色區域是分布最廣的5公分以上，到數公尺大小組成的顆粒；綠色區域是小於5公分的顆粒；藍色區域的顆粒則小於1公分。

1858年，馬克士威藉由數學來解釋，若是土星環由流體或是固體組成，無法穩定的存在土星外圍。他認為土星環是由無數連綿的微粒所構成，就像一大群的超小型衛星一樣，此論點也使得他榮獲1857年的亞當斯獎（Adams Prize，英國劍橋大學著名的古老數學獎項）。

如今，若馬克士威天上有知，應該會很樂於看到在1980年和1981年時，由航海家1號和2號所傳回來的影像。雖然地球上的科學家，只能看到土星環上少數的縫隙，但藉由航海家號探測船，人類已經發現數萬條的細環。至於土星環內側旋轉速度比外側快，也證實馬克士威認為土星環不是固體的結論。

更精確的說，土星環實際上是由許多螺旋狀結構所構成，就像早期黑膠唱片上的聲槽一樣。在研究土星環的領域中，這已經是一個發現已久的現象，只是並未廣為大眾所知道。

土星環的組成成分中，有99%都是由固態水（冰）所組成，而聚集在這個環上無數的冰塊能反射大部分的太陽光，這也是為何土星環會如此明亮。這些冰的大小從比沙還小的顆粒，一直到像兩層樓的大小都有。土星環上最亮的區域，應當是由鬆軟的雪球所組成，因為雪球的形狀有較大的表面可以反射太陽光。

至於土星環的厚度，目前科學家所觀察到的都不超過20公尺厚（除了少數特異結構）。如果今天把土星環的直徑縮小成1公里，這個環的厚度比刮鬍刀的刀鋒更薄。

地球
↓

▲卡西尼號從土星背後拍攝的照片，完整展現了土星環的壯麗。此外，在兩圈黯淡的環中，位於亮環左邊外側一點點的地方有一顆淡藍色的星點，那是地球！

# 土星環用什麼保養？看起來如此年輕

　　如果將所有土星環上的物質都聚集起來，會形成一個直徑大約200～300公里的物體，近似於一顆中等質量的木星衛星，這可能就是土星環起源的線索。

　　19世紀，法國數學家愛德華・洛希（Édouard Roche，1820～1883）推測在很久以前，有一顆土衛運行太靠近母星的位置，進入所謂的「洛希極限」（Roche limit，是一個天體自身的重力與第二個天體造成的潮汐力相等時的距離）。此時，這顆衛星各處所受到來自土星的重力差異達到一定程度，最後導致這顆衛星被撕裂成碎片。此外，對於土星環的形成，也有人認為可能是來自過於接近土星的大型彗星殘骸。

　　土星的小型衛星和土星環上的物質顆粒，實際上也會因為重力作用，導致相互反斥；當衛星往外移動時，土星環則會向內移動。這個現象造成的結果，將會使得土星環在4億年後墜落土星。我們現在能夠看到土星環，純粹只是幸運嗎？

　　這可能不需要運氣。若土衛能不斷供給冰給土星環（這正是土衛二在做的事情），那我們看到的這個環應該遠比預測的還要古老。不過這又得回答另外一個問題：為何土星環看起來如此「年輕」？如果它存在夠久，應該會受到隕石撞擊後產生的塵埃汙染，而變得黯淡，為什麼土星環看起來還是那麼純淨、潔白？

　　目前的解釋是認為，土星環上的物體正不斷聚集，但又會受到隕石撞擊而破碎。這樣的反覆過程，就好像將雪球打破後而出現純淨的冰，因此使得土星環顯得比實際上年輕許多。

▼比較外太陽系中，各氣體行星的行星環系統，並將星球大小縮放成同一尺寸。對這4顆行星來說，環上大部分的物質皆位在母行星的洛希極限內側。

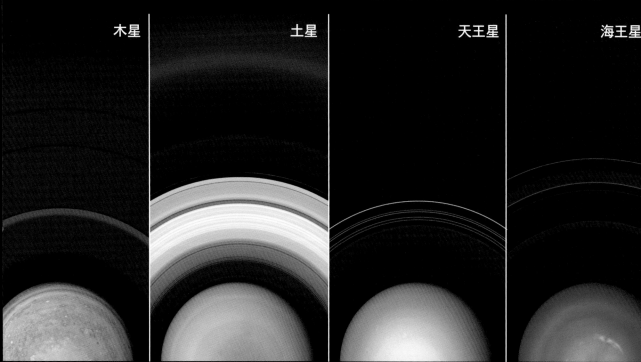

| 木星 | 土星 | 天王星 | 海王星 |

# 雕刻土星環的藝術家：重力

　　藝術家以鑿子來成就偉大的雕刻品，大自然用什麼來雕塑出土星環呢？答案是：重力。

　　在人類的歷史上，現今的我們幾乎是最早的一代，能夠欣賞這件偉大且精細繁複的作品。重力，使得土星的眾衛星將土星環清掃出許許多多的溝槽。有些衛星則是「領頭者」，扮演如同牧羊犬一樣的角色，將環上的冰顆粒緊密的限制住。

　　另外，又有一些衛星位在與環上物質形成的共振軌道上，藉由它們不斷的環繞，重力產生的累積效應，能夠將相對位置上的石塊顆粒拋射出，例如土衛一的公轉週期是22小時，所以會將公轉11小時的行星環物質拉扯兩次，而這種將塵埃清除的作用，造就了我們在地球上，就可以用業餘望遠鏡看到的卡西尼縫。

　　此外，土衛還有更多靈巧的功能。許多小型衛星的公轉軌道和行星環有一個傾斜角，當衛星經過行星環時，會像拉扯太妃糖一樣牽動環面的物質，這種行為形成的「山」，高度可達4公里。

　　還有一些衛星或是撞擊環面的小天體，會造成行星環的振動，形成像漣漪擴散的皺褶，如同受到輕風吹拂而起漣漪的湖面一樣。所以，雖然土星環非常的薄，但它並非處於完美平坦的狀態。

　　有些衛星被包覆在土星環之中，甚至無法直接觀測到。不過這些衛星形成的「推進器」，卻可以讓我們看到行進的痕跡，這種呈現前後向的痕跡就如同土星環面被「犁耕」過一樣。這種扮演「推進器」的衛星，也常常被拿來和太陽系早期，原行星盤面上的塵埃做比較，此外，這也使得我們思考一個問題：衛星的基本定義是什麼？

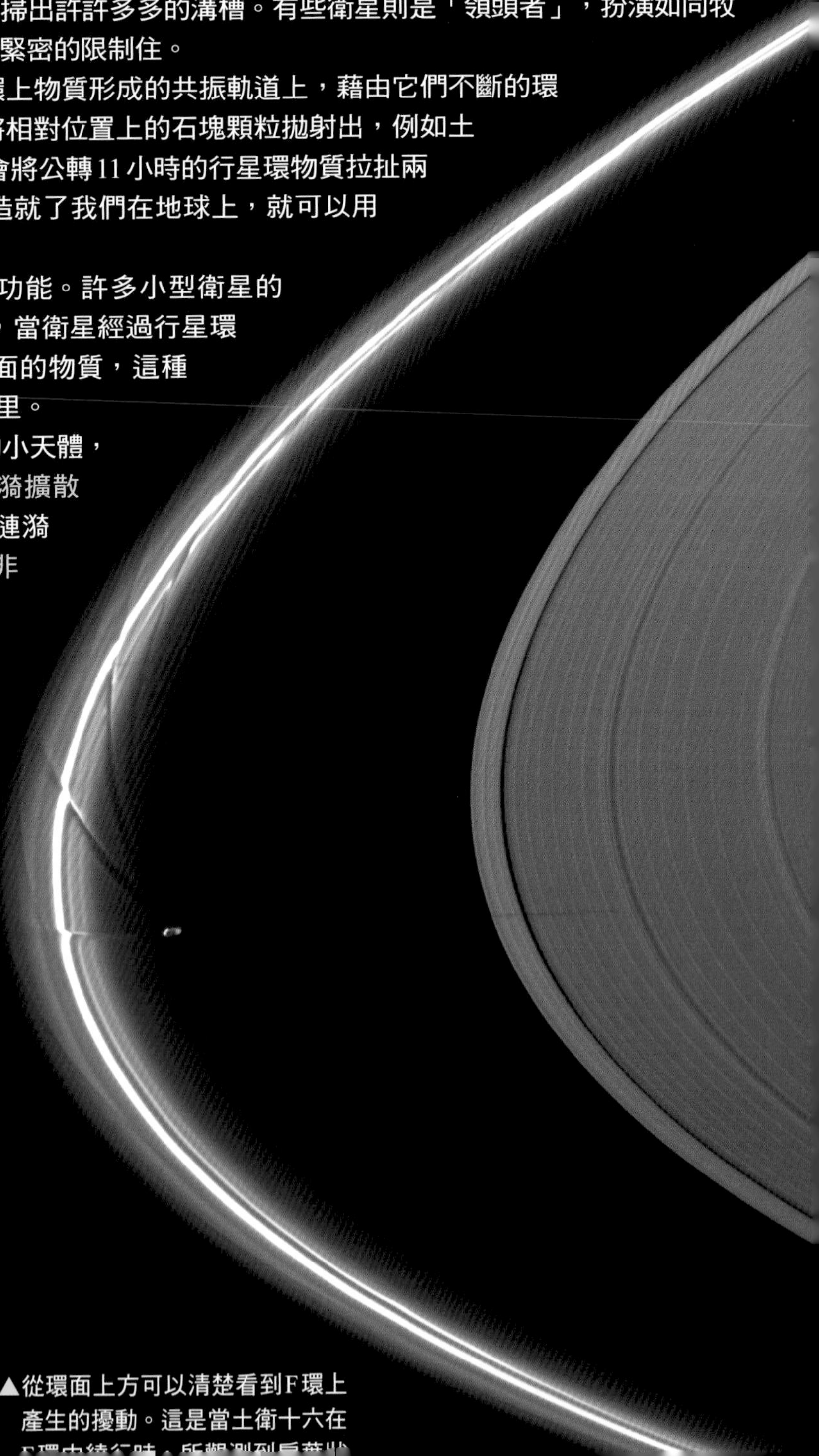

▲從環面上方可以清楚看到F環上產生的擾動。這是當土衛十六在F環中繞行時，所觀測到反葫狀

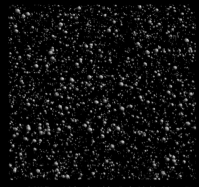

1. 該模擬系統剛開始設定的物質，是一群隨機分布、大小不一的顆粒。這些顆粒的運動是設定成朝左右兩側，藉此來模擬環面物質的不同公轉速度。

2. 不久之後，一些小型的叢塊開始產生，不過這時它們還相當不穩定，很快就會分解開來。

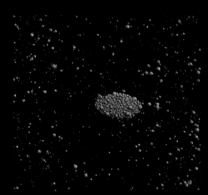

3. 存在比較久的叢塊逐漸形成帶狀結構，但還是很容易就分解。

4. 最後，少數較大的叢塊可以維持在相當穩定的組態中。

# 衛星：小天體繞著大天體轉

　　衛星就是一顆小型天體，繞著一顆較大的天體。這樣的定義使得土衛六——泰坦星，是土星的衛星，即便它比水星這顆行星還要大。（這裡暫時不討論小行星的雙星系統，這種系統是由兩顆幾乎相同大小的天體，互相繞行而形成。）

　　我們也都同意衛星必須是在空無一物的太空中運行，並且存在時間要非常久遠，以及要一個夠大的體積，對嗎？問題是，許多的土衛，並不是在空無一物的地方運行，而是掩蓋在土星環物質下面。

　　想像一下，你可以把一個環單獨放大，那你會看到的不是一條連續完美的曲線，而是破碎得像虛線一樣。環面上的物質正不斷的來回撞擊、聚合、再分開。這樣短暫存在的物質，永遠不會聚集成30～50公尺以上的物體，並且會在衛星和行星環上的塵埃盤之間來回搖擺。土星是一間實驗室，它正試驗著物體到多小還能成為衛星，並持續穩定存在著。

　　土星環可以看成是45億5,000萬年前，太陽系原行星盤面的模型。從土星環上形成的衛星有的很快就分解，但有些還能繞行土星好幾圈。當我們觀察到這些現象時，就如同在觀察早期形成地球和其他行星的複雜過程。

# 土衛六
## Titan（泰坦）

平均密度

| 鐵 | | | | 岩石 | | ● | 水 | |
|---|---|---|---|---|---|---|---|---|
| 7g/cm³ | 6g/cm³ | 5g/cm³ | 4g/cm³ | 3g/cm³ | 2g/cm³ | 1g/cm³ | 0 |

# 比水星還巨大的衛星

　　土衛六的大小，在太陽系衛星中排名第二，僅次於木衛三，而且還比水星來得巨大。行星科學家和生物學家都對這顆衛星有高度興趣，尤其它是外太陽系中，唯一有探測船降落過的天體。

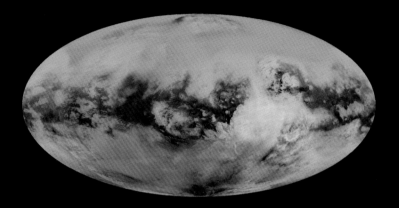

▲土衛六地圖，由卡西尼號任務拍攝的影像所合成。（摩爾魏特投影，地圖正中心是東、西經180度線的位置。）

**軌道特徵**
與土星的距離：118萬～125萬公里
公轉週期：15.88個地球日
自轉週期：15.95個地球日
公轉速度：5.4～5.8公里／秒
軌道離心率：0.0292
軌道傾角：0.35度
轉軸傾角：0度

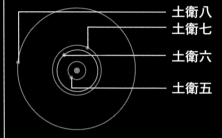

土衛八
土衛七
土衛六
土衛五

**物理特徵**
直徑：5,150公里／地球0.40倍
質量：1.35億兆公噸／地球0.02倍
體積：715億立方公里／地球0.07倍
表面重力：地球0.139倍
脫離速度：2.645公里／秒
表面溫度：凱氏94度／攝氏-179度
平均密度：1.881公克／立方公分

月球

**大氣組成**
氮：98.4%
甲烷：1.4%
氫：0.2%

◀從土星背面緩緩出現的土衛六。土星環呈現不尋常的黯淡，因為卡西尼號探測船在陰影處拍攝。

| 表面溫度 | | 0 ℃ | 100 ℃ | 200 ℃ | | 400 ℃ | |
|---|---|---|---|---|---|---|---|
| 0 K | 200 K | | 400 K | | 600 K | | 800 K |

# 有河流、有海洋，超像地球的景色

　　2005年1月某日，惠更斯號探測船穿越土衛六濃厚的橘色雲霧，將照片傳回母船卡西尼號上。惠更斯號所拍攝的照片，顯示出土衛六和地球有令人驚訝的相似之處：河流從山腰奔流而下，最後從不規則的海岸流入海洋。

　　由歐洲太空總署製造的惠更斯號，靠著所攜帶的緩衝物降落。因為沒有人知道惠更斯號降落的地點，會是在固態的地面上還是液態的區域，所以設計成能夠降落在軟質地表，或甚至能夠漂流在液體上的探測船。

▲歐洲太空總署的惠更斯號在降落的過程中，所看見土衛六的景色。（經由模擬色彩處理過的灰階影像。）

　　當它降落後讓相機環顧四周，發現這個地方並不全然是一個「外星世界」。惠更斯號降落的地點是在一片非常平滑的空地上，這裡有一些大型鵝卵石，不過並不是真的岩石，而是像岩石一樣堅硬的冰。

　　降落地點看起來就和地球上的三角洲類似，噴湧出的液體形成這些沉積的鵝卵石，因為這個地形在激流中受到撞擊、聚合，所以顯得相當平滑，此外，這些流動的液體在入海時，會像瀑布一樣落下，並且翻滾起泡。

　　這些就是和我們地球驚人的相似之處。除了這裡的氣溫是冰點以下180度。

▼紅外線影像可以觀測到東西向的帶狀結構。這些結構被埋藏在南北向的沙丘下，藉由雷達影像發現到沙丘。此外，沙粒受到從西與西北方向的風吹拂，產生這些沙丘。

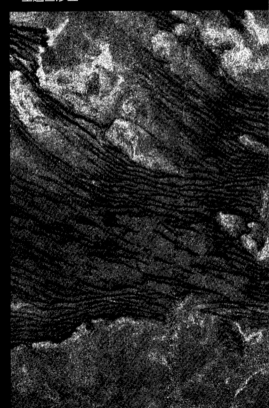

▲2005年1月14日，惠更斯號降落到土衛六的表面。歷經

# 想在土衛六
吹皺春水，
比登天還難！

在雲霧濃密、橘色昏暗的天空下，木質紋理的堅硬山腰上，有著潺潺的流水聲。因為這裡異常寒冷，所以這些聲音並不是來自我們地球上看到的流水，而是一種更輕的液體。在土衛六上流動的不是水，取而代之的是液態的甲烷和乙烷的混合物。

太陽系中，只有地球能夠讓水三態並存，我們有液態的水，有固態的冰，也有漂浮在空氣中的水分子。但在土衛六上，卻有另外一種東西扮演類似的角色，那就是甲烷和乙烷。在這顆天體上的甲烷和乙烷，有的是以固體呈現，有的則是氣體或液體。我們熟知的水在這個地方，已經寒冷到和鋼鐵一樣堅硬。

▲中心區域是土衛六的北極，帶狀的區域是由卡西尼號雷達所取得並組合的部分，圖中14％無法反射雷達波的區域（帶狀影像內部的藍黑色區），顯示出這些地方的組成成分，是烴類物質（碳氫化合物）。

在土衛六上，有著由更輕的液體——甲烷和乙烷所形成的海洋、湖泊。當這些液體蒸發後，會重新凝聚而形成雨和雪。由於這顆衛星重力較弱，所以會讓濃厚大氣之中的甲烷和乙烷形成巨大的雪花，並且緩慢的飄落到地面。之後，有些變回液態，隨著河流和小溪回到湖泊與海洋中。土衛六是除了地球之外，有這種複雜「水循環」的地方，但事實上是另外一種取代水的物質。

不過奇怪的地方是，土衛六上的海洋沒有波紋。從卡西尼號接收回來的雷達影像顯示，這些海洋幾乎是平滑的液面。在土衛六北半球的安大略湖（Ontario Lacus），以100公尺寬的表面上來看，起伏高度少於數公分。一般相信這是因為液態甲烷和乙烷混合物的黏性比水高，而且在這個極為寒冷的星球上，風弱到無法將海面吹皺。所以，如果想要在這顆衛星上舉辦風浪運動，那絕對會嚴重虧本。

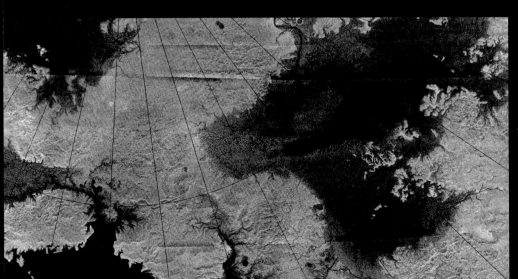

◀藉由卡西尼號接收的雷達回波而產生的影像。其中藍色的部分是比水輕的液體所形成的湖泊。

# 這顆衛星最像地球，
# 但有生命嗎？

1980年11月12日，當航海家1號飛入土星系統，並將它的相機對準這顆巨大的衛星，得到了一個憂喜參半的結果。失望的原因是，這顆巨大的衛星被濃厚的大氣覆蓋，無法看到它的表面；而高興的地方在於它是一顆在太陽系中，少數大氣層能夠如此濃厚且神祕的星球。

太陽系少數的大型衛星有大氣層，但這些大氣層的氣體就像薄紗一樣蓋在表面。然而，土衛六的大氣層密度卻是地球的4倍，造成的大氣壓力更是比地球高出一半。

土衛六大氣層的主要成分是氮，該氣體在地球大氣層中含量也高達80％。至於這顆衛星的大氣外圍，則是覆蓋著一層光化學煙霧（Smog，對環境和健康有害的化學品），而這種煙霧類似於聚集在洛杉磯市夜空的氣體。

這種來自海洋蒸發的氣體，就像巫婆的大鍋子一樣，在這裡受到微弱陽光的照射而產生反應。這類的反應可能會產生DNA所需要的基本物質，例如胺基酸，最後這些物質會再落回土衛六的表面，形成一片具有黏性的覆蓋物。

有了含氮的大氣層和一鍋生物化學物質的湯，土衛六就像45億5,000萬年前，在行星空間中最寒冷且原始的地球。我們不禁要問：那這裡有生命嗎？

▲在土衛六外側偏藍色的大氣層中，乙烷和乙炔受到紫外線照射而分解成甲烷。下方橘色的大氣層，則是由複雜的有機分子所組成的濃厚煙霧，這些煙霧導致只有10％的陽光可以到達地面上。

▼由於土衛六有非常濃密的大氣層，所以用可見光觀測時，只會看到一顆平淡無奇的天體（左圖）。若使用紅外線觀測，會發現大氣變得較為透明，可以看到一些區域有亮暗的變化（中圖）。當結合三種不同波長的紅外線，則可以呈現出更銳利且清晰的影像（右圖）。

# 攝氏零下180度的世界，充滿有機物質

1983年，英國作家詹姆斯・霍根（James Hogan，1941～2010）的小說《造物者的律法》（*Code of the Lifemaker*）中，描述早在人類出現的一百多萬年前，有一架外星太空船迫降在土衛六。這艘太空船因為失靈，竟然在土衛六上散播有缺陷的機械有機體，之後，這些生物快速演化。此時，地球上的人類已經進入21世紀，並且也在土衛六上建立起文明。

事實也出乎意料之外的相似，因為土衛六上對於生命的出現和演化時所需要的所有物質，確實是一應俱全。唯一的問題，是這顆衛星上的溫度低到令人窒息：零下180度。在這個溫度中，化學反應像蝸牛在爬一樣，非常緩慢，雖然土衛六可能正在形成它自己的生物圈，但由於缺乏溫暖的環境讓生物演化，因此要形成這樣的生物圈，可能得花上比宇宙存在年齡更久的時間。

然而，在數十億年後，情況可能會有戲劇化的轉變。當太陽把內部的氫燃料消耗殆盡後，會逐漸變成紅巨星，而那時所散發出來的熱能會是現在的1萬倍。當熱能把土衛六從永恆的冰封中解放時，這裡可能就是生物的天堂。

▲土衛六表面的光譜測量數據，再結合惠更斯號的灰階相機影像，就能為土衛六的影像增添色彩。

▶土衛六北半球的安大略湖，是這顆衛星上最大的湖泊，長約200公里、寬90公里。湖岸的東邊兩塊凸出的區域，是河流所形成的三角洲。

# 土衛二
# Enceladus（恩克拉多斯）

平均密度

| 鐵 | | | | 岩石 | | ● | |
|---|---|---|---|---|---|---|---|
| 7g/cm³ | 6g/cm³ | 5g/cm³ | 4g/cm³ | 3g/cm³ | 2g/cm³ | 1g/cm³ | 0 |

# 外太陽系也有適居帶

土衛二的直徑約498公里，大小和土衛一相近，不過相同點僅只於此；不像土衛一是一顆死寂且滿布坑洞的衛星，土衛二讓所有人驚訝的是，它是一顆活力豐沛的衛星。

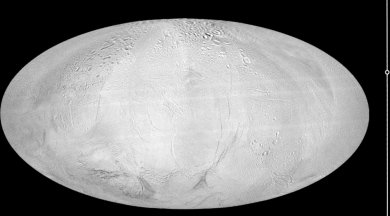

▲土衛二地圖，依據卡西尼號任務拍攝的影像所合成。
（摩爾魏特投影，地圖正中心為東經90度線位置。）

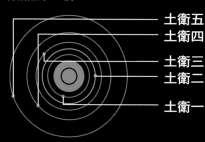

## 軌道特徵
**與土星的距離：**23萬7,000～23萬9,000公里
**公轉週期：**1.37個地球日
**自轉週期：**1.37個地球日
**公轉速度：**12.6～12.7公里／秒
**軌道離心率：**0.0045
**軌道傾角：**0.02度
**轉軸傾角：**0度

土衛五
土衛四
土衛三
土衛二
土衛一

## 物理特徵
**直徑：**500公里／地球0.04倍
**質量：**11萬兆公噸
**體積：**6,600萬立方公里
**表面重力：**地球0.012倍
**脫離速度：**0.242公里／秒
**表面溫度：**凱氏33～145度／
　　　　　　攝氏-240～-128度
**平均密度：**1.120公克／立方公分

愛爾蘭島

## 大氣組成
**水：**91%
**氮：**4%
**二氧化碳：**3.2%
**甲烷：**1.7%

▲當黑夜降臨土星時，位在土星環上方
不遠的土衛二顯得格外明亮。

表面溫度　　　　0 ℃　　　100 ℃　　200 ℃　　　　　　　400 ℃

0 K　　　　　200 K　　　　　400 K　　　　　600 K　　　　　800 K

# 冰噴泉噴向太空數百公里

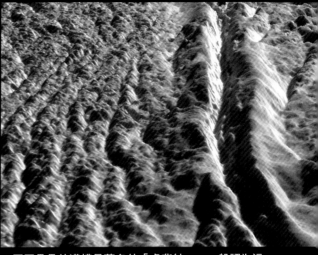

▲層層疊疊的溝槽是著名的「虎背紋」，一般認為這些是極區噴射流束的源頭。寬約5公里，長約140公里，其中V形谷深度約250公尺。

從土衛二噴湧到太空中，在陽光下閃耀的噴泉，是高達數百公里的羽狀流束冰晶。在行星探索的歷史上，絕對是一件輝煌的發現。

在NASA卡西尼號探測船傳回這些驚人的影像之前，就有許多跡象顯示土衛二並不是一個死寂之地。照理來說，在土衛二漫長的歲月中，灰塵和汙垢應該會不斷沉積在它的表面上，覆蓋掉原來白色的雪，但至今，它仍是太陽系中非常閃耀且潔白的天體。

在土衛二的南半球，有4條不同顏色的全新裂縫，這些稱為虎背紋的區域暗示著地表有運動，同時也是較為溫暖的區域，因此科學家對於冰噴泉會在此形成，並不感到意外。

真正讓科學家驚訝的是，在這顆又小又冷的衛星上，竟然有如此豐沛的星球活動。而造成這些活動（例如冰噴泉）的能量，可能來自土衛四的潮汐拉伸作用，因為每當這顆衛星完成1次繞土星的運動，土衛二就會完成2次。

除此之外，對於能夠驅使土衛二活動的熱源，至今仍然沒有確切的解釋，因為土衛二冰晶噴湧出來的時速是兩千多公里，這種地質噴泉除非是來自高熱的液態水，不然很難有足夠壓力造成這種速度。

因此，土衛二和火星、木衛二都被歸類在疑似有水的天體分類中。更難以置信的是，在冰凍的地殼下或許有一片遍布全球的海洋。

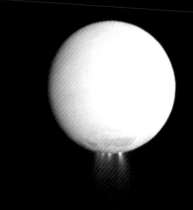

▲從土衛二背向太陽的影像，可以顯現南極附近噴發的水冰。土星表面的反射光照亮了土衛二。

▶土衛二南極區的影像，有超過30個獨立的噴流。

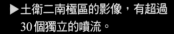

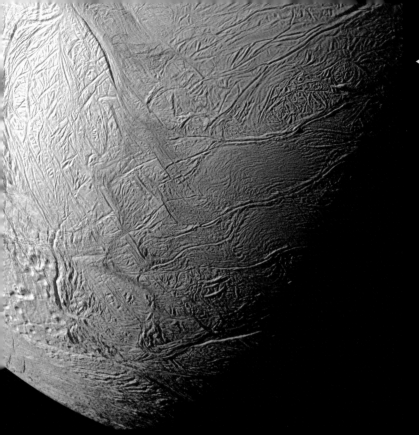

◀土衛二上的藍綠色區域，是由粗糙或圓形的大顆粒物體所沉積而成，主要沉積在峽谷，以及左上側的長條裂縫中。

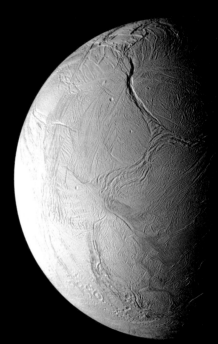

▶從紫外線到紅外線範圍所拍攝的影像，比可見光廣，呈現出土衛二表面上精細的色彩變化。

# 生命需要的條件──
# 水、溫暖環境、有機分子，這裡都有

　　所謂的海洋，至少要像英格蘭或亞利桑那州一樣大，才符合人們的期待。

　　人類一度以為液態水只存在於太陽系內的「適居帶」上，但當距離太陽遙遠而陽光微弱的地方，有一些衛星受到母星的潮汐作用，導致內部升溫，也可能有液態水存在。不過這樣的效應應該只存在於巨大的衛星上，從來沒有人想過像土衛二的小衛星也有這種效應。

　　土星這顆冰凍的小衛星改變人類的看法，或許我們也有機會在這裡找到生命。在土衛二的深處，擁有所有生命需要的條件──水、溫暖的環境及有機分子。（土衛二的虎背紋地表上，乾淨綠色的區域，代表這裡存在著有機分子。）

　　在地球海面下，完全黑暗的火山噴氣孔附近，生物可以藉由溫暖的水和化學物質而繁衍茂盛，因此誰又能夠想像在土星這顆小衛星上，不會出現類似的生態系統呢？甚至會不會早在太陽系生成的時候，就已經有豐富的生態系統深藏在黑暗之中？如果真的如此，那由土衛二噴出物所形成的土星E環，上面圍繞木星的物質就可能不只是水冰而已，可能還有冰凍的微生物！

# 土衛八
# Iapetus（伊阿珀托斯）

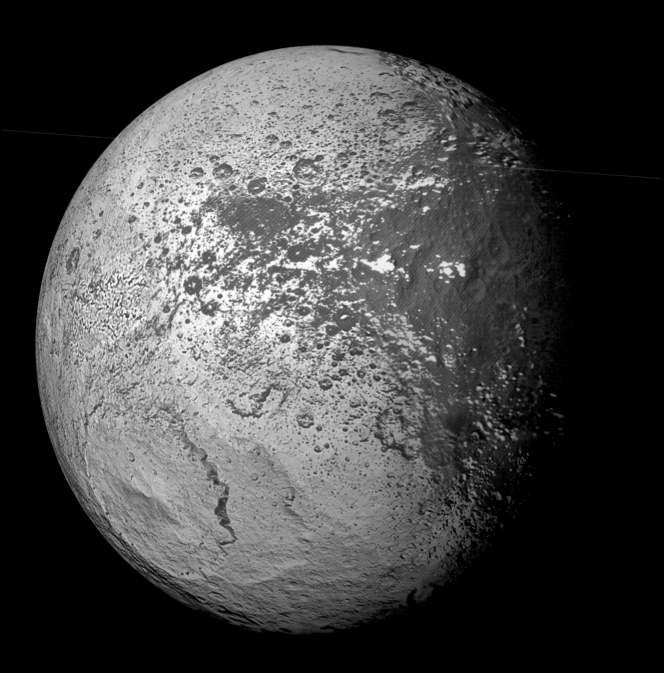

平均密度

| 鐵 | | | | | | 岩石 | | | |
|---|---|---|---|---|---|---|---|---|---|
| 7g/cm³ | 6g/cm³ | 5g/cm³ | 4g/cm³ | 3g/cm³ | 2g/cm³ | | 1g/cm³ | | 0 |

# 雙面天體

1672年，土衛八由在義大利出生的法國籍天文學家喬凡尼・卡西尼（Giovanni Cassini，1625～1712）所發現。在太陽系中，它是最明顯的「雙面」天體（譯註：有些人稱為「陰陽臉」）。

## 軌道特徵

與土星的距離：346萬～366萬公里
公轉週期：79.35個地球日
自轉週期：79.35個地球日
公轉速度：3.2～3.4公里／秒
軌道離心率：0.0286
軌道傾角：15.47度
轉軸傾角：0度

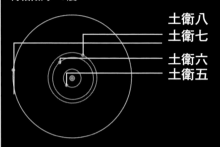

土衛八
土衛七
土衛六
土衛五

## 物理特徵

直徑：1,470公里／地球0.12倍
質量：180萬兆公噸
表面重力：地球0.023倍
脫離速度：0.572公里／秒
表面溫度：凱氏100～130度／
　　　　　攝氏-173～-143度
平均密度：1.020公克／立方公分

德克薩斯州

▼土衛八地圖，依據卡西尼號和航海家任務拍攝的影像所合成。（摩爾魏特投影，地圖正中心為西經180度線位置。）

## 大氣組成

氫：96%
氦：3%
甲烷：0.4%
氘：0.01%
氚化氫：0.01%
乙烷：0.0007%

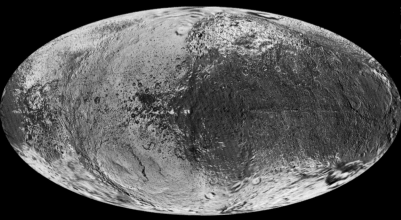

**表面溫度**

| 0 ℃ | 100 ℃ | 200 ℃ | 400 ℃ |

| 0 K | 200 K | 400 K | 600 K | 800 K |

# 揭開雙面神的
# 神祕面紗

在亞瑟‧查理斯‧克拉克的小說《2001太空漫遊》中，土衛八扮演一個很重要的角色，因為在這顆衛星上有一座星際之門。小說中敘述一位現代的旅行者戴夫‧波曼（Dave Bowman），在這裡進入宇宙空間，面對他的命運。

克拉克選擇土衛八的原因，是因為這顆衛星有著截然不同的雙面貌，這兩面的亮度奇妙的相差了10倍。因此很像有人開墾過的地方，似乎非常適合作為外星太空船降落的基地。

這顆衛星之所以會像羅馬雙面神（Janus，一面看過去，一面看未來），歸因於表面上巨大的山脊，山脈延伸了將近三分之一的赤道周長，高度還比地球上的聖母峰高出一倍之多，因此這條山脊的陰影形成深色的那面。

▲土衛八最顯著的特徵，就是有著亮暗差距甚大的兩個半球。由白色冰所形成的岩床，覆蓋掉一些稀疏且附著不牢的深色物質。

位於加勒比海地區波多黎各，阿雷西博天文臺（Arecibo Observatory）的葡萄牙天文學家保羅‧弗萊雷（Paulo Freire）表示，土衛八可能曾磨擦到土星環，就像除草機碰到石頭一樣。當土衛八碰到土星環後，只要3小時就能形成一座5公里高、10公里寬的山脈。

弗萊雷表示，土衛八上的深色物體，可能就是來自土星環上的細小塵埃顆粒。因為當環上物質接觸到這顆衛星時，一些固態物體，例如固態二氧化碳（或稱乾冰）會因為撞擊而快速揮發掉，只留下塵埃粒子。除此之外，高聳的山脊會形成強烈的氣流，將這些塵埃擴散到更廣大的區域，因此就形成了以山脊為中心的深色區域。

如果土衛八確實曾經觸碰到土星環，那麼這顆衛星的軌道位置應是位在行星的環上，就像位於赤道上的山脊一樣。但因為目前土衛八的軌道已經沒有在這個平面上，所以弗萊雷推測這顆衛星，應該是基於某些原因，比如遭受其他衛星的撞擊而移到現在的軌道上。

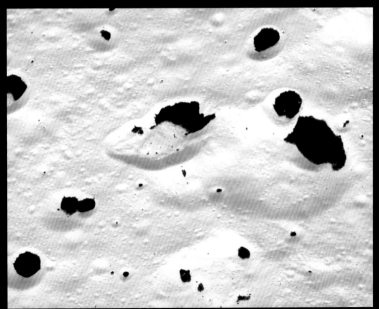

◀往土衛八的北極方向，大部分的深色物體都附著在隕石坑中，面朝南方的坑壁上。至於在越寒冷的地方，這些深色附著物似乎維持的時間越短。

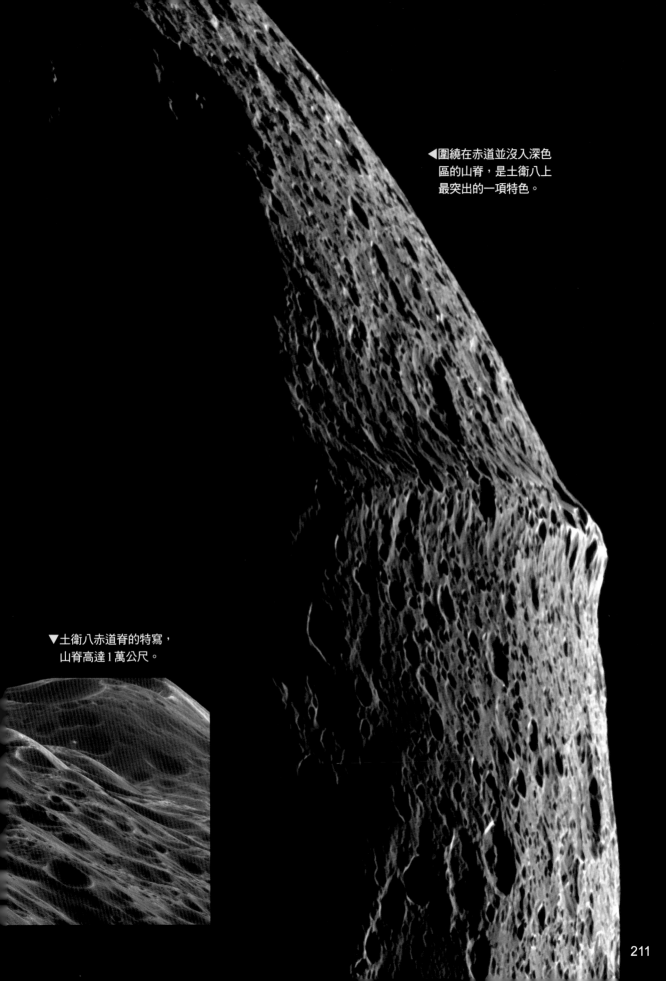

◀圍繞在赤道並沒入深色
　區的山脊，是土衛八上
　最突出的一項特色。

▼土衛八赤道脊的特寫，
　山脊高達1萬公尺。

# 土衛一
## Mimas（米瑪斯）

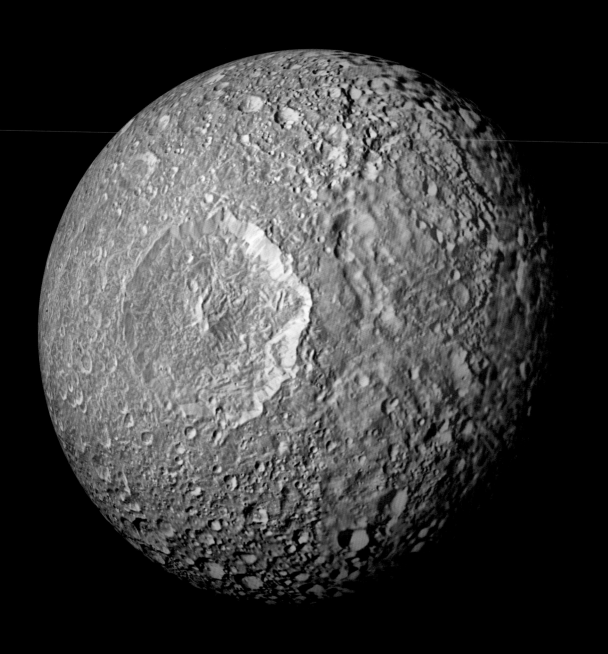

平均密度

| 鐵 | | | | | 岩石 | | ● | |
|---|---|---|---|---|---|---|---|---|
| 7g/cm³ | 6g/cm³ | 5g/cm³ | 4g/cm³ | 3g/cm³ | 2g/cm³ | | 1g/cm³ | 0 |

# 曾受嚴重撞擊的死星

這顆衛星有一張可怕的臉龐，是因為曾遭受撞擊而留下一個巨大的隕石坑，直徑是土衛一的三分之一。想像一下，如果這樣的比例發生在地球，那隕石坑的大小將和大西洋一樣大。

這顆由岩石和冰所組成的衛星常被稱為「死星」，因為它和電影《星際大戰》（*Star Wars*）中的一項終極武器非常相似，這個武器在劇中也設定成和自然衛星一樣大。

在這個小世界中的大隕石坑，常常和火衛一上的斯蒂克尼隕石坑，以及月球上的雨海做比較。因為當天體受到這樣比例的撞擊，卻沒有分解碎裂，是相當不可思議的事情。它是如何辦到的？

**軌道特徵**
與土星的距離：18萬2,000～18萬9,000公里
公轉週期：0.94個地球日
自轉週期：0.94個地球日
公轉速度：14.0～14.6公里／秒
軌道離心率：0.0202
軌道傾角：1.57度
轉軸傾角：0度

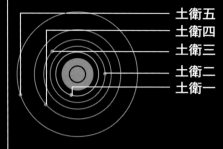

土衛五
土衛四
土衛三
土衛二
土衛一

**物理特徵**
直徑：400公里／地球0.03倍
質量：4萬兆公噸
體積：3,400萬立方公里
表面重力：地球0.007倍
脫離速度：0.163公里／秒
表面溫度：凱氏64度／攝氏-209度
平均密度：1.14公克／立方公分

愛爾蘭島

▼土衛一地圖，依據卡西尼號任務拍攝的影像所合成。（摩爾魏特投影，地圖正中心為西經180度線位置。）

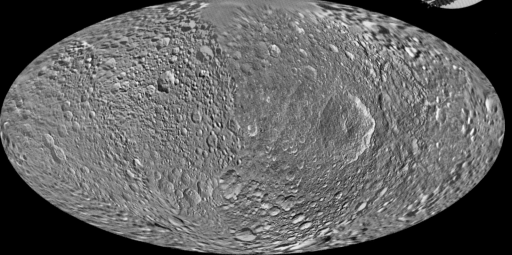

**表面溫度**

| 0 ℃ | 100 ℃ | 200 ℃ | 400 ℃ |
|---|---|---|---|

| 0 K | 200 K | 400 K | 600 K | 800 K |
|---|---|---|---|---|

# 撞出直徑三分之一的隕石坑，所幸沒有粉身碎骨

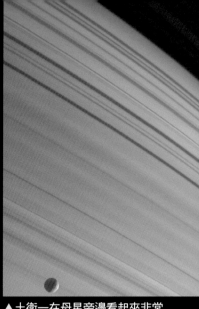

要把一件物體完全分解開，所需要的能量稱作「束縛能」（Binding Energy）。該定義是將某物體所有組成的部分，分離到無限遠所需要的能量。例如若要把地球分解開來所需要的能量，大概是 1,000 兆顆人類試爆過最大的氫彈。

至於一個物體撞擊所產生的能量，主要是來自它的運動（如果你曾經在運動場和別人頭對頭的相撞，那一定對這個敘述有很深的感受）；為了把一個物體擊碎，撞擊能量一定要超過它的束縛能。

一般相信月球的形成，是來自一個和火星差不多大小的天體撞擊地球之後所產生的碎屑，然而，這個天體並沒有把地球撞碎，必然移動的速度得異常緩慢，因此科學家才會認為這顆天體，和地球是在相同的軌道上。

當然，這些遭受撞擊的天體會不會就此毀滅，也要看它是否很脆弱。例如，要將一顆鐵質的衛星撞碎，所需要的隕石速度，是冰質衛星的五分之一。

撞擊坑的大小和撞擊物的動能有關係，所以可以想像一下，能在土衛一上造成衛星直徑三分之一的撞擊坑，大概就能知道這顆隕石有多大。然而，土衛一之所以能夠躲過被粉碎的命運，可能是因為組成成分有效的吸收撞擊的力道，並且將衝擊的能量分散開來。

土衛一，是一顆名副其實的好運衛星。

▲土衛一在母星旁邊看起來非常渺小。在卡西尼號的視野中，土星冬季的半球上出現許多花綵形的條紋，這些條紋就是土星環的陰影。

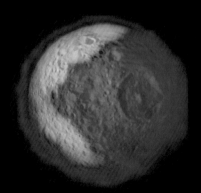

▲熱影像顯示出土衛一表面溫度的落差。在極區和特定的半球，比赤道區的另外一個半球來得溫暖。這種現象可能是因為土衛一表面上，物質組成的熱容量不同，所導致的結果。

▼從土星環陰影處拍攝的土衛一影像，另外一顆較小而不規則的天體，是在背景中的土衛二。

▼這些來自不同行星的衛星，共同特點是都有比例上相對巨大的撞擊坑。土衛一的赫歇爾撞擊坑直徑達130公里，大於衛星尺寸的四分之一。

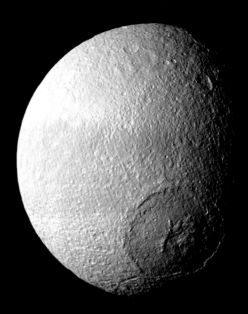

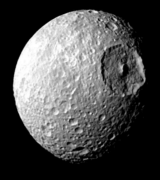

▲火衛一的直徑26公里，上方的斯蒂克尼撞擊坑寬達9公里。

▲土衛一的直徑398公里，表面的赫歇爾撞擊坑寬度有130公里。

▲土衛三的直徑有1,006公里，奧德修斯撞擊坑則寬達400公里。

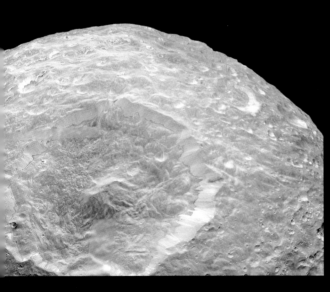

◀這張拼貼出來的彩色細部影像，呈現出赫歇爾撞擊坑（Herschel Crater）上細微的色彩變化。

# 土衛七
## Hyperion（許珀里翁）

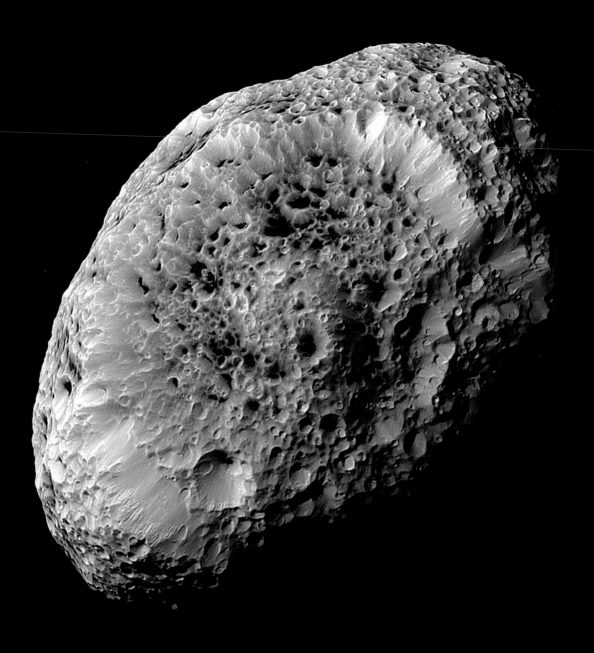

平均密度

| 鐵 | | | | 岩石 | | | 水 | |
|---|---|---|---|---|---|---|---|---|
| 7g/cm³ | 6g/cm³ | 5g/cm³ | 4g/cm³ | 3g/cm³ | 2g/cm³ | 1g/cm³ | 0 |

# 會翻筋斗的衛星

這顆衛星看起來就像火山形成的浮石，確實像是一個在我們洗澡時，可以清除皮膚上汙垢的好幫手，只可惜它是一顆300公里的龐然巨物。

土衛七是太陽系中極為奇特且漂亮的岩石天體，由於它的內部充滿冰和岩石的坑洞，因此密度比較低，所以可能是來自一個受撞擊而粉碎天體的殘骸。不過，外觀不只是土衛七唯一的特色，迄今它還是天空中運行得最古怪的天體。

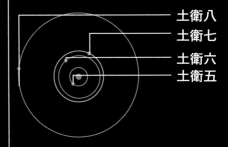

土衛八
土衛七
土衛六
土衛五

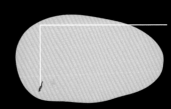

曼哈頓

▼土衛七地圖，依據航海家2號拍攝的影像所合成。
　（摩爾魏特投影，地圖正中心為西經90度線位置。）

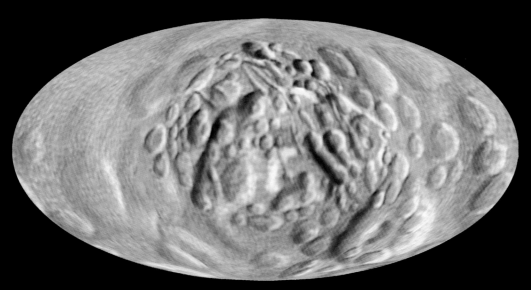

**表面溫度**

0 ℃　　100 ℃　　200 ℃　　　　400 ℃

0 K　　　200 K　　　400 K　　　600 K　　　800 K

# 宛如過動兒：
# 失去控制、無法預測

　　地球在自己的轉軸上，自轉一圈約24小時，並且就像旋轉中的陀螺，轉軸都會固定指向同一個方向。但想像一下，地球現在忽然減速且完全停止轉動，然後每10年就重新開始轉動一次，甚至不斷加速旋轉，最後又開始減速……就這樣維持在一個不可預測的情況中。此時，旋轉軸從固定指向一個方向，忽然變成另外的方向，接著又換了一個方向……直到最後發現它無法預測。地球就像在太空中怪異的歪斜、滾動著。

　　天體不可能有這樣瘋狂的行徑嗎？嗯！事實上是有的。來～土衛七請向前一步，讓觀眾瞧瞧你吧！

　　太陽系中，主要的衛星都是誕生於不同的狀態之下，旋轉的方式都不一樣；但當日子一天一天過去，在那些來自母行星的重力逐漸影響下，不得不繞著行星轉動，最後就像我們的月球一樣，永遠以同一面朝向它的主人。

　　不過，土衛七竟然避開遭受潮汐鎖定的命運，因為它有非常不規則的外型，而且長度幾乎是寬度的2倍；此外，它還受到來自土衛六這顆巨型衛星的重力影響。這兩股力量不斷在土衛七上改變作用，使得這顆衛星變得無法預測，因而無法進入一個平靜且穩定的狀態。

　　1984年，美國行星科學教授傑克・威士登（Jack Wisdom）和他的同事預測到土衛七的運動模式，在本質上就處於失去控制且無法預測的狀態。這項發現，正是太陽系中第一項確定的混沌現象。

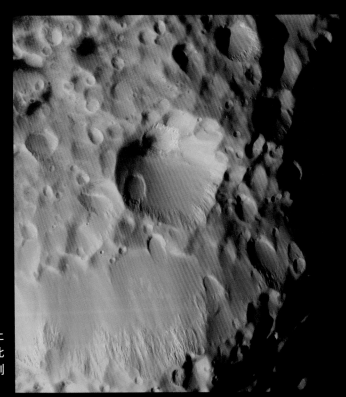

▶ 這張色彩增強的影像中央，是土衛七的美里隕石坑（Meri）。此圖解析度很高，足以讓我們看到100公尺以上的物體結構。

▼ 2005年，卡西尼號探測船首次逼近土衛七。這系列影像呈現的是土衛七在翻筋斗的混亂狀態，是探測船逐漸接近時所拍攝。

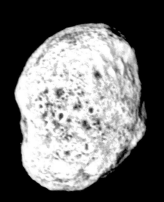

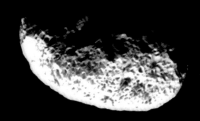

# 最奇特的衛星群：
# 像迷你太陽系、會換位跳舞、
# 捕捉來的衛星

對於所有公轉繞行土星的天體，土衛六就占去了90％的物質，使得其餘的衛星相形之下顯得非常渺小。

土星的衛星大致上可分成3類。

第1類是外圈大衛星，主要形成於塵埃盤面之外，這個盤面上當時行星正持續的在形成中，就如同早期太陽系中不斷形成行星一樣。在此分類中，由土衛四、土衛五、土衛六、土衛九和土衛十三形成一個類似迷你太陽系的系統；就如同太陽系中，木星和特洛伊天體共享軌道，並分別位於木星軌道前方（L4）和後方（L5）60度的位置上，土衛中擁有特洛伊衛星的天體是土衛三和土衛四，分別都有兩顆特洛伊衛星。

第2類衛星的軌道，是介於土星環最內側到最外側的這個區域。這些被稱為「牧羊人」衛星的天體，例如土衛十七（Pandora）和土衛十六（Prometheus），它們的重力對於土星環的結構和塑形，有很重要的影響力。此外，它們的軌道繞行著土星環兩側，也引領環面上的物質維持在狹窄的軌跡上。

最有趣的衛星應當是土衛十（Janus）和土衛十一（Epimetheus），但這兩個天體內外距離僅50公里、幾乎是共用一個軌道運行，卻不會相撞，且每4年就會相互交換位置，在原來對方的軌道上運行。當互換的時候，外圈的那顆衛星會將內圈的衛星向外拉出，而自己則移往內圈，這兩顆衛星會不斷互換位，呈現如同跳舞一樣的行為，這也是目前太陽系中絕無僅有的現象。

第3類衛星的軌道距離土星非常遠，這些衛星的內核可能和彗星相似，因為受到重力影響所以遭到土星捕捉，甚至有些公轉的方向和土星自轉相反。此外，狹長的軌道暗示著它們可能是外來的闖入者，而不是誕生於土星旋轉的塵埃盤面上。

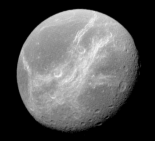
土衛四

土衛五

土衛九

土衛三

▼土星4顆衛星的相對大小。

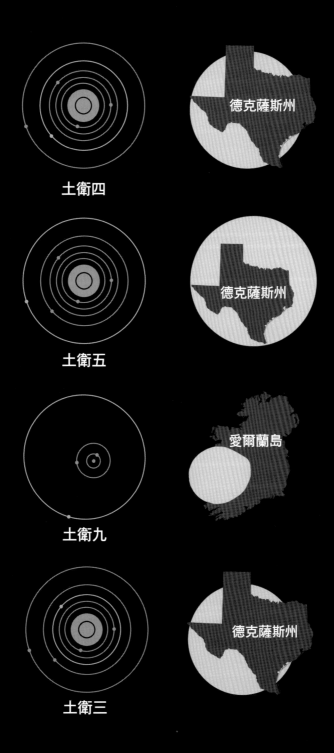

土衛四

德克薩斯州

土衛五

德克薩斯州

土衛九

愛爾蘭島

土衛三

德克薩斯州

# 天王星
## Uranus

平均密度

| 鐵 | | | | 岩石 | | 水 | |
|---|---|---|---|---|---|---|---|
| 7g/cm³ | 6g/cm³ | 5g/cm³ | 4g/cm³ | 3g/cm³ | 2g/cm³ | 1g/cm³ | 0 |

# 赤道在南北的行星

　　天王星，是太陽系內第七顆行星，和太陽的距離是地球到太陽的17倍。如同木星和土星，天王星也是一顆氣態巨型行星，只是比前面兩顆小了一點，而且顏色也不一樣。古代的星象學中，並未提起或預測到它的存在，因此它的發現曾經轟動一時。

## 軌道特徵
**與太陽的距離**：27億5,000萬～30億公里／
　　　　　　　13.85～20.02天文單位
**公轉週期（行星上的一年）**：84.32個地球年
**自轉週期（行星上的一天）**：17.24小時
**公轉速度**：6.51～7.09公里／秒
**軌道離心率**：0.0429
**軌道傾角**：0.77度
**轉軸傾角**：97.92度

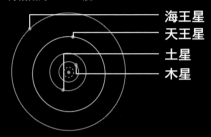

海王星
天王星
土星
木星

## 物理特徵
**直徑**：5萬1,118公里／地球4倍
**質量**：860億兆公噸／地球14.5倍
**體積**：69.9兆立方公里／地球63倍
**重力**：地球0.903倍
**脫離速度**：21.267公里／秒
**表面溫度**：凱氏59～68度／
　　　　　　攝氏-214～-205度
**平均密度**：1.290公克／立方公分

地球

## 大氣組成
**氫**：83%
**氦**：15%
**甲烷**：1.99%
**氘化氫**：0.019%
**乙烷**：0.00025%

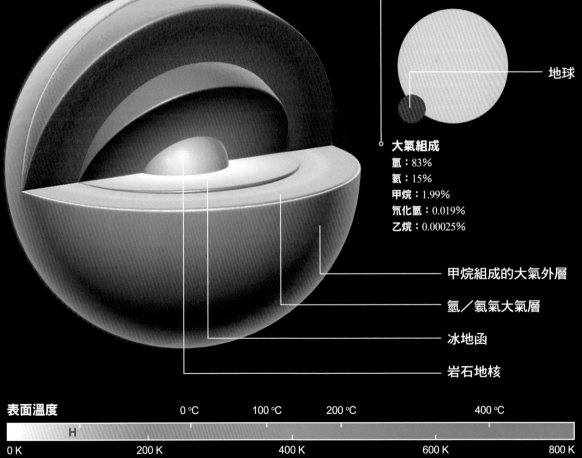

甲烷組成的大氣外層

氫／氦氣大氣層

冰地函

岩石地核

**表面溫度**

0 ℃　　100 ℃　　200 ℃　　　　400 ℃

H

0 K　　　200 K　　　400 K　　　600 K　　　800 K

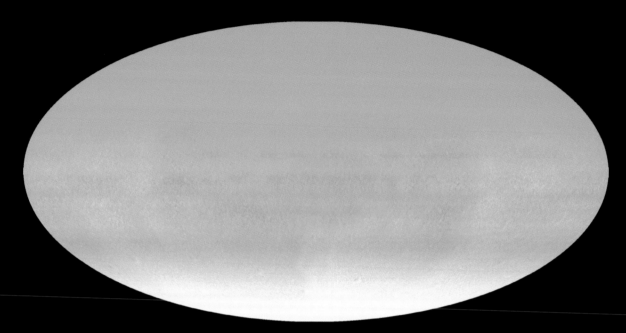

▲天王星地圖，依據航海家2號拍攝的
　影像所合成，航海家探測船只有拍攝
　南半球的影像。（摩爾魏特投影。）

▲天王星在可見光波段下，
　幾乎是平淡無奇的天體。
　因為紅色光譜被甲烷吸收
　而呈現藍綠色。

▲增強處理影像的對比之後，
　天王星的大氣層外圍有明顯
　的亮暗變化，並且可以見到
　南極有較明亮的區域。

▲在結合了可見光影像和紫
　外線影像之後，天王星從
　赤道區到極區呈現出明顯
　的色彩變化。

▲ 2005 年的影像，經過增強對比和亮度的處理後，
顯現出天王星外側的行星環。

▶ 1986 年，經由長時間曝光航海家 2 號所
拍攝的影像，其中有 9 個環是當時已知
的天王星環。（目前為止，大致上分成
13 環。）

▶ 當航海家 2 號經過天王星系統時，
發現一條新的環與塵埃的軌跡。

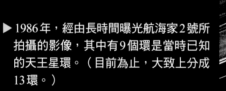

◀ 行星環的側向，拍攝於 2007 年，天王星位於晝
夜平分點（春分或秋分）的時候。為了完整呈
現天王星的內外側行星環，拍攝過程經過長時
間的曝光。

# 改了三次名：
# 喬治→赫歇爾→烏拉諾斯

1757年，德國自由音樂家威廉·赫歇爾（William Herschel，1738～1822）那年19歲，移居到英國的巴斯，這個城市是羅馬人為了溫泉而建立的城鎮。

赫歇爾是一位管風琴手，可是也醉心於天文學，而且他擁有當時最好的天文望遠鏡。1781年3月13日，赫歇爾拿著他最新型的望遠鏡往天空搜尋，忽然間，一顆模糊的亮點透過目鏡映入他的眼簾。起先，赫歇爾以為那是一顆彗星，但經過連日的觀察，他發現這顆亮點經過了雙子座，他便明白這光點並非一顆軌道狹長的彗星，而是一個軌道近乎圓形的行星。

▲赫歇爾雖然是一名管風琴家，但仍騰出時間尋找到天王星。

赫歇爾把這顆行星命名為喬治（喬治之星），這是為了感念贊助他的英國國王喬治三世。但法國不接受這個名稱，轉而命名為赫歇爾，以紀念發現者。命名的爭議最後由法國天文學家傑羅姆·拉朗德（Jérôme Lalande，1732～1807）解決，他將該行星命名為烏拉諾斯（Uranus），這個名稱來自於希臘神話中，代表天空和希望的神，也是羅馬神話中農神薩圖爾努斯（Saturn）的父親。

這顆新行星的發現，在國際間轟動一時，因為它和太陽的距離是土星到太陽的2倍，是當時最遙遠的行星。赫歇爾的這項發現一夕之間，將人類知識中太陽系的大小擴展成原先所知道的2倍。不過其實這顆天體早在近一個世紀以前，就已經被英國天文學家約翰·佛蘭斯蒂德（John Flamsteed，1646～1719）看到，只可惜，他將天王星誤認為一顆恆星。

赫歇爾製造出許多傑出的望遠鏡，但要發現天王星的特點，人類還需要更好的儀器。

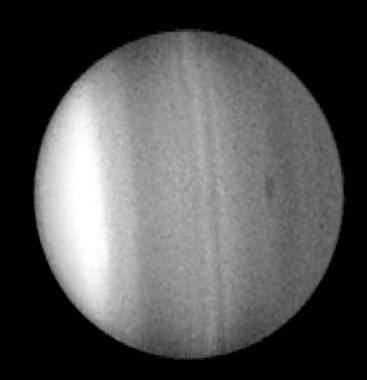

▶2006年，由哈伯望遠鏡拍攝南半球，北半球則是航海家2號在1986年時所拍攝，顯示當天王星接近晝夜平分點時，南半球附近的白色區域正在逐漸向北移動。

# 唯一躺著滾的行星

包括地球在內的大部分行星，都是站著──也就是赤道面大致上與行星公轉平行。多數的行星自轉的方向和公轉一樣，但其中的例外是上下顛倒的金星，它的自轉方向和公轉相反（譯註：名副其實的太陽打從西方升起）；另外一個例外則是天王星，它的自轉軸幾乎是在公轉的平面上，看起來就像一顆在地上滾動的球。因為這樣，天王星北半球有42年的時間都會面向太陽，但之後的42年則維持在黑夜之中。

據推測，天王星可能遭受過和地球尺寸相似的天體撞擊，這些經過天王星的大型天體，在太陽系形成的最後階段經常出現。然而這樣的推測，無法解釋為何天王星的所有衛星也跟著它一起傾斜，也就是衛星繞著母星的赤道運行。因為就算只有一次的碰撞，並不會將所有衛星的軌道也一起改變。

2009年，來自巴黎天文臺的桂尼葉·布耶（Gwenaël Boué）和雅克·拉斯卡（Jacques Laska）提出另外一種看法。他們指出在原行星盤面上的初期天王星，受到重力的作用而產生晃動，就像不穩定的陀螺一樣，它的轉軸會不斷改變方向。若這個時候的天王星，有一顆相當於自身10%質量的衛星繞行，那麼這顆衛星會加劇天王星的晃動，最後使得天王星的自轉軸幾乎和黃道面平行，此時其他衛星還沒有產生。

那麼這顆巨大的衛星到哪去了呢？桂尼葉和雅克認為，當原始行星盤面和天王星摩擦後，造成天王星在原行星盤面上遷徙。最後，這顆巨型衛星就在這過程中，遭到其他大型行星捕捉。

▲顯示天王星北半球發生的風暴，以及主要的行星環。

▲地球上的望遠鏡藉由電腦控制的調適光學，可以取得驚人的高解析度影像。

▶藉由合成紅外線中不同波段的影像，顯示出天王星呈側向的環，而環之所以比行星還要明亮，是因為使用K波段（譯註：約2,200奈米的波長）濾鏡拍攝的結果。

# 天衛五
# Miranda（米蘭達）

天衛五是一顆直徑約470公里的小型冰
質衛星，看起來就像一顆拼裝出來的天體，
並有著奇特的表面。

**平均密度**

| 鐵 | | | 岩石 | | | 水 | |
|---|---|---|---|---|---|---|---|
| 7g/cm³ | 6g/cm³ | 5g/cm³ | 4g/cm³ | 3g/cm³ | 2g/cm³ | 1g/cm³ | 0 |

# 被敲碎後，
# 再拼裝起來？

　　沒有人看過衛星長成這個樣子。冰凍的表面上，混雜著各種不同的地形，看起來就像一顆被人用槌子敲碎，然後再胡亂黏合起來的天體。

　　然而，天衛五本來並不在NASA探測船要去拜訪的名單中，因為航海家2號需要藉由接近這顆衛星來增加自己的速度，以便航向海王星。這樣類似彈弓彈射的方式，使得探測船的「彈道」必須靠近天王星最內側的衛星——天衛五，也因此使人類幸運的可以看到這顆奇特的衛星。

　　沒有一位盯著螢幕看的行星科學家，在看到當時探測船傳回來的影像後能夠馬上提出解釋，因為這顆衛星，把他們給打敗了！哈哈！

　　剛開始他們相信自己的第一印象，就是這顆衛星曾經遭遇過嚴重的撞擊。科學家當時認為天衛五確實曾經碎裂，之後才逐漸凝聚起來，變回一顆衛星。但這樣的劇本不太可能會發生，因為這樣的撞擊要大到能把衛星擊碎，卻又要小到讓碎塊只是緩慢的分開，再藉由碎塊之間的重力重新聚集。

　　現在的行星物理學家偏好另外一個劇本，他們認為造成天衛五有著混亂表面的原因，是來自於天王星潮汐效應所產生的熱能。在長時間的熱作用下，最後使得冰和碎片的混合物湧出到表面。

　　但這些都尚未成為定論，要了解實際上的成因，科學家還有很長的一段路要走。

## 軌道特徵
**與天王星的距離**：12萬9,000～13萬公里
**公轉週期**：1.41個地球日
**自轉週期**：1.41個地球日
**公轉速度**：6.5～7.1公里／秒
**軌道離心率**：0.0013
**軌道傾角**：4.23度
**轉軸傾角**：0度

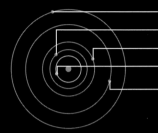

————天衛四
————天衛一
————天衛二
————天衛五
————天衛三

## 物理特徵
**直徑**：472公里／地球0.04倍
**質量**：6.59萬兆公噸
**體積**：5,500萬立方公里
**表面重力**：地球0.008倍
**脫離速度**：0.193公里／秒
**表面溫度**：凱氏50～86度／
　　　　　　攝氏-223～-187度
**平均密度**：1.150公克／立方公分

愛爾蘭島

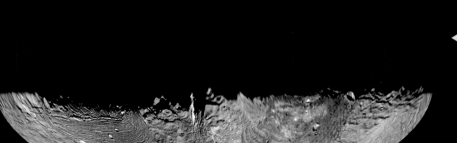

◀天衛五地圖，依據航海家2號拍攝的南半球影像所合成，因此北半球呈現無影像的狀態。（摩爾魏特投影，地圖正中心為子午線位置。）

**表面溫度**

| 0℃ | 100℃ | 200℃ | 400℃ |

| 0 K | 200 K | 400 K | 600 K | 800 K |

# 拋開神話，用文豪筆下的人物命名

　　截至目前，NASA最新的資料顯示，天王星總共有27顆已知的衛星。但不同於其他以古典神話命名的太陽系天體，天衛是以英國文豪威廉‧莎士比亞（William Shakespeare，1564～1616）和英國詩人亞歷山大‧蒲柏（Alexander Pope，1688～1744）作品中的人物來命名。例如，天衛四（奧伯龍，Oberon）和天衛十五（波克，Puck），都是來自莎士比亞的著名戲劇《仲夏夜之夢》；天衛一（艾瑞爾，Ariel）和天衛二（烏姆柏里厄爾，Umbriel），則是來自於蒲柏的詩〈秀髮劫〉中的精靈名字。

▼這張紅外線的影像，可以見到天王星和它的7顆衛星，在這個波段中的衛星和天王星環，則顯得比母行星還要明亮。

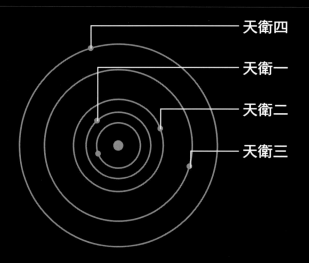

- 天衛四
- 天衛一
- 天衛二
- 天衛三

▼天王星與4顆最大的衛星。由右到左依序是：天衛三、天衛一、天衛五和天衛二。

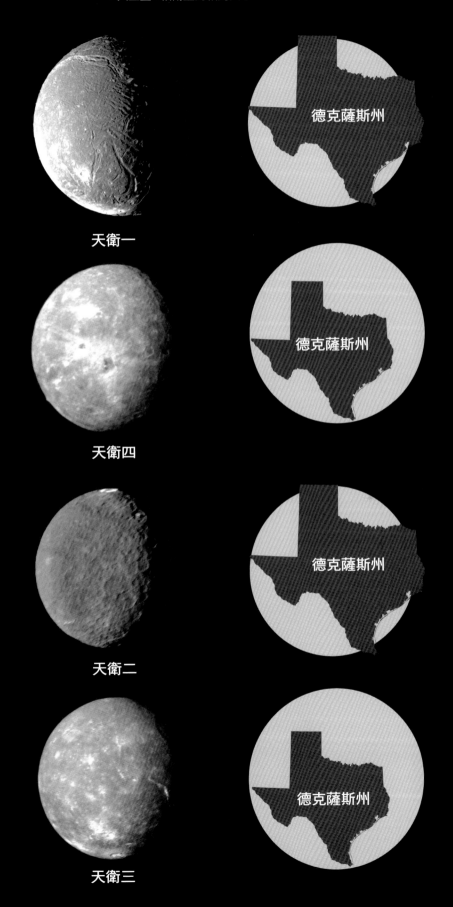

▼天王星4顆衛星的相對大小。

天衛一

德克薩斯州

天衛四

德克薩斯州

天衛二

德克薩斯州

天衛三

德克薩斯州

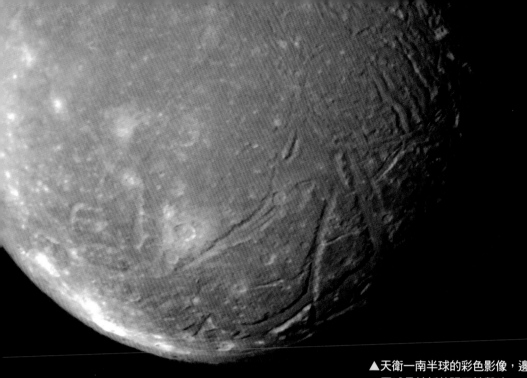

▲天衛一南半球的彩色影像，邊緣明亮
區域是較新的隕石撞擊坑。

▼1986年，由航海家2號拍攝，
是目前天衛五最佳的彩色影像。

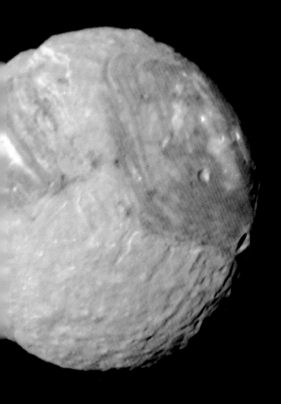

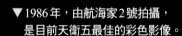

▲哈伯望遠鏡所拍攝的紅外線影像，
顯示出天衛一的影子正好投影到天
王星的表面上。

# 大衛星消失之謎：被大行星拐走了？

　　天王星的衛星大致上可以和土星一樣，分成3類。其中，最內層的衛星和行星環有關聯，不過這裡的衛星相對上都很小，主要是由航海家2號發現。人類目前為止唯一一艘經過天王星的也是航海家2號，在1986年1月24日時經過這顆行星。

　　天王星環和內側的衛星，主要的組成成分都是深色且沾滿塵埃的物質。這樣的特色，暗示著這些物質的來源是一顆破碎的衛星，其破碎的原因是這顆衛星漂移到離天王星太近的地方，被重力撕碎而散落成天王星環。此外，天衛二十六（Mab）也持續供應新的塵埃物質，給天王星環上的其中一環。

　　相較之下，天王星最外側的9顆衛星可能是外來的天體，因為它們太靠近這顆行星而受到重力捕捉，變成週期性繞行天王星的衛星。

　　至於介在兩者之間的第三類衛星，就是天王星最大的衛星。據信它們是在天王星的形成初期，誕生在圍繞這顆行星的塵埃中，就如同原始行星在太陽系的塵埃盤面上凝聚而成一樣。其中最大的衛星是天衛四，但大小不到月球的一半，這個現象一直困擾著科學家，因為實驗室模擬出來的結果，天王星應該要有更巨大的衛星。為什麼天王星不能像木星、土星和海王星一樣，擁有巨大的衛星？

　　這個謎可能的解釋是：天王星的巨型衛星曾經存在過，但後來卻被其他大型行星帶走。事實上，這類理論剛好可以用來解釋，為何天王星的自轉軸會這樣傾斜。

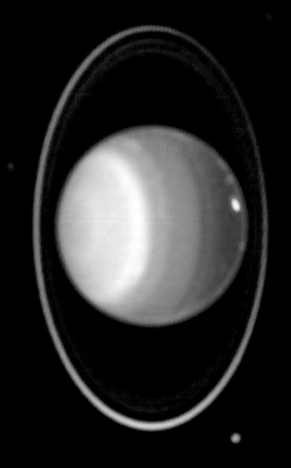

▶天王星北半球的一些雲，在紅外線影像中顯得特別明亮。圖中也可見到四層主要的天王星環，以及天王星27顆衛星中的10顆。

# 海王星
# Neptune

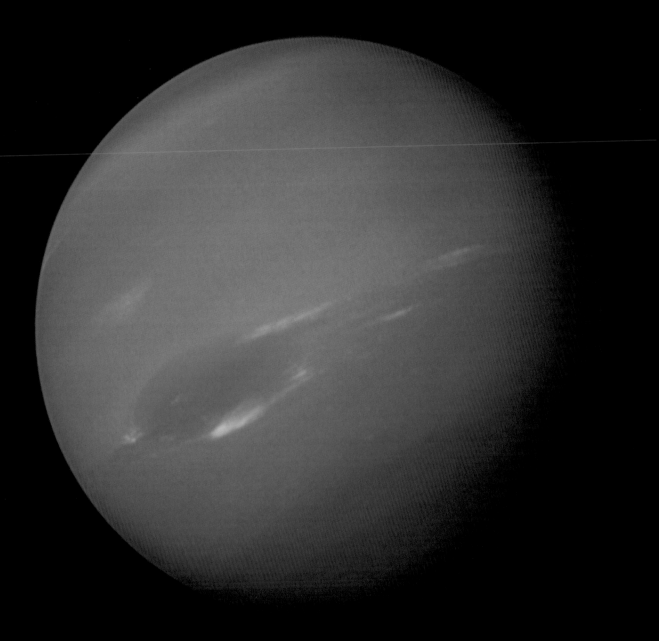

**平均密度**

| 鐵 | | | | 岩石 | | | ● | 水 | |
|---|---|---|---|---|---|---|---|---|---|
| 7g/cm³ | 6g/cm³ | 5g/cm³ | 4g/cm³ | 3g/cm³ | 2g/cm³ | 1g/cm³ | | | 0 |

# 數學天才的
# 偉大天文發現

　　海王星是太陽系中第八顆行星，由於冥王星遭到降級，所以海王星是太陽系中最外圍的行星。

　　如同天王星一樣，古代人完全不知道海王星的存在，一直到進入望遠鏡時代才有機會觀察到這顆行星。但在實際看到它之前，人類已藉由成功的牛頓力學，預測到這顆太陽系中的第二顆「藍色行星」。

## 軌道特徵

**與太陽的距離**：44億5,000萬～45億4,000萬公里／29.75～30.35天文單位
**公轉週期（行星上的一年）**：165個地球年
**自轉週期（行星上的一天）**：16.1小時
**公轉速度**：5.4～5.5公里／秒
**軌道離心率**：0.01
**軌道傾角**：1.77度
**轉軸傾角**：28.8度

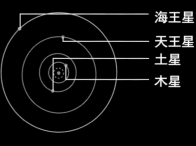

海王星
天王星
土星
木星

## 物理特徵

**直徑**：4萬9,528公里／地球3.88倍
**質量**：1,020億兆公噸／地球17倍
**體積**：62兆立方公里／地球58倍
**平均密度**：1.640公克／立方公分
**重力**：地球1.137倍
**脫離速度**：23.491公里／秒
**表面溫度**：凱氏55～72度／攝氏-218～-201度

地球

## 大氣組成

**氫**：80%
**氦**：19%
**甲烷**：1.5%
**氘化氫**：0.019%
**乙烷**：0.00015%

高空甲烷冰雲
氫與氦組成的大氣層
冰質地函
岩石地核

**表面溫度**

0 ℃　　100 ℃　　200 ℃　　400 ℃

0 K　　200 K　　400 K　　600 K　　800 K

# 看不到，不表示不存在的「黑暗物質」

　　宇宙中，大部分存在的是看不見且黯淡的物質，我們唯一能夠知道這些物質存在的方式，是當它們和會發光的天體或星系，因為重力相互拉扯而造成移動，才能推測它們的存在。海王星，曾經就是一種「黑暗物質」。

　　19世紀初，天文學家已經能夠精確觀測天王星，同時能計算，並且在天空中預測天王星只受太陽影響的位置（譯註：不考慮其他行星重力的影響）。然而，實際觀察到的位置卻和理論有所偏差，誤差的數值甚至會隨著時間不斷變大。

　　因此，天文學家開始懷疑在天王星之外，應該還有一顆天體，藉由重力互相拉扯，導致天王星位置在理論和觀測之間的偏差。

　　1841年，英國年輕的數學天才——約翰·柯西·亞當斯（John Couch Adams，1819～1892）藉由精密的計算推論出，這種現象必須有一顆行星存在天王星的外圍才能成立。於是，1845年，他將此結果提交給英國皇家天文學家喬治·比德爾·艾里爵士（Sir George Biddell Airy，1801～1892），但艾里並未重視這項推論。

　　同時，法國天文學家奧本·勒維耶（Urbain Le Verrier，1811～1877）也將類似但獨立的計算結果，送交給巴黎天文臺的臺長，但同樣受到冷落的命運。於是急切想知道結果的勒維耶，便將他所推算出這顆行星可能的位置，送交給德國柏林天文學家約翰·格弗里恩·伽勒（Johann Gottfried Galle，1812～1910）。於是，在1846年的9月23日，這位德國天文學家依照勒維耶的計算找到了海王星。

　　可以預料的是大家開始爭論，究竟首先發現海王星的是英國還是法國，但當亞當斯和勒維耶終於見面後，卻變成了非常好的朋友。如今在歷史上，他們被視為共同的發現者。

　　重力理論在發現海王星上，是一個偉大的功臣，因為它不只代表牛頓定律能夠解釋我們所看到的現象，更可以預測那些看不到的部分。

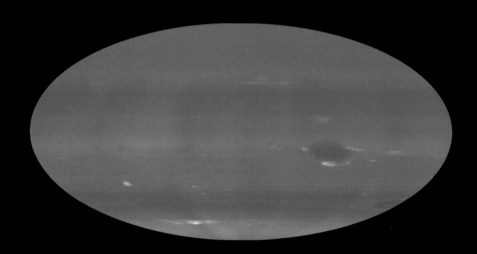

▲海王星地圖，依據航海家2號拍攝的影像所合成。（摩爾魏特投影地圖。）

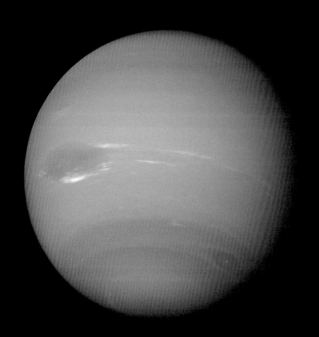

▶ 1989年，由航海家2號所拍攝，
是人類目前擁有最清楚的海王星
影像。

▼航海家號所拍攝的2張影像中，顯示出海王星周圍黯淡
的行星環系統。圖中間缺少的部分，是為了避開長時間
曝光而過度明亮的海王星。

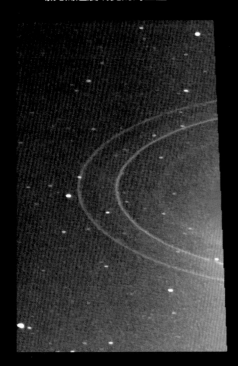

▶壯麗迷人的巨型氣態行星：木星、
土星、天王星與海王星。

# 行星的臉色，由誰來決定？

　　「地球這顆行星好藍好藍，我卻只能靜靜的看……」（Planet Earth is blue. And there's nothing I can do...）這是英國搖滾音樂家大衛・鮑伊（David Bowie）在這首〈太空怪人〉（Space Oddity）所唱的歌詞。

　　從太空看地球的確是藍色（藍綠色），這是因為地球上有三分之二的表面被水覆蓋，由於太陽的白光是由各種像彩虹顏色的光所組成，因此當太陽光照射到海洋後，除了藍綠色的光會反射出去之外，海水吸收其餘全部的顏色。地球是如此，那麼其他的行星，例如海王星是怎麼回事呢？

　　影響行星顏色的原因很多，大致上是因為行星表面的反射光，就是行星的顏色。因此對於沒有大氣層的行星，或沒有像地球這樣適當的大氣層的行星，那麼它的顏色就是地表的顏色；另外一種有濃厚大氣層的行星，它的顏色就是大氣層氣體的顏色。

　　海王星之所以是藍色，是因為大氣層中含有少量的甲烷，會吸收來自太陽的紅光，並將藍色的光反射回太空。

　由於天王星的甲烷含量更為稀薄，所以就呈現更淺的淡藍色或藍綠色。

　至於木星上的橘色地帶，是因為含有硫化銨；白色區域，則是因為含有氨而導致的顏色差異。

　此外，土星展現出來的土黃色，是因為大氣中含有氨所形成的冰晶。

　我們再看看，地球上由水蒸氣所形成的雲，雲中所含的水滴和冰晶會散射陽光中所有的顏色，因此無論從太空還是地球上看，都是白色的雲。

　另外，金星上濃密的硫酸雲會反射太陽光裡的黃色光，所以這顆行星所呈現的是黃色。

　對於沒有大氣層的行星，例如水星來說，它的顏色就是表面灰色的岩石。

　還有，火星之所以呈現紅色，是因為它表面有紅褐色的鐵鏽，鐵鏽會反射太陽光中所含的紅光，讓火星看起來如此火紅。

◀海王星上明亮的長帶狀雲層，
比一般雲層的位置還高，並且
沿著緯度線方向分布。

# 至今未解的謎團──
# 「大黑斑」、「滑行車雲團」

太陽系最特別的地方，就是它不斷帶給我們驚奇的事物。來自太陽的熱能形成地球上的風，所以大家都會單純認為，離太陽越遠的行星，它的氣候就會越平靜且平淡無奇。但事實卻完全不是如此，海王星是距離太陽最遙遠的行星，可是在這片超級冷的世界中，卻有著不斷怒號的狂風，而且風速可以高達每小時2,000公里，是地球上曾經記錄過最大風速的6倍。

海王星擁有極端活躍的大氣。當NASA的航海家2號在1989年8月25日飛越過海王星時，所拍攝到的大黑斑，震驚了一群行星科學家。這個在南半球肆虐的風暴，也讓人聯想到木星的大紅斑。此外，在大黑斑旁邊有一個不規則的白色雲團，由於它以高速在滑行，所以在發現之初就暱稱為「滑行車」（Scooter）。

但當哈伯太空望遠鏡，在5年之後再次觀測海王星時，大黑斑已經消失不見，北半球卻形成了新的黑斑。

在木星上，這些驅使大氣流動的能量來自木星內部，這是因為當重力將木星內部逐漸聚集時，會轉變成熱能。然而，科學家並未發現海王星內部的凝聚，所以造成大氣運動的力量，仍然有許多未知的原因。其中一個可能的解釋是認為，當較重的液體沉入行星的內側時，把重力的能量轉變成熱能，就像沙拉盤上面的醬汁，因為振動而往下聚集一樣。

那真相究竟是什麼？對目前的科學家來說，這顆行星的能量來源，仍然是太陽系內無法解釋的謎團之一。

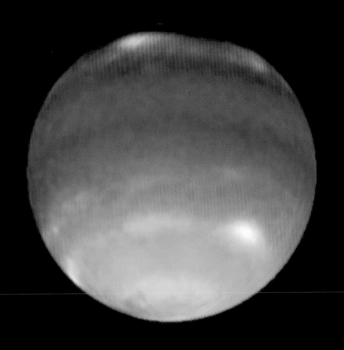

◀藉由不同波段的影像可以呈現出海王星的大氣特徵，其中白色部分是高空的雲層，黃、紅色則是位於更高的雲層。

▶海王星南半球的投影圖，顯示較明亮的南極被一圈深色的區域圍繞著。大黑斑則位於南方25度的地方，距離南極2萬8,000公里。

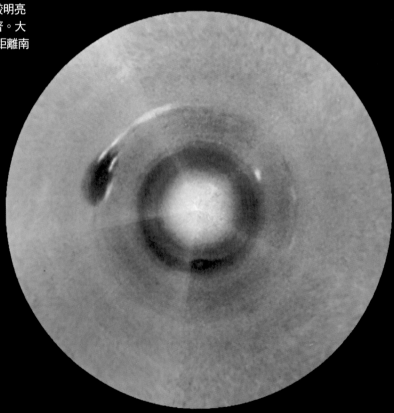

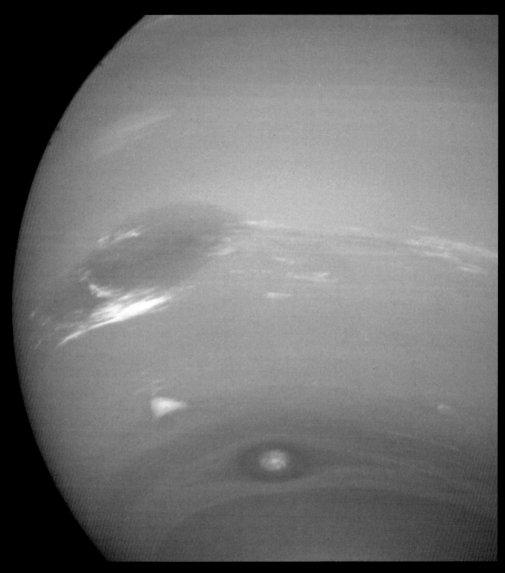

▲在航海家號接近海王星的期間，拍攝到不少這顆行星的特徵：大黑斑和周圍的白色雲團；小黑斑與上方的白色雲團核心；在大小黑斑之間，稱為「滑行車」的白色高速運動雲團。

# 海衛一
## Triton（崔頓）

▲海衛一地圖，依據航海家2號拍攝
的影像所合成，但只拍到南半球的
影像。（摩爾魏特投影，地圖正中
心為子午線位置。）

平均密度

| 鐵 | | | | 岩石 | | ● | | 水 | |
|---|---|---|---|---|---|---|---|---|---|
| 7g/cm³ | 6g/cm³ | 5g/cm³ | 4g/cm³ | 3g/cm³ | 2g/cm³ | 1g/cm³ | 0 |

# 在軌道上走錯了方向

　　海衛一是一顆奇特又難以捉摸的天體。1989年8月25日，NASA的探測船航海家2號飛掠過這顆巨大衛星時，發現上面竟然有噴泉將物質噴射到太空中。

　　這顆衛星的大小是月球的三分之二，組成成分是冰和岩石。由於最近在土衛二上發現噴泉，使得海衛一的噴泉相形失色。

　　但此時，科學家感覺到它不同於土衛二或木衛一，海衛一不是因為潮汐作用而使得衛星的內部受到加熱，反而是因為受到太陽光的照射，使得它極冠的固態氮下方吸收了能量。當這些固態氮轉變成氮氣後，會順著地表冰層的裂縫往太空噴去，在噴出物質受到稀薄的風吹而偏斜之前，噴出的高度可以達到8公里。

　　但海衛一最令人訝異的地方不在於它的噴泉，而是它的來源。

## 軌道特徵

與海王星的距離：35萬5,000公里
公轉週期：5.88個地球日
自轉週期：5.878個地球日
公轉速度：4.4公里／秒
軌道離心率：0
軌道傾角：156.89度
轉軸傾角：0度

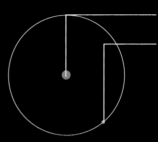

海王星
海衛一

## 物理特徵

直徑：2,707公里／地球0.21倍
質量：2,100萬兆公噸／地球0.004倍
體積：104億立方公里／地球0.01倍
表面重力：地球0.08倍
脫離速度：1.453公里／秒
表面溫度：凱氏38度／攝氏-235度
平均密度：2.054公克／立方公分

德克薩斯州

## 大氣組成

氮：99.999%
一氧化碳與甲烷：0.001%

---

**表面溫度**

| 0 ℃ | 100 ℃ | 200 ℃ | 400 ℃ |

| 0 K | 200 K | 400 K | 600 K | 800 K |

# 被冥王星甩了的情人？

　　它從夜晚中航行出來，完全就像一列特快車一樣……這樣的景色並不是來自一個，而是一對受到重力作用的天體，它們在受到海王星的重力影響之後，其中一個朝向無垠的太空飛去，另外一個就永遠被這顆行星困住。

　　這是海王星捕捉海衛一的方式嗎？如果是，那就能夠解釋這顆衛星獨特的軌道。在太陽系所有大型的衛星當中，就只有海衛一在軌道上走錯了方向，也就是說它繞著海王星公轉的方向，和海王星的自轉方向相反。

　　這是一件奇特的現象，因為一般相信行星的大型衛星，都是在太陽系早期的原始行星盤面上，和母行星一起形成，所以這些衛星公轉的方向，會和母行星的自轉方向相同。只有少數後來「捕捉」的小型衛星會有「逆行」的狀況，因為這些小衛星的前身，可以從任何方位接近後來的母行星。因此，海衛一顯然是一顆被捕捉而來的大型衛星。

　　當海王星形成不久後，有很多機會和柯伊伯帶天體（KBOs）接觸，因此，海衛一可能是來自柯伊伯帶天體。但問題是這麼重的天體要遭海王星捕捉，必須移動得非常緩慢，然而，天體不太可能在這樣低速的情況下運行。

　　不過，如果當時接近海王星的不是一顆，而是一對天體，又會如何呢？英國物理學家克萊格・艾格（Craig Agnor）與美國天文學教授道格拉斯・漢彌頓（Douglas Hamilton）提出了一種可能的方式來解釋海衛一的由來。

　　藉由電腦模擬的結果顯示，當一對小天體和海王星遭遇而形成三體運動之後，這個雙天體系統的其中一顆，會將速度轉移給另外一顆，因此速度變慢的那顆就是現在的海衛一，而另外一顆則會被高速拋離這個三體運動的系統。

　　目前已知的柯伊伯帶天體中，許多都是雙天體系統，這似乎也意味著軌道和海王星有交錯的冥王星，在體型又和海衛一相差不遠的情況下，有沒有可能海衛一和冥王星曾經是一對雙天體系統呢？

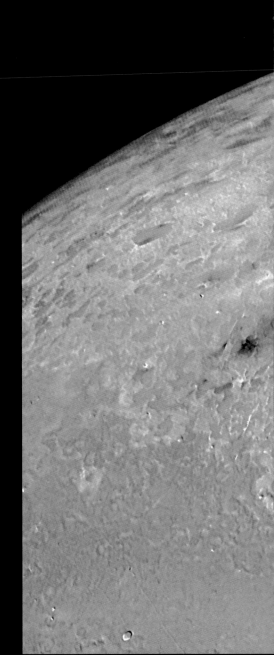

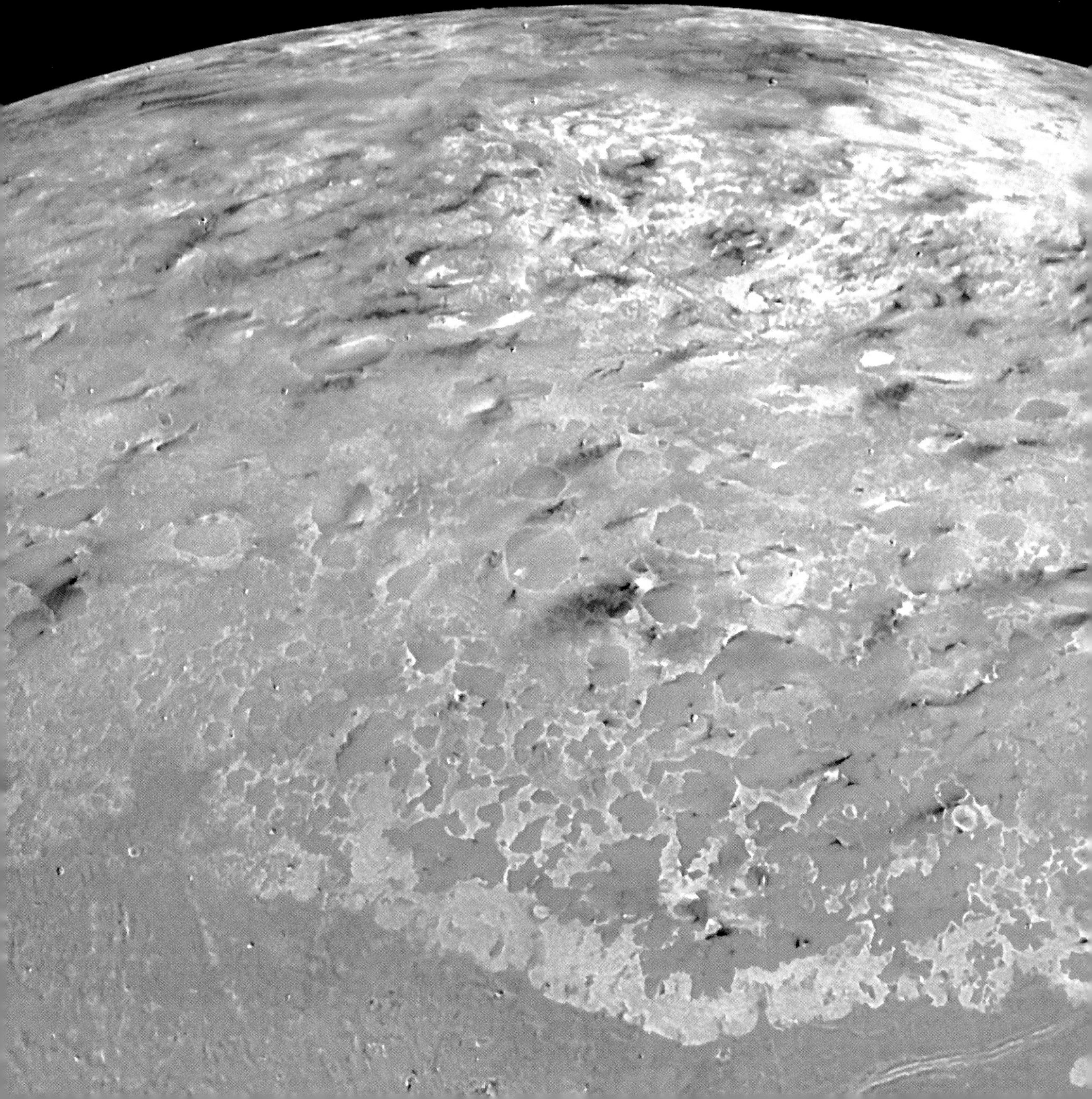

# V. 柯伊伯帶
# Kuiper belt

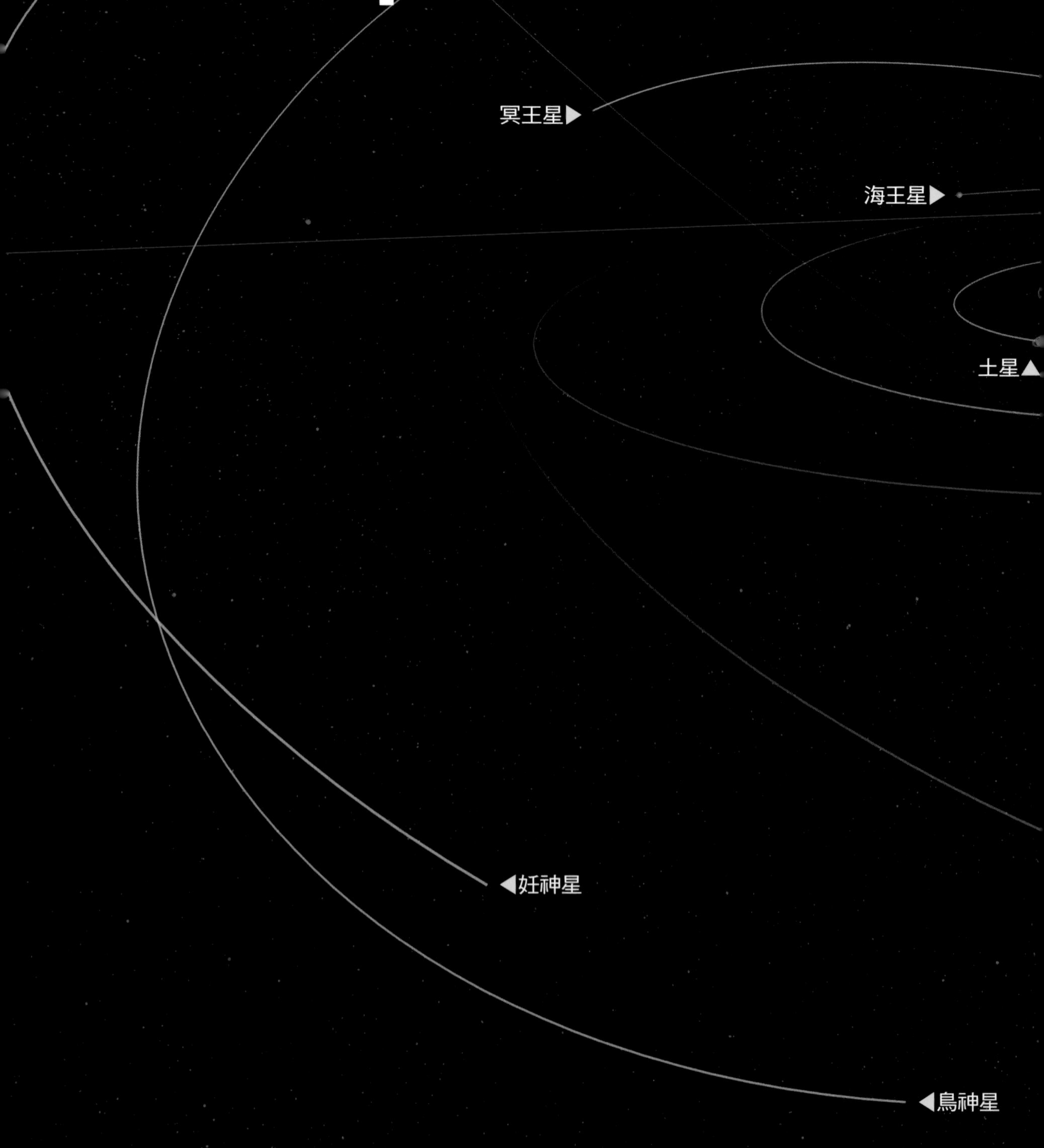

冥王星▶

海王星▶

土星▲

◀妊神星

◀鳥神星

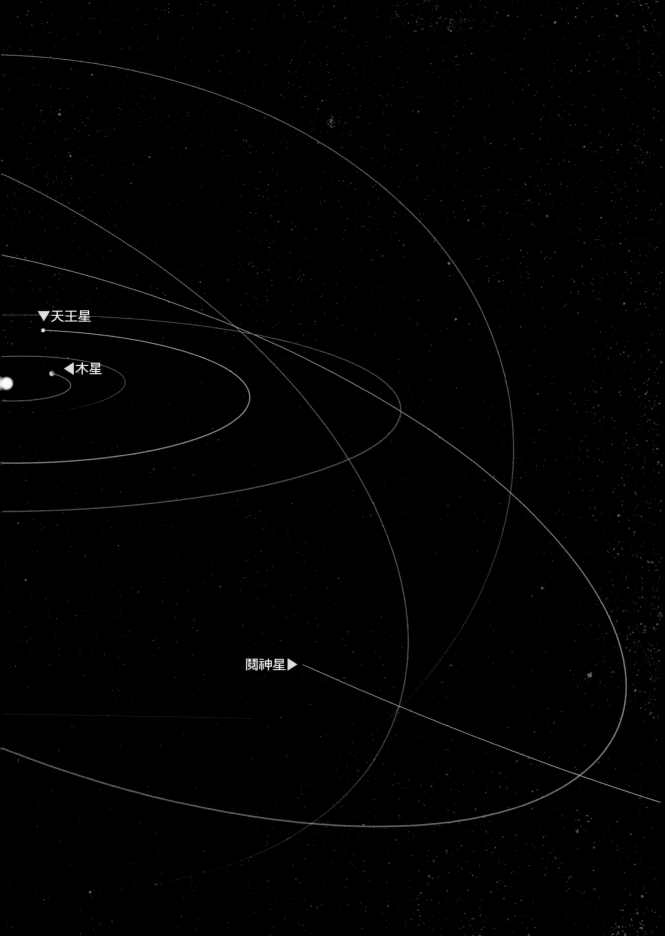

▼天王星

◀木星

闘神星▶

# 內太陽系有小行星帶，海王星外有柯伊伯帶

在內太陽系中，有所謂的小行星帶，是在原始行星建構形成後，所遺留下來的碎石塊，由於木星的重力，使得這裡的小天體沒有辦法聚集成一個適當的行星。

而在海王星外，則有所謂的柯伊伯帶，這裡的天體也是太陽系形成行星時所遺留的冰粒，但它們和小行星帶不一樣，柯伊伯帶的天體是因為過於稀疏而無法形成適當的行星。

柯伊伯帶的內側和太陽的距離，大約是地球到太陽的30倍（30AU），而外側距離太陽則是有50AU之遠。

截至目前為止，已經發現大約1,000顆柯伊伯帶寒冷的天體，直徑可以大到數百甚至數千公里，而且許多已經獲得命名，例如鬩神星（Eris）、賽德娜（Sedna）、鳥神星（Makemake）、妊神星（Haumea）以及創神星（Quaoar）。科學家甚至在觀測到柯伊伯帶的天體之前，就已經預測到它的存在。

**天體總數：**
直徑超過100公里：7萬顆以上

**最大的天體：**
冥王星或鬩神星（譯註：兩者直徑非常接近，以目前測量數值尚未確定何者較大。）

▼藝術家筆下繞行太陽的柯伊伯帶天體，位在比海王星更遠且寒冷的太陽系邊緣。

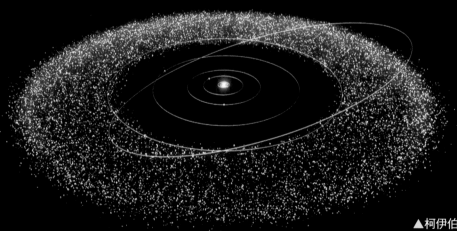

▲柯伊伯帶的電腦模擬圖。

▲柯伊伯帶中體積大小前幾名的天體，維持固定的相對大小，並按照和太陽的距離排列（上排由左到右）：冥王星與冥衛一（凱倫，Charon）、冥衛二（尼克斯，Nix）、冥衛三（許德拉，Hydra）；妊神星和已經發現的衛星：妊衛一（希亞卡，Hi'iaka）和妊衛二（娜瑪卡，Namaka）；創神星；（下排由左到右）鳥神星；鬩神星和鬩衛一（迪絲諾美亞，Dysnomia）；賽德娜。其中，冥王星、鬩神星、鳥神星與妊神星都被歸類成矮行星。

1943 年，愛爾蘭退伍軍人、也是業餘天文學家肯尼思‧埃奇沃思（Kenneth Edgeworth，1880 ～ 1972），正努力思索著太陽系的誕生。他認為早期旋轉的原始行星盤面，應該會有很多的冰粒、石塊相互撞擊凝結而產生更大的天體，這個過程到最後才形成所謂的行星。

　　但這個原始塵埃盤面如果沒有邊際的往外延伸，是不合理的事情，所以這個原始行星盤必然會逐漸向外消失吧？因此在海王星之外，應該會存在稀疏且無法凝聚成行星的冰粒。

　　此時，荷裔美籍天文學家傑拉德‧柯伊伯（Gerrit Kuiper，1905 ～ 1973）也有類似的構想，但未曾具體論述過它。雖然如此，但今天這些在太陽系遠處寒冷的天體群，被稱為柯伊伯帶，卻不是埃奇沃思帶，不過仍有人堅持稱為埃奇沃思－柯伊伯帶。

　　柯伊伯帶的存在解釋了一部分彗星的謎團。以往相信短週期的彗星，是來自於長週期的彗星受到木星重力的撕裂後，遺留而受困在內太陽系的天體。

　　然而，這種理論無法有效解釋短週期彗星的數量，因為這些受困彗星的軌道，和行星是在同一個平面上，不像長週期彗星繞行的軌道。因此它們並非來自長週期彗星所誕生的球狀歐特雲，而是來自太陽系中另外一個有著冰粒的環狀區域——柯伊伯帶。

　　彗星的形成，是當一些小天體受到大天體的吸引，因而脫離柯伊伯帶所產生，所以柯伊伯帶中必定要有一些大型的天體。這種觀點讓天文學家豁然開朗，因為這些大型天體之一就是我們已知的冥王星，它不是行星而是柯伊伯帶天體。

▶天文學家傑拉德‧柯伊伯。

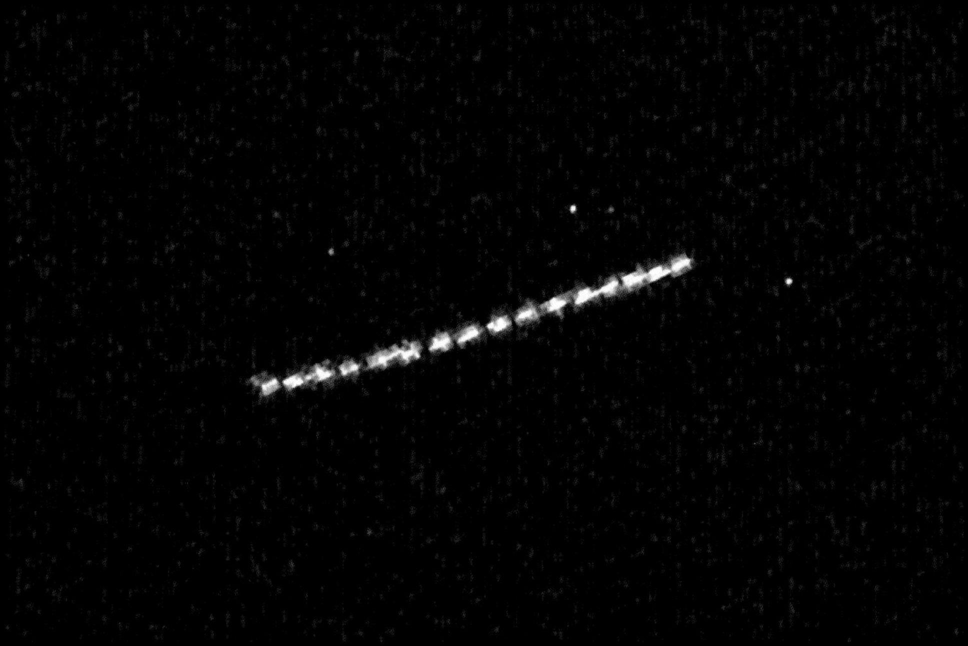

▲2002年，創神星才被發現，繞行太陽的軌道距離長達6億公里。這張是疊合哈伯望遠鏡在不同時間拍攝的影像，與背景的恆星相比，位置會有所改變，所以它移動的方式確實像一顆小行星。

▼2003年底，發現賽德娜，和太陽的距離是地球－太陽的五百多倍；在遠日點時，可以達到九百多個天文單位，因此它是目前已知最遠的太陽系天體。為了確認這顆天體不是背景恆星，軌道上的天文望遠鏡藉由在不同軌道位置拍攝的影像，經過比對發現這顆星相對背景星空有一些偏移，才確認它也屬於太陽系的一員。

# 冥王星
## Pluto

▲新視野號探測船於2015年7月觀測到的冥王星。

**平均密度**

| 鐵 | | | | 岩石 | | | 水 |
|---|---|---|---|---|---|---|---|
| 7g/cm³ | 6g/cm³ | 5g/cm³ | 4g/cm³ | 3g/cm³ | 2g/cm³ | 1g/cm³ | 0 |

# 農家小孩的發現

冥王星是一顆超級冷、而且比月球還要小的天體。

1930年，冥王星被發現後，立即登上全球所有報紙的頭版，當時一位老爺爺手裡拿著一份英國《泰晤士報》（*The Times*），並且唸給正在吃早餐的11歲孫女聽。當這位叫芬妮蒂亞・柏尼（Venetia Burney，1918～2009）的小女孩聽到關於發現冥王星的報導後，她想了一下，然後脫口而出說：「他們應該叫它普路托（Pluto）。」普路托是羅馬神話中冥界的主宰。

當天早上，芬妮蒂亞的爺爺迫不及待的把命名的短箋，投到一位牛津天文學家的信箱中，之後這位天文學家將短箋轉給了美國羅威爾天文臺的臺長維斯托・斯里弗（Vesto Slipher，1875～1969），而此處正是發現冥王星的地方。

但在這之前，冥王星應該早就被發現。

# 譯註：2015年重大進展——
# 首見冥王星的清晰樣貌與心形湯博區

於2006年1月19日發射的新視野號探測船，歷經九年半（3,462天）的飛行後，順利的於2015年7月14日，在距離冥王星表面1萬2,500公里處，以秒速13.78公里，飛掠這顆原來的第九大行星（已被降級為矮行星）。

新視野號不僅為人類帶來冥王星清晰的影像、發現厚達130公里的烴類大氣、觀測冥王星衛星的更多特徵；更令人驚奇的發現是，冥王星上的湯博區有三千多公尺高、由水冰所組成的山脈，以及由固態氮形成的冰河，甚至這些地質活動是來自冥王星上可能存在的深層海洋，其活躍程度，在太陽系中可以與地球和土衛二相互比擬。

新視野號抵達冥王星時，距離地球已遠達32 AU（光速行進約4.5小時的距離），因此地球上接收的訊號相當微弱，許多觀測數據仍在傳輸中。更多最新的影像將發表於NASA的官方網頁上。

## 軌道特徵
**與太陽的距離**：44億4,000萬～73億9,000萬公里／29.68～49.49天文單位
**公轉週期（矮行星上的一年）**：247.7個地球年
**自轉週期（矮行星上的一天）**：6.38個地球日
**公轉速度**：3.7～6.1公里／秒
**軌道離心率**：0.25
**軌道傾角**：17.12度
**轉軸傾角**：119.6度

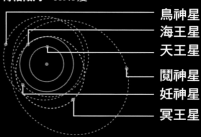

— 鳥神星
— 海王星
— 天王星
— 閻神星
— 妊神星
— 冥王星

## 物理特徵
**直徑**：2,370公里／地球0.18倍
**質量**：1,300萬兆公噸／地球0.002倍
**體積**：69.8億立方公里／地球0.006倍
**重力**：地球0.067倍
**脫離速度**：1.227公里／秒
**表面溫度**：凱氏33～55度／攝氏-240～-218度
**平均密度**：2.050公克／立方公分

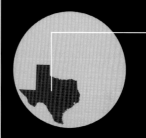

— 德克薩斯州

## 大氣組成
**氮**：90%
**一氧化碳與甲烷**：10%

---

表面溫度

| | 0℃ | 100℃ | 200℃ | | 400℃ |

| 0 K | 200 K | 400 K | 600 K | 800 K |

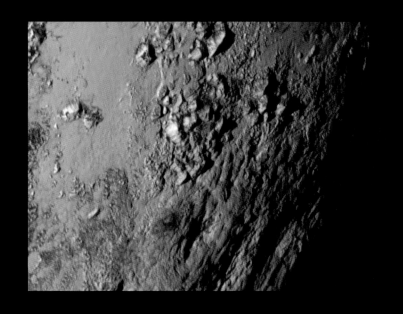

◀來自新視野號的照片，顯示在冥王星冰冷的表面上，有極為崎嶇不平的地形，其中還有高達11,000英尺（3,350公尺）的山脈。照片中意外的沒有發現隕石坑，代表此處是一片年輕的地質區域。

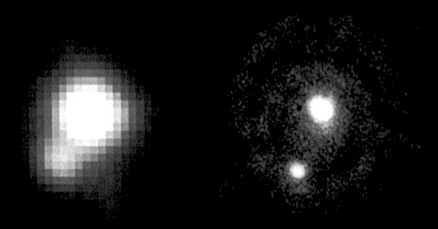

▲左圖是地面上望遠鏡拍攝到的冥王星，有時候呈現一個狹長的天體。1978年時，這種狹長的現象，才被確定是因為冥王星有一顆衛星所造成，這顆衛星稱為冥衛一（凱倫）。右圖是由地球軌道上的望遠鏡所拍攝，而在軌道上進行觀測的好處，可以避免大氣擾動所造成影像變形的干擾。

# 在漫長黑暗中等待，終於浮現第九顆行星

「年輕人，恐怕你正在浪費你的時間，如果真的有其他的行星，應該早就被發現了……。」這是一位天文學家在1929年時，給美國天文學家克萊德・湯博（Clyde Tombaugh，1906～1997）的忠告，不過幸好湯博沒有聽進去。

這位來自堪薩斯州的農家小孩，寄了一封信給美國亞利桑那州旗竿鎮的羅威爾天臺，並在信封中附上了他所觀察繪製的火星和土星。當時的天文臺臺長維斯托・斯里弗（Vesto Slipher，1875～1969）因此對他印象深刻，並且給他一份工作，一份極其沉悶的工作。

太陽系中第八顆行星──海王星之所以被發現，是因為觀察到天王星受到不明重力牽引，因此才預測有另外一顆更遠的行星存在。天文學家經過數年的觀測之後，發現海王星的軌道運動並非完全受天王星的影響，於是提出了一項大膽的懷疑：太陽系是否有第九顆稱為X的行星？天文臺於是賦予湯博尋找這顆行星的工作。

這位年輕的天文學家不辭辛勞的拍攝照片，將黃道帶上的天體記錄下來。他使用的方式是在不同時間拍攝同一片天空，然後使用一種稱為「閃視比較儀」的機器，將相差幾天的照片不斷的翻上翻下（譯註：原理類似戶政機關比對印鑑的方式），當有任何天體在這個過程中，從背景固定的星點中「閃」出來的話，就代表是一個近距離的天體。

經過10個月細心專注的工作，湯博的付出換來了成果，他發現2萬9,000座新星系、3,969顆小行星、1,800顆恆星及2顆彗星。

到了1930年2月18日，他的犧牲奉獻獲得了巨大的回報，一顆天體在黑暗中向他回眸眨眼，正是第九顆行星。湯博立刻衝到臺長的辦公室，對著臺長說：「斯里弗博士，我找到你的X行星了！」

這顆行星在不久之後就被命名為「冥王星」（普路托）。

◀這座位於亞利桑那州羅威爾天臺的望遠鏡，就是湯博用來拍攝夜空、並取得不同時間照片的望遠鏡。

▼NASA的新視野號探測船在歷經九年的飛行，於2015年飛掠冥王星。這張矮行星與其天然衛星冥衛一的照片，拍攝於7月8日。

# 2006年，冥王星從行星降級為矮行星

找到冥王星的當下，科學家就開始懷疑一些問題。因為它比預測的小得多，而且它的質量不足以對海王星的軌道造成影響。此外，冥王星的軌道也有問題，當天文學家重新檢視無意間拍到的影像，發現到冥王星的軌道不只是明顯傾斜於黃道面，甚至它公轉的軌道狹長到有時候會比海王星更靠近太陽，使得它在某些時候不是第九顆，而是第八顆行星。

這些都足以讓人懷疑冥王星的身分，直到1990年代，天文學界普遍接受在太陽系外圍，有一環由冰粒塵埃組成的環，天文學家才開始想到，冥王星或許只是柯伊伯帶中一顆異常大的天體。

當人類找到許多柯伊伯帶天體，例如可能比冥王星大的鬩神星時，就代表要開始採取行動，因為它們不可能都是行星。

於是，2006年在巴黎天文臺以勒維耶命名（預測海王星的科學家）的辦公室中，國際天文學聯合會（International Astronomical Union，簡稱IAU）的行星定義委員會，做出了一項具爭議的提案——把冥王星從行星降級成矮行星（譯註：提案在2006年8月24日由四百多位天文學家在捷克首都布拉格進行表決）。因為這類天體雖然繞行太陽，並有足夠的重力讓自身變成球形，但不足以將軌道鄰近的塵埃清除，而且它們也不是行星所附屬的衛星。

就這樣，冥王星加入其他矮行星的行列，與穀神星、妊神星、鳥神星與鬩神星同屬一類。幸好，冥王星的發現者湯博已在1997年以90歲高齡去世，沒讓他見到他所摯愛的行星遭到降級，這對冥王星來說應該算是種羞辱。

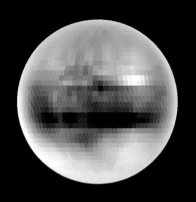

▲冥王星呈現褐色的表面，可能是來自堆積在表面的甲烷冰，受到太陽照射而變色。這張不清楚的彩色地圖，是藉由它自轉時不同角度的明暗度，以及當冥衛一凌過冥王星時的變化所模擬出來的影像。

▼在冥王星上看到的太陽亮度，只有地球上的千分之一。

▶目前除了冥衛一之外，科學家還發現了其他4顆的小型衛星，分別是冥衛二（尼克斯，Nix）、冥衛三（許德拉，Hydra）、冥衛四（科貝洛斯，Kerberos）、冥衛五（斯堤克斯，Styx）。（譯註：冥衛四和冥衛五在2013年7月2日正式由IAU命名，Kerberos來自希臘文，同義於Cerberus）圖中只有拍到冥衛一、冥衛二與冥衛三。

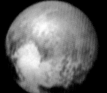

◀冥王星與冥衛一。藉由拍攝偽色影像，更能凸顯表面成分的差異。

▲冥衛一是冥王星已知的自然衛星中最大的。此照片由新視野號探測船在距離289,000英里（465,100公里）的地方拍攝，影像中可以見到深邃的裂縫和深色的極冠。

▶圖中，冥王星和3顆冥衛之間有些微的色彩變化，冥衛一因為表面含有較多水冰，所以略顯得藍一點。

# 冥衛一（凱倫）Charon

　　回想起來，竟然曾經大家都不知道冥王星不是一顆天體，而是兩顆天體的系統。在這段期間內拍攝的影像，有時冥王星會呈現輕微變長的樣子，但天文學家認為，這是因為大氣的「視相」（seeing，又稱寧視度）不佳，或是底片本身的瑕疵所導致。直到1978年6月，情況才有了轉變。

　　當時，美國海軍天文臺旗竿鎮觀測站（United States Naval Observatory Flagstaff Station, NOFS）的金·克里斯提（Jim Christy），將兩張冥王星的底片放在顯微鏡下觀察，他發現冥王星變成狹長的影像中，個別的拉長方向不同。但克里斯提又發現更怪異的現象，就是背景的星點非常細且銳利，因此他認為這種異常的現象，必定來自冥王星本身。忽然間，他腦海閃過一個想法：冥王星有衛星。

　　這樣衛星的形體必定很大，而且從影像拍攝時間的間距來算，他還看到這顆衛星的公轉週期大約是6天。

　　發現冥衛的這天晚上，克里斯提開車載著他的妻子夏琳（Charlene），也就是他口中暱稱的「夏兒」。當時他開玩笑的跟他的妻子說，他將用「凱倫」（Charon）來命名這顆衛星；當時克里斯提口中的發音是「夏倫」（Sharon），但夏琳只把這想法當成玩笑話。

　　同一天晚上，克里斯提拿起他的百科全書，在熒熒的火光中翻閱書頁，他讀到原來凱倫是希臘神話中，將亡者的靈魂引渡過斯堤克斯河（九條冥河之一）的冥界船夫。因為這個巧合太完美，他有信心大家會接受這個命名。

　　最後，他真的如願以償。

　　令人驚訝的是，冥衛一和冥王星的大小相差不遠，實際上它們是一個雙矮行星系統。因此，冥衛一並非繞著行星的衛星，而是繞著行星的行星。

# 闖神星
## Eris

　　闖神星，是一顆位在太陽系寒冷且荒蕪邊緣的巨大雪球，但它並不孤單，因為身旁有一顆小型衛星圍繞著，這顆衛星叫闖衛一（Dysnomia，迪絲諾美亞）。

　　它們一同在公轉太陽的軌道上運行，這個軌道非常的狹長，當它們來到距離太陽最近的地方時，是地球－太陽距離的38倍，在最遠的時候，則是地球－太陽距離的97倍。闖神星的軌道周長非常的長且移動速度緩慢，所以它需要557年才能繞行太陽一次。

　　闖神星剛開始的臨時名稱是2003 UB 313，雖然影像是在2003年時拍攝，但它實際上是到了2005年1月才被科學家分析而尋找出來。說真的，當米高・布朗（Mike Brown）、查德・特魯希略（Chad Trujillo）和大衛・拉比諾維茨（David Rabinowitz）這3位美國天文學家，把這個在星空中緩緩前進的光點找出來時，他們絕對沒有想到後續會引起怒火。

◀2003年發現闖神星之後的兩年，科學家才找到闖衛一。2006年所拍攝的影像，已經清楚到足以解析出闖神星和闖衛一。

**平均密度**

| 鐵 | | | | 岩石 | | | 水 | |
|---|---|---|---|---|---|---|---|---|
| 7g/cm³ | 6g/cm³ | 5g/cm³ | 4g/cm³ | 3g/cm³ | 2g/cm³ | | 1g/cm³ | 0 |

# 害冥王星降級的凶手

2005年，發現2003 UB 313後，就像在天文學界投下一顆震撼彈。不只是因為它比冥王星更遙遠，而是不久後發現它似乎比冥王星還要大一些（譯註：新視野號最新的觀測顯示，冥王星直徑比以往測量來得大，考量誤差值後，極有可能大過於目前觀測到鬩神星的直徑。本書為了方便閱讀，並未將數值測量誤差標示出來）。這難道是太陽系的第十顆行星嗎？

這顆天體曾經暫時命名為齊娜（Xena），它的名字來自電視影集裡的一位公主戰士；後來，這個天體才正式改名成鬩神星（譯註：「鬩」意為不合與紛爭，彰顯出它帶來行星定義的紛擾）。

如果要說它是行星，那問題來了，因為它和柯伊伯帶有關聯。雖然它源自於柯伊伯帶，但因為鬩神星的軌道非常的狹長，所以它並不是一顆只在柯伊伯帶中運行的天體。而柯伊伯帶中可能含有上百顆和冥王星大小相近的天體，難道天文學家真的能夠忍受在一個太陽系中，有著上百顆行星的狀況嗎？

發現鬩神星就像催化劑一樣，促使天文學家深刻的重新思考太陽系的結構。這股浪潮使得2006年在布拉格舉行的國際天文學聯合會中，由出席會員在大會最後一天，也就是8月24日（譯註：原文所敘述的時間為2006年6月30日，經審定者江國興教授更正為8月24日）的決議中將冥王星降格成為一顆矮行星，而鬩神星也加入這個分類（譯註：IAU 更於2008年6月將冥王星以及鬩神星納入「類冥矮行星」〔Plutoid〕的分類）。

冥王星以行星的身分存在76年，它的發現者克萊德·湯博直到臨終時，始終堅信他發現的是第九顆行星。但最後冥王星還是注定落敗，鬩神星就是害死它的凶手。

## 軌道特徵

**與太陽的距離**：56億5,000萬～ 146億公里／
　　　　　　　　37.77 ～ 97.59天文單位
**公轉週期（矮行星上的一年）**：556個地球年
**自轉週期（矮行星上的一天）**：25.9小時
**公轉速度**：2.3 ～ 5.8公里／秒
**軌道離心率**：0.442
**軌道傾角**：0.4418度
**轉軸傾角**：44.19度

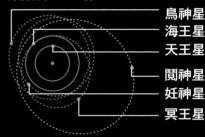

── 鳥神星
── 海王星
── 天王星
── 鬩神星
── 妊神星
── 冥王星

## 物理特徵

**直徑**：2,326公里／地球0.2倍
**質量**：1,700萬兆公噸／地球0.003倍
**體積**：92億立方公里／地球0.009倍
**重力**：地球0.081倍
**脫離速度**：1.309公里／秒
**表面溫度**：凱氏30 ～ 56度／
　　　　　　攝氏-243 ～ -217度
**平均密度**：2.3公克／立方公分

月球

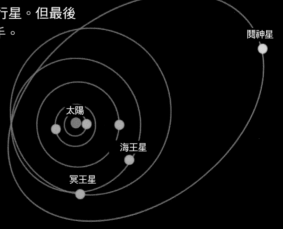

鬩神星

太陽

海王星

冥王星

▶圖中可以見到鬩神星的軌道位置，
某些軌道位置，會比冥王星更靠近
太陽，甚至還會進入海王星的軌道
內側。

**表面溫度**

| 0 ℃ | 100 ℃ | 200 ℃ | 400 ℃ |

| 0 K | 200 K | 400 K | 600 K | 800 K |

# 鳥神星
# Makemake

## 復活節島的神話

鳥神星的名字是來自於復活節島上的神祇，祂是一位鳥人身的創造神。鳥神星的大小是冥王星的四分之三，有趣的它的表面非常閃亮，這些高反射的物質一般認為是甲烷、乙或可能是氮冰晶。

雖然在 2005 年人類才正式發現這顆矮行星，但或許湯博在 1930 年代，就可能已經標出這個天體。如果他真的發現宣布這顆天體，那麼當時的天文學家，就開始要面對兩顆在陽系邊緣的小型冰冷天體，甚至可能把鳥神星列為太陽系第顆行星，但也可能會懷疑冥王星是否是行星。

無論如何，冥王星因為許多因素而取得行的地位，卻最後黯然的被國際天文學聯合會降級成矮行星。

**軌道特徵**

**與太陽的距離：** 57億6,000萬～79億4,000萬公里／38.5～53.8天文單位

**公轉週期（矮行星上的一年）：** 310個地球年

**自轉週期（矮行星上的一天）：** 7.77小時

**公轉速度：** 3.8～5.2公里／秒

**軌道傾角：** 0.159度

**轉軸傾角：** 28.96度

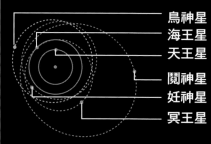

鳥神星
海王星
天王星
鬩神星
妊神星
冥王星

**物理特徵**

**直徑：** 1,500公里／地球0.118倍

**質量：** 300萬兆公噸／地球0.001倍

**體積：** 15億立方公里

**重力：** 地球0.036倍

**脫離速度：** 0.731公里／秒

**表面溫度：** 凱氏30～35度／攝氏-243～-238度

月球

▼2005年，由加州帕洛馬山天文臺（Palomar Observatory）的科學家發現鳥神星。這張遙遠矮行星的影像，於2006年11月，由哈伯太空望遠鏡所拍攝。

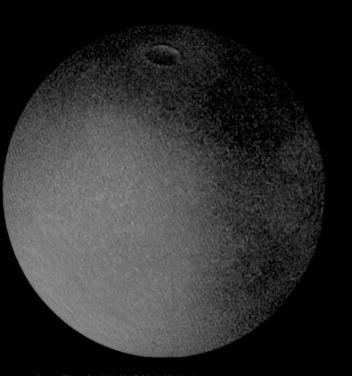

▲2006年11月，由哈伯望遠鏡上搭載的先進巡天照相機（Advance Camera for Surveys），所拍到的鳥神星。

# 妊神星
# Haumea

## 長軸是短軸2倍，像鵝卵石

**軌道特徵**
**與太陽的距離**：51億9,000萬～77億1,000萬
公里／34.69～51.54天文單位
**公轉週期（矮行星上的一年）**：283個地球年
**自轉週期（矮行星上的一天）**：3.916小時
**公轉速度**：3.7～5.5公里／秒
**軌道傾角**：0.195度
**轉軸傾角**：28.22度

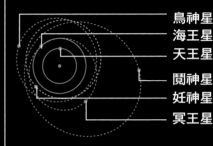

鳥神星
海王星
天王星
鬩神星
妊神星
冥王星

**物理特徵**
**直徑**：1,436公里／地球0.11倍
**質量**：400萬兆公噸／地球0.001倍
**重力**：地球0.053倍
**脫離速度**：0.862公里／秒

月球

2004年12月28日，發現妊神星，是以夏威夷神話中的神祇來命名。雖然它的質量只有冥王星的三分之一，妊神星還是由國際天文學聯合會在2008年評定為矮行星。

這顆天體在4顆矮行星中，有著獨特的外型──長軸長度是短軸的2倍。科學家認為造成妊神星橢圓形體的原因，不是因為它是大型天體撞擊後，形成的馬鈴薯狀殘骸，而是因為妊神星旋轉的速度非常快，使得它的冰質表面在赤道方向向外鼓起。如果妊神星沒有這樣的高速旋轉，那麼它的形體應該就會和其他矮行星一樣。

目前沒有人知道為什麼妊神星會高速旋轉，可能的原因是它遭受過其他天體的撞擊。或許，妊神星的兩顆衛星妊衛一（希亞卡）和妊衛二（娜瑪卡），也來自撞擊之後從妊神星上分離的物體，而且，它們的性質和母星幾乎是同一個模子刻出來的。

▼妊神星和兩顆衛星的影像，由位於夏威夷毛納基火山上的凱克天文臺所拍攝，上方是妊衛一（希亞卡），下方是妊衛二（娜瑪卡）。

▲妊神星和兩顆妊衛（希亞卡、娜瑪卡）的影像，2005年，由夏威夷凱克天文臺的10公尺凱克II望遠鏡所拍攝。為了消除大氣的擾動問題，這次拍攝時使用了雷射導星調適光學系統。

# VI. 歐特雲
# Oort Cloud

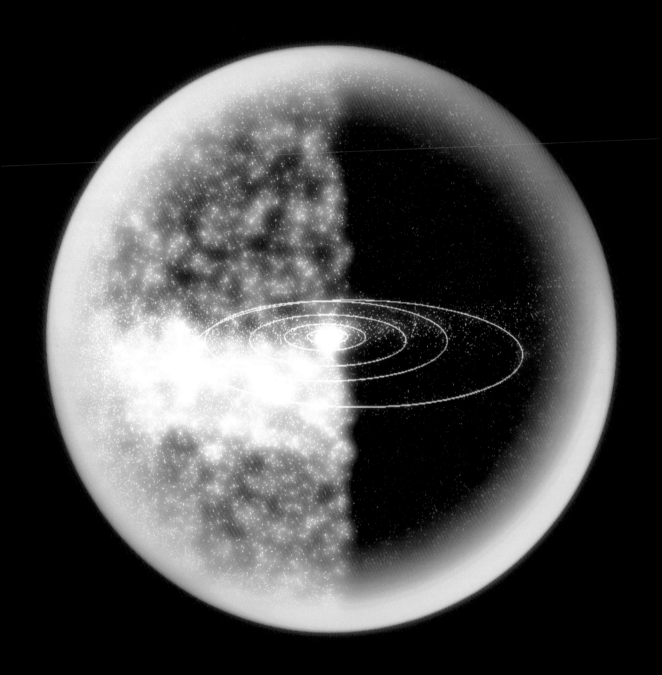

▲歐特雲所延伸的範圍（電腦模擬圖）。

# 來到了太陽系邊界

不同於我們之前認識的太陽系成員，目前尚未有人確切觀測到這個區域的天體（譯註：有些科學家相信，像賽德娜這類軌道遠日點達900AU的矮行星，可能是來自歐特雲）。

雖然歐特雲可能包含大量的彗核，但太陽系的組成還是以矮行星與行星為主。

我們從來沒觀測到歐特雲，卻肯定它的存在。這是如何辦到的呢？

**直徑：**
3,000億～3兆公里／
2,000～2萬天文單位（歐特雲內層）
3兆～7.5兆公里／
2萬～5萬天文單位（歐特雲外層）

**小於1公里的天體數量：**
數兆個（估計值）

**大於20公里的天體數量：**
數十億個（估計值）

▶揚·歐特猜想，太陽系是包覆在一個巨大的彗星「雲」當中，此區域可以延伸到與鄰近恆星的中間位置。

# 聚集著數兆顆彗星

彗星來自何方？這個問題在第二次世界大戰期間，一直困擾著荷蘭科學家揚·歐特（Jan Oort，1900～1992）。

後來，他尋找到一條線索——長週期彗星，當這些彗星進入內太陽系後，受到太陽重力的牽引而轉向，之後又飛出內太陽系，甚至許多的彗星就此一去不回。當歐特研究了這些軌道之後，發現這些彗星和行星有明顯的不同，彗星的軌道並不是在一個特定的盤面上，而是可能來自天空中任何的方向。

歐特勉強歸納出一個論點，他認為在行星之外非常遙遠的地方，必定有一個貯存大量彗星的區域。歐特想像它呈現球形，並由一大群冰質的天體所組成，而且這個區域延伸到太陽和鄰近恆星的中間。太陽系所有的行星都被包覆在歐特雲當中，所以行星的軌道顯得相當渺小。

在過去一個世紀的紀錄中，歐特掌握彗星造訪過地球的數量，而且他相信這樣的天文活動已經持續數十億年。最後得到的結論，他認為散布在太陽系外圍的歐特雲可能包含100億～1兆顆彗星。有時候鄰近恆星經過時的重力干擾，便會將這些彗核送往太陽的方向。

不過早期形成太陽系的星雲，已經在過程中收縮成一個窄平的盤面，這些彗星的分布怎麼可能會呈現球狀呢？因此歐特雲必然是在太陽系形成之後才出現。

歐特曾假想歐特雲是受到木星重力近距離接觸，而被拋射到太陽系外圍的小行星，但是他錯了，小行星不是冰質的彗星。歐特雲的天體有別的來源，來自柯伊伯帶。

▲麥克諾特彗星（C/2006 P1），因為受到太陽重力的影響，正在轉向，是40年來最亮的彗星，於2007年拍攝。

# 彗星
# Comets
## 髒汙的雪球

　　想像一下，現在你生活在科學不昌明的時代，人世間充滿了混亂、不信任與恐懼。此時，你抬頭仰望，發現天空相較人間顯得有秩序、規律、安定。每天晚上星辰都會東升西落，完美且永恆。雖然有些稱為行星的光點，會在恆星之間漂移，但它們的軌跡至少還能預測。似乎，天上的世界不曾為人間帶來驚擾。然而有一天晚上，在這個信實而完美的天空中，忽然出現一個讓人戰慄恐慌的景色——有一個不斷增大的光球，正拖著地獄之火劃過天際。

　　彗星帶給人恐懼，人們曾經認為彗星是災變的先兆，並且會為世界帶來厄運、疫病與死亡。但今日的事實真相並沒有這麼戲劇化，而是更為有趣。

▼1910年，哈雷彗星回歸時，在美國芝加哥所拍攝。

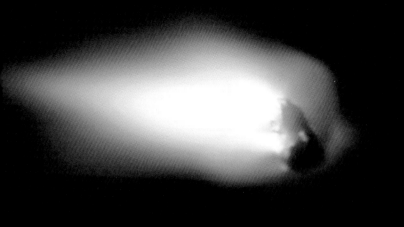

# 2061年，哈雷彗星再臨

1986年3月14日，歐洲太空總署的喬托號（Giotto）探測船進入包圍哈雷彗星的粒子團中，在險惡的高速彗星粒子風暴裡，那時沒有人知道它是否能夠正常運作，所幸喬托號最終還是完成任務。

哈雷彗星是一顆從太陽系誕生時就冰凍的物體，當喬托號逐漸接近哈雷彗星時，漸漸從朦朧的薄霧中現形。喬托號拍到的是一個從來沒有人看過的東西：彗核。

哈雷彗星的核心，是一個像花生的物體，長約15公里。其中最令人驚訝的是，它的表面很黑，甚至比煤炭還要黑。但當彗星接近太陽時，太陽的熱就像噴焰器一樣燒灼彗核的表面，於是這些髒汙的表面出現許多區塊，上面是原始潔白的雪。接著，當這些區塊將巨大的蒸氣往外送後，就是長達數百萬公里彗尾的終極源頭。

哈雷彗星是人類歷史上最出名的彗星，在一幅1066年織成而頗負盛名的巴約掛毯（Bayeux Tapestry）中，記載了英國歷史上重要的諾曼征服英格蘭，其中也包括了這顆彗星。

14世紀，義大利畫家喬托·迪·邦多納（Giotto di Bondone，1267～1337）甚至將這顆彗星描述成伯利恆之星，因此歐洲太空總署的彗星探測船，就是以這位畫家的名字來命名。

到了1705年，牛頓的一位友人愛德蒙·哈雷（Edmond Halley，1656～1742），推算出在1456、1531、1607和1782年出現的彗星，實際上是同一顆繞著太陽而軌道狹長的天體，週期大概是75或76年。

1742年，哈雷85歲去世之前，就已經預測哈雷彗星將在1758年回歸。這個預測在被證明準確後，這顆彗星便被命名為哈雷彗星。

其實，人類最遲在西元前240年，就已經觀測並記錄到哈雷彗星。（譯註：《史記·秦始皇本紀第六》：「始皇七年〔西元前240年〕，彗星先出東方，見北方，五月見西方……彗星復見西方十六日。」而最早的記載，是在《春秋·文公十四年》〔西元前613年〕：「秋，七月，有星孛入於北斗。」）但在本書出版時，哈雷彗星還暫時隱沒在黑暗的太空中，隱藏在海王星的軌道外。不久之後，哈雷彗星又會從那遙遠的地方，再朝向溫暖的太陽前進，並於2061年重現在地球的天空。

▼哈雷彗星出現在巴約掛毯中，這幅掛毯記載1066年時，英國所經歷的諾曼征服英格蘭。

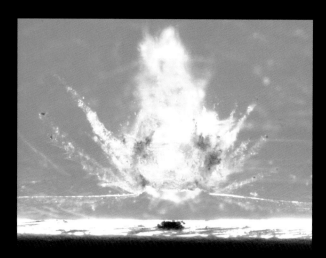

▲星塵號使用氣凝膠（Aerogel，又稱空氣膠）來捕捉並儲存脆弱的彗星塵埃粒子。這張放大的影像顯示出一顆彗星粒子擊穿氣凝膠，並且爆裂。

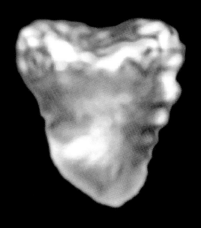

▲星塵號計畫順利將維爾特2號彗星（Wild 2）上的塵埃標本送回地球。這個漂亮的心形塵埃粒子大小只有0.01毫米。

▶海爾－波普彗星（Comet Hale-Bopp，C/1995 O1）是一顆長週期彗星，1997年現身在內太陽系時，展現出非常壯觀的景象，可以見到明顯的藍色離子尾。

▲哈雷彗星進入內太陽系後，展現長形的彗尾。哈雷彗星的回歸週期是 75 ～ 76 年。在最亮的時候，
甚至用肉眼就能直接觀測到。

# 太陽蒸發彗星表面，吹出彗尾

　　想像一下，有一隻蚊子留下超過 1 公里的蒸氣軌跡，這就是彗星接近太陽時，彗核大小和彗
尾的比例。雖然彗尾的長度能夠橫跨太陽到地球的距離，但實際上彗核的大小只有十幾公里。

　　彗星的核是一顆「髒汙的雪球」，當它們靠近太陽時，上面聚集的雪和塵埃會被太陽的氣息
給吹散。

　　大部分的時間，這些彗星的軌道距離太陽都很遙遠，有些是在柯伊伯帶，有些甚至是來自歐
特雲，由於此時的彗星太小太冷，所以無法觀測到。但當這些遙遠的小型天體，受到附近恆星的
重力擾動，或是和其他鄰近天體的碰撞，就有可能讓它們「殺出重圍」並被送往太陽的方向。

　　當彗星靠近太陽、受到重力牽引轉向、最後遠離太陽的期間，太陽的熱會使得彗星上的甲
烷、氨、水和二氧化碳沸騰蒸發，產生一個巨大稱為「彗髮」的雲氣。這時侯，時速百萬公里的
太陽風，會將這些氣體吹出一道很長的軌跡；當這些軌跡受到太陽光照射後，於反射太陽光的同
時也會受到「光壓」的影響，產生另外一條和塵埃粒子軌跡不同的彗尾。

　　這兩條彗尾，基本上就是太陽的風向袋，永遠指著太陽的反方向，甚至當彗星遠離太陽時，
彗尾還會怪異的出現在彗星的前方。

　　如果彗星被困在內太陽系，那麼每接近太陽一次，表面的物質就會蒸發減少 1 公尺，使得彗
星會失去它的外層，最後只剩下一顆岩石核心──不過前提是，沒被太陽的重力完全扯碎。

▼2006年，施瓦斯曼‧瓦茨曼3號彗星繞過太陽時，彗核分裂成許多碎塊。

# 流星雨、流星暴，都跟彗星脫不了關係

這裡整夜下著火雨。

1833年11月12日晚間的天空，獅子座方向有大量的流星劃過天際，在最高峰的時候，每分鐘的流星數量高達1,000顆。當時許多居住在北美洲的居民以為那天就是聖經中的審判末日。

一直到19世紀末，科學家才逐漸了解流星和彗星的關聯。發現火星上有渠道（或「運河」）的義大利天文學家喬凡尼‧斯基亞帕雷利就指出，造成這些流星小型塵埃的所在位置，常常就是彗星經過的地點。

彗星是髒汙的雪球，因此當它們接近太陽時，表面上的冰會蒸發到太空中，也會將一些塵埃粒子帶出去。這些彗星遺留的粒子，會在太空中形成一道小徑。當地球公轉碰到這些區域時，這些塵埃粒子或微型流星就會穿落大氣層，而它們高速落下時，就會和大氣層的分子摩擦產生高熱而發光，變成所謂的流星。

許多困在內太陽系的彗星，會在它的軌道上形成這一類的塵埃小徑。當每年地球公轉經過同一個區域時，就會週期性的形成特別多的流星，也就是所謂的流星雨。通常發生在11月中的獅子座流星雨，它的母彗星是坦普爾‧塔特爾彗星（Tempel-Tuttle）。至於1833年的事件，只是特別強的獅子座流星雨而已。

有時候，由於彗星才剛經歷過它的近日點，剛好地球又經過彗星遺留下來的塵埃小徑，於是地球就會接收到非常多來自彗核的塵埃粒子。這時，我們看到的就不是流星雨，而是稱為「流星暴」。一般晴朗的夜晚，1小時可以看到10顆流星，在流星雨期間，每小時大概可以看到數百顆，但若是在流星暴時，就會多到難以想像。

# 從天而降的死神，每2,700萬年降臨一次

在地球上，死神定期隨著隕石前來。根據化石的紀錄，每2,700萬年就會發生一次生物大。凶手顯然是彗星的撞擊。

1908年，一顆和一排公寓一樣大的彗星碎片（譯註：彗星碎片是一個最可能的來源）伯利亞的通古斯加河上空爆炸分解，它所產生的強大震波吹倒超過2,000平方公里的森林。彗星會週期性的撞擊地球？

這是因為每到一個固定的期間，歐特雲就會受到擾動，進而將這些火爆的彗星送往太陽的，以至於有些就會撞擊到地球。

1984年，美國古生物學家大衛‧饒浦（David Raup）和約翰‧塞浦科斯基（John Sepkosk 48～1999）提出一項驚人的看法，他們認為太陽其實和大多數恆星一樣，是處在一個雙星中，太陽的這顆伴星非常黯淡，而且軌道狹長，因此，當伴星每2,700萬年接近太陽系時，就動歐特雲。

不過人類從未找到這顆稱為「復仇女神之星」（Nemesis，涅墨西斯之星，又稱黑暗伴星天體。2010年，科學家發現大滅絕的週期實際上非常規律，因此這項擾動不會是來自復仇之星，因為它會受到其他恆星的牽引，使得週期經常性的在變動，所以才會和化石所記載的不符。

另外一個解釋是由蘇格蘭天文學家比爾‧內皮爾（Bill Napier）和英國天文學家維多‧庫（Victor Clube）所提出，他們認為這個2,700萬年的週期，和太陽系繞行銀河系的運行有。當太陽系繞著銀心公轉時，也會在銀河盤面中，大致規律的上下震盪，而銀河盤面聚集塵埃，許多是位於活躍的恆星形成區。根據內皮爾和庫魯伯的說法，這些巨大分子雲的重力700萬年就會擾動歐特雲。

▲ 1908年，在西伯利亞上空，發生了一次巨大的爆炸，爆炸的物體可能是一顆彗星。

# 九成彗星，都是移民來的？

　　我們一直以來都認為，彗星是太陽系誕生後留下來的塵埃，但這個眾所皆知的觀念可能有誤。值得注意的是許多有名的彗星，例如哈雷彗星、海爾－波普彗星，可能都是來自其他的行星系。

　　這個特別的想法，可能可以解釋為何彗星的數量如此龐大。科學家一度認為彗星是受到早期木星重力的影響，而從內太陽系被拋射出去的大量冰粒。但這樣的過程所能提供到太陽系外圍的彗星，只有科學家推算出總數的十分之一。

　　剩下十分之九彗星來源，可能就要轉向探討其他的行星系。2010年，根據哈爾·立魏森（Hal Levison）在美國西南研究院所領導的團隊指出，我們的太陽是誕生在所謂的「星際育嬰室」中，這個區域有數以百計的恆星摩肩接踵。許多原始行星盤面上的冰粒，在遭遇到盤面上大型行星撞擊後，就會被向外拋擲變成自由漂浮的星團物質。

　　有趣的是，當聚集大量質量的恆星點燃核反應後，它們會將行星之間的氣體和塵埃吹散，並且將年輕的星團分開。因此當太陽揚帆啟程，而逐漸脫離這個「育嬰室」後，會把路途上遇到的塵埃吸附到太陽系邊緣。立魏森的團隊認為，太陽可以藉此獲得其餘十分之九的彗星。

　　如果這個情節與現實相符，我們就不用到其他恆星附近採集樣本，因為別的恆星所遺留的物質，就在我們太陽系的後院中。

◀2004年1月，星塵號探測船造訪彗核直徑只有5公里的維爾特2號彗星（Wild 2）。

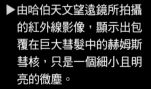

▶由哈伯天文望遠鏡所拍攝的紅外線影像，顯示出包覆在巨大彗髮中的赫姆斯彗核，只是一個細小且明亮的微塵。

▲馬頭星雲所在的區域中,充滿寒冷且黑暗的氣體和塵埃,這裡卻是恆星和彗星誕生的地方。

# 生命的起源,是由彗星播種的嗎?

幾乎在地球冷卻到適當的溫度後,地球上的生命就立刻產生。難道生命這麼容易產生嗎?

然而,至今科學家卻仍無法在實驗室中創造出生命。有一個解釋可以滿足這兩個矛盾的狀況,根據英國天文學家錢卓拉·魏克拉馬辛格(Chandra Wickramasinghe)與後來英國天文學家弗雷德·霍伊爾爵士(Sir Fred Hoyle,1915～2001)的解釋,如果地球上的生命來自星際播種,也就是結合現代與古老「泛種論」起源的想法,那麼帶領生命穿越恆星、行星之間的傳播者,將會是彗星。

這種想法認為,星際空間的氣體雲是脫水細菌的墳場。在這些氣體雲塌縮而形成的恆星與行星上,細菌會因為高熱而灰飛煙滅,不過寒冷的彗星卻可以保留住這些休眠的生命。

一開始在彗星的內部會因為鋁的同位素——鋁26的衰變熱,而呈現液態。因此,在其中的細菌可以爆發大繁殖,之後當彗星往太陽移動時,受熱而蒸發的表面氣體就會把這些細菌帶到太空中。他們解釋,這就是在40億年前散播到地球上的物質,同時成為播種在地球的生命。

根據魏克拉馬辛格與弗雷德·霍伊爾爵士的想法,在地球大陸上的細菌,會因為受到氣體流動而飄向大氣層頂端,並且進入太空。接著,當這些在太空中的細菌受到太陽光的壓力,將會逐漸進入星際空間。過程到了這裡,宇宙中偉大的生命循環便告完成。

至於這個循環的起點是在哪裡?魏克拉馬辛格與霍伊爾爵士並不知道。但他們描述的重點是,無論生命之間展現多少難以置信的差異,生命在銀河系中只需要有一個起源。因此,藉由彗星的傳播,生命可以在任何地方開枝散葉,包括我們的地球。

◀ 2010年11月，由深度撞擊
　號（Deep Impact）以700公
　里的近距離飛掠哈特雷2號
　彗星時，所拍攝到的彗核影
　像，長度只有2公里。

▶ 2005年6月4日，深度撞擊
　號釋出撞擊器，撞擊器在撞
　擊坦普爾1號的彗核後，隨
　即蒸發。

▲ 2007年10月，當赫姆斯彗星的外殼（彗髮）迅速
擴展後，使得它短暫的成為太陽系體積最大的天體
（譯註：2007年11月9日，這顆彗星的彗髮，包
圍在彗核外面的稀薄灰塵，直徑超過了太陽，成為
太陽系內最巨大的天體；雖然，以太陽系的標準來
看，彗星的質量是微不足道的）。此時的赫姆斯彗
星在太陽的另一側，因此從地球上看到的彗尾正背
向太陽，並且和我們的視線平行，所以看不到明顯
的彗尾。

- Pg. 18: Planetary Visions

- Pg. 19: Mosaic of two-minute exposures using a Nikon D300 digital camera with a 14mm lens on an equatorial mount, taken at Cerro Paranal, Chile. (Bruno Gilli / ESO)

- Pg. 20: (top) ©York Films; (bottom) Combination of hydrogen light and oxygen light observations by the Advanced Camera for Surveys on the Hubble Space Telescope. (NASA / ESA / Hubble Heritage Project (STScI/ AURA) / M Livio / N Smith, University of California, Berkeley)

- Pg. 21: (bottom)Infrared image from the 4.1-meter Visible and Infrared Survey Telescope for Astronomy (VISTA) at the European Southern Observatory, Paranal, Chile. (ESO / J Emerson / VISTA /Cambridge Astronomical Survey Unit)

- Pg. 22: (top) Planetary Visions; (bottom) Image taken with the Wide Field and Planetary Camera 2 on the Hubble Space Telescope in December 1993. (C R O'Dell, Rice University / NASA)

- Pg. 23: Near infrared image of the star 1RXS J160929.1-210524 in J-, H- and K-bands taken using adaptive optics on the 8.1-meter Gemini North telescope in Hawaii, in 2008. (Gemini Observatory)

- Pg. 24: 45-minute exposure from a digital camera using a 10mm lens and equatorial mount, taken at Paranal, Chile, home of ESO's Very Large Telescope. (ESO/Y Beletsky)

- Pg. 25: Photograph of American astronaut Bruce McCandless ©NASA

- Pg. 26: Natural color image from the Multi-angle Imaging Spectro-Radiometer (MISR) on NASA's Terra spacecraft, showing an area about 380 km across. (NASA/GSFC/LaRC/JPL, MISR Team)

- Pg. 27: Photograph of Italian physicist Enrico Fermi ©U.S. Department of Energy

- Pg. 28-29: Planetary Visions

- Pg. 30: Planetary Visions

- Pg. 35: This image was taken at a wavelength of 171 Angstroms by the Extreme ultraviolet Imaging Telescope (EIT) on the Solar and Heliospheric Observatory satellite (SOHO). (ESA/NASA)

- Pg. 36: (bottom) Image taken by the Solar Optical Telescope on Japan's Hinode satellite on November 20, 2006. (Hinode JAXA/NASA); (top, left) This image from the SOHO spacecraft combines data from two instruments: the LASCO coronograph, which blocks light from the Sun's bright disk to observe its faint corona, and the EIT, which observes the Sun's surface in ultraviolet light. (ESA / NASA); (top, right) Images from the Extreme Ultra Violet Imager (EUVI) on NASA's two Solar TErrestrial RElations Observatory (STEREO) satellites. (NASA/ JPL-Caltech/NRL/GSFC)

- Pg. 37: (bottom) Corona photo taken during the eclipse in Australia on December 3, 2002. Sun's photosphere image from the Extreme ultraviolet Imaging Telescope (EIT) on the Solar and Heliospheric Observatory (SOHO). (NASA/ESA); (top) Multi-wavelength ultraviolet image from the Extreme ultraviolet Imaging Telescope (EIT) on the Solar and Heliospheric Observatory satellite (SOHO). (ESA/NASA); (center) Multi-wavelength ultraviolet image from the Atmospheric Imaging Assembly (AIA) on the Solar Dynamics Observatory satellite. (NASA/SDO/AIA)

- Pg.38-39: (top and bottom) Ground-based photograph using a 92mm refracting telescope with a hydrogen alpha filter (656nm) and industrial CCD camera. Multiple video frames were stacked and averaged to sharpen the image. (©Alan Friedman/avertedimagination.com)

- Pg. 40: Touch Press
- Pg. 41: This image was taken in extreme ultraviolet light by the STEREO space telescope on August 25, 2010. (NASA)
- Pg. 42: Extreme ultraviolet image taken on April 21, 2010 by the Atmospheric Imaging Assembly (AIA) on NASA's Solar Dynamics Observatory spacecraft. (NASA/SDO)
- Pg. 43: Image of sunspot AR NOAA 1084 taken by the 1.6 meter New Space Telescope at Big Bear Solar Observatory on July 2, 2010 using a TiO filter at 706nm. To get such a detailed view, the telescope's mirror is distorted in real time to compensate for the effects of atmospheric disturbances – a technique known as adaptive optics. (©BBSO/NJIT)
- Pg. 44: Photograph of Carrington event magnometer readings ©British Geological Survey (NERC)
- Pg. 46: Image taken using the PSPT/CaIIK camera at the Mona Loa Solar Observatory March 28, 2001. (NASA/Goddard Space Flight Center Scientific Visualization Studio)
- Pg. 47: SOHO rotation courtesy ESA/NASA
- Pg. 48: STEREO coronograph movie courtesy NASA
- Pg. 49: Touch Press
- Pg. 52: Image from the Solar Optical Telescope on the Japanese solar observing satellite Hinode. (Hinode JAXA/NASA/PPARC)
- Pg. 53: (top) MDIS Wide Angle Camera image from the MESSENGER spacecraft, sensitive to 11 wavelength bands between 400 and 1050nm. The natural color image on the left uses color filters at 480nm, 560nm and 630nm. (NASA/Johns Hopkins University Applied Physics Laboratory/Carnegie Institution of Washington); (bottom) Image from the Narrow Angle Camera (NAC) of the Mercury Dual Imaging System (MDIS) on the MESSENGER spacecraft. (NASA/Johns Hopkins University Applied Physics Laboratory/Carnegie Institution of Washington)
- Pg. 54: Combination of images from the Wide Angle Camera (WAC) and the high resolution Narrow Angle Camera (NAC) of the Mercury Dual Imaging System (MDIS) on the MESSENGER spacecraft. (NASA/Johns Hopkins University Applied Physics Laboratory/Carnegie Institution of Washington)
- Pg. 55: False color image from the Wide Angle Camera (WAC) of the Mercury Dual Imaging System (MDIS) on the MESSENGER spacecraft. Infrared (1000nm), far red (700nm) and violet (430nm) filters were used for this view. (NASA/Johns Hopkins University Applied Physics Laboratory/Carnegie Institution of Washington)
- Pg. 56: Planetary Visions
- Pg. 57: Planetary Visions
- Pg. 58: Artist's impression of the MErcury Surface, Space ENvironment, GEochemistry, and Ranging spacecraft (MESSENGER) in orbit around Mercury. (NASA/Johns Hopkins University Applied Physics Laboratory/ Carnegie Institution of Washington)
- Pg. 59: A three-image mosaic from the Wide Angle Camera (WAC) of the Mercury Dual Imaging System (MDIS) on the MESSENGER spacecraft. (NASA/Johns Hopkins University Applied Physics Laboratory/Carnegie Institution of Washington)
- Pg. 62: (bottom) Ultraviolet image from Pioneer Venus Orbiter, taken on February 26, 1979. (NASA/JPL)
- Pg. 63: (top) Infrared images at a wavelength of 1.7 microns, taken by Venus Express on July 22, 2006. (ESA/ VIRTIS/INAF-IASF/Obs. De Paris-LESIA); (center) Ultraviolet VIRTIS image at a wavelength of 380 nm, taken by Venus Express from a distance of 190,000 km. (ESA/VIRTIS/INAF-IASF/Obs. De Paris-LESIA); (bottom) Image from Venus Express combining VIRTIS infrared imagery at a wavelength of 1.7 microns for the nightside, with visible/ultraviolet imagery for the day side. (ESA/CNR-IASF, Rome, Italy, and Observatoire de Paris, France)
- Pg. 64: (top) False color infrared image at 1.27 microns (blue) and 1.7 microns (yellow), taken by the VIRTIS instrument on Venus Express . (ESA/VIRTIS/INAF-IASF/Obs. de Paris-LESIA); (bottom) Panoramic Telephotometer image from Venera 13 lander at latitude 7.5° South, longitude 303.0° East, using dark blue,

green and red filters. (NASA/GSFC);

· Pg. 65: (top) Simulated color image based on Magellan Imaging Radar data and colors seen by the Venera 13 lander. (NASA/JPL); (bottom) Image from Pioneer Venus Orbiter. (NASA/ARC)

· Pg. 66: Simulated view from 4 km above the surface, with a height exaggeration of 6 times, based on Magellan Imaging Radar mosaic and Radar Altimeter data. (NASA/JPL)

· Pg. 67: Magellan Imaging Radar image. (NASA/JPL)

· Pg. 68: (top) Magellan Imaging Radar image mosaic. The surface appears bright or dark according to its roughness, with rougher surfaces reflecting more radar energy back to the satellite, so appearing brighter. (NASA/ JPL); (bottom) Planetary Visions

· Pg. 69: Image from the Transition Region And Coronal Explorer (TRACE) spacecraft, taken at 05:34 Universal Time on June 8, 2004. (NASA/Lockheed Martin Solar Astrophysics Laboratory)

· Pg. 70: H-alpha filter image from the Swedish 1 meter Solar Telescope. (Institute for Solar Physics of the Royal Swedish Academy of Sciences)

· Pg. 71: Planetary Visions

· Pg. 74: (bottom) Large format photograph taken with a 70 mm camera from the Apollo 17 Command Module on December 7, 1972. (NASA-JSC)

· Pg. 75: (top) Composite image based on ultraviolet data from the Imager for Magnetopause-to-Aurora Global Exploration (IMAGE) spacecraft, taken on 11th September 2005. (NASA); (bottom, right) Photo taken using a Nikon D3 digital camera from the International Space Station during Expedition 23, on May 29, 2010. (NASA-JSC)

· Pg. 76: (top) Natural color image from the Enhanced Thematic Mapper (ETM+) on Landsat 7. (NASA / Serge Andrefouet, University of South Florida); (bottom) Photo from a Nikon D2Xs digital camera using a 200 mm lens, taken from the International Space Station during Space Shuttle mission 125, on May 13, 2009. (NASA-JSC)

· Pg. 77: (top) False color infrared image from the Advanced Spaceborne Thermal Emission and Reflection Radiometer (ASTER) on NASA's Terra satellite. (NASA/GSFC/METI/ERSDAC/JAROS, and U.S./Japan ASTER Science Team); (bottom) Photo from a Kodak DCS760C digital camera using a 30 mm lens, taken from the International Space Station during Expedition 5, on July 20, 2006. (NASA-JSC)

· Pg. 78: Natural color image from the Enhanced Thematic Mapper (ETM+) on Landsat 7, taken on February 21, 2000. (Landsat Science Team / NASA-GSFC)

· Pg. 79: Digital air photo orthoimage mosaic. (New York State)

· Pg. 80: Natural color image from the Advanced Land Imager on the Earth Observing 1 (EO1) satellite, taken on September 6, 2010. (NASA)

· Pg. 81: (top) Natural color image from the Advanced Spaceborne Thermal Emission and Reflection Radiometer (ASTER) on NASA's Terra satellite. (NASA/GSFC/METI/ERSDAC/JAROS, and U.S./Japan ASTER Science Team); (bottom) Natural color image from the Advanced Land Imager on the Earth Observing 1 (EO1) satellite, taken on September 4, 2010. (NASA)

· Pg. 82: False color infrared image from the Advanced Spaceborne Thermal Emission and Reflection Radiometer (ASTER) on NASA's Terra satellite. (NASA/GSFC/METI/ERSDAC/JAROS, and U.S./Japan ASTER Science Team)

· Pg. 83: Photo from a Nikon D2Xs digital camera using a 400 mm lens, taken from the International Space Station during Expedition 20, on June 12, 2009. (NASA-JSC)

· Pg. 84-85: Photo from a Nikon D2Xs digital camera using an 80 mm lens, taken from the International Space Station during Expedition 24, on August 22, 2010. (NASA-JSC); Natural color image from the Enhanced Thematic Mapper (ETM+) on Landsat 7, (bottom)taken on March 19, 2002. (NASA / UMD Global Land Cover Facility)

· Pg. 86: (top) Images show the same part of North America at 4:15pm on March 25, 1999, at visible, mid-infrared and far-infrared wavelengths (0.65, 6.7 and 11 microns). Images from the GOES Imager on the Geostationary Operational Environmental Satellite (GOES-8). (NOAANASA GOES Project); (bottom) Image from the Moderate Resolution Imaging Spectroradiometer (MODIS) on the TERRA research satellite (NASA - MODIS

Science Team)

· Pg. 87: (top) Photo from a Kodak DCS760C digital camera using a 400 mm lens, taken from the International Space Station during Expedition 13, on July 20, 2006. (NASA-JSC); (bottom) Photo from a Nikon D2Xs digital camera using a 28-70 mm zoom lens set at 48 mm, taken from the International Space Station during Expedition 20, on October 6, 2009. (NASA-JSC)

· Pg. 88: Photo from a Nikon D2Xs digital camera using an 800 mm lens, taken from the International Space Station during Expedition 18, on January 6, 2009. (NASA-JSC)

· Pg. 89: Natural color image from the Advanced Spaceborne Thermal Emission and Reflection Radiometer (ASTER) on NASA's Terra satellite.(NASA/GSFC/METI/ERSDAC/JAROS, and U.S./Japan ASTER Science Team)

· Pg. 90: (top) 3-D visualization using data from the Microwave Limb Sounder and the Total Ozone Mapping Spectrometer, on the Aura and Earth Probe satellites. (NASA - GSFC Scientific Visualization Studio); (bottom) Photo from a Nikon D3S digital camera using a 16 mm lens, taken from the International Space Station during Expedition 25, on October 28, 2010. (NASA-JSC)

· Pg. 91: Photo from the departing Space Shuttle Atlantis, taken on May 23, 2010. (NASA-JSC); (bottom) Greek mathematician Eratosthenes courtesy ofWikimedia Commons

· Pg. 92: (top) Natural color image from the Advanced Spaceborne Thermal Emission and Reflection Radiometer (ASTER) on NASA's Terra satellite, taken in September 2006. (NASA/GSFC/METI/ERSDAC/JAROS, and U.S./Japan ASTER Science Team); (bottom) Photo from a Kodak DCS760C digital camera taken from the International Space Station on October 14, 2002. (NASAJSC)

· Pg. 93: (top) Natural color image from the Enhanced Thematic Mapper (ETM+) on Landsat 7, taken in June 2001. (NASA / UMD Global Land Cover Facility); (bottom) Natural color image from the Enhanced Thematic Mapper (ETM+) on Landsat 7, taken in August 2001. (NASA / UMD Global Land Cover Facility)

· Pg. 96: (bottom, left) Enhanced color image taken with violet and near-infrared filters by the Galileo probe. (NASA/JPL/USGS); (bottom, right) Photo from the departing Space Shuttle Atlantis, taken on May 23, 2010. (NASA-JSC)

· Pg. 97: (top, left) Astronaut photo from the International Space Station, taken with a Nikon D2Xs electronic stills camera, 200mm lens, 1/1000 sec exposure, image number ISS024-E-013819. (NASA/JSC); (top, right) Combination of several 1/10 second exposures through a near-infrared filter at 856 nm. (ESO); (center, left) Apollo 11 70mm Hasselblad color frame number AS11-40-5877. (NASA/LPI); (center, right) A mosaic of 500 images from the Clementine orbiter, taken using 415 nm, 750nm and 1000 nm filters. (NASA/JPL/USGS); (bottom, left) Lunar Reconnaissance Orbiter (LRO) Narrow Angle Camera (NAC) image. (NASA/GSFC/ Arizona State University); (bottom, right) Image from the Japanese Space Research Agency's Kaguya satellite, using the HDTV-WIDE camera. (Courtesy of JAXA/NHK)

· Pg. 98: (top) Apollo 11 70mm Hasselblad color frame number AS11-40-5903. (NASA/LPI); (center) Photograph of geologist and astronomer Gene Shoemaker ©Roger Ressmeyer/CORBIS; (bottom) Apollo 17 panorama courtesy NASA-JSC

· Pg. 99: (top) Apollo 11 70mm Hasselblad color frame number AS11-40-5927. (NASA/LPI) ; (center) Apollo 11 70mm Hasselblad color frame number AS11-40-5877. (NASA/LPI)

· Pg. 100: (top) Apollo Lunar Surface Closeup Camera (ALSCC) 35mm stereoscopic image pair from Apollo 11. (NASA/LPI); (bottom) Polarized light microscope image from Apollo 11 rock sample 10003. (NASA/LPI);

· Pg. 101: (top) Photograph of American astronaut Eugene Cernan courtesy of PVL/NASA; (bottom) Photographs of rocks returned form the Apollo landings. (Lunar and Planetary Institute)

· Pg. 102-103: (top) Geological map from USGS Miscellaneous Investigation Series Map I-948. Moon formation ©York Films; (bottom, left and right) Image from the Lunar Reconnaissance Orbiter (LRO) Narrow Angle Camera (NAC). (NASA/GSFC/Arizona State University)

· Pg. 104: Planetary Visions

· Pg. 105: (top, left) Apollo 14 70mm Hasselblad color frame number AS14-67-9385. (NASA/JSC); (top, right) Photograph of the Laser Ranging Facility at the Geophysical and Astronomical Observatory at NASA's Goddard Space Flight Center, Greenbelt, Maryland. (NASA/GSFC); (bottom) Touch Press

- Pg. 106: Philipp Duhoux ESO

- Pg. 107: (top) Apollo 8 70mm Hasselblad color frame number AS8-14-2383. (NASA/LPI) (bottom) @York Films

- Pg. 110: (bottom, left and center) Natural color image from the Wide Field /Planetary Camera on the Hubble Space Telescope. (NASA / ESA / The Hubble Heritage Team, STScI/AURA); (bottom, right) Natural color image from the Wide Field /Planetary Camera on the Hubble Space Telescope. (NASA/James Bell, Cornell Univ/Michael Wolff, Space Science Inst /The Hubble Heritage Team, STScI/AURA)

- Pg. 111: (top) False-color image from the Thermal Emission Imaging System on the Mars Odyssey satellite. (NASA/JPL/ASU); (bottom) Enhanced color image from the High Resolution Imaging Science Experiment on the Mars Reconnaissance Orbiter. (NASA /JPL-Caltech /University of Arizona)

- Pg. 112: (top, left) Visible/infrared color image from the High Resolution Imaging Science Experiment on the Mars Reconnaissance Orbiter. (NASA/JPL/University of Arizona); (top, right) False color image from the Panoramic Camer on the Mars Exploration Rover Opportunity. (NASA/JPL/Cornell); (center) Natural color image from the High Resolution Imaging Science Experiment on the Mars Reconnaissance Orbiter. (NASA/ JPL/University of Arizona); (bottom) Visible/infrared color image from the High Resolution Imaging Science Experiment on the Mars Reconnaissance Orbiter. (NASA/JPL/University of Arizona)

- Pg. 113: Photographs of Percival Lowell's sketches of Mars courtesy of Wikimedia Commons

- Pg. 114: Natural color image from the vidicon camera on the Viking 1 Orbiter. (NASA/JPL)

- Pg. 115: (top, left) Painting based on Viking Orbiter monochrome image mosaic. (NASA/Gordon Legg); (top, right) Natural color mosaic based on Viking Orbiter imagery. (NASA/JPL/Planetary Visions); (bottom, left) Natural color mosaic based on Viking Orbiter imagery. (NASA/JPL/USGS); (bottom, right) Planetary Visions

- Pg. 116: (top) Planetary Visions; (bottom, left) Natural color image mosaic from the Visual Imaging Subsystem on the Viking 2 Orbiter. (NASA/JPL/USGS); (bottom, right) Visible/infrared color image from the High Resolution Imaging Science Experiment on the Mars Reconnaissance Orbiter. (NASA/JPL-Caltech /University of Arizona)

- Pg. 117: (top and center, right) Simulated perspective view using imagery and height data from the High Resolution Stereo Camera on the European Space Agency's Mars Express. (ESA/DLR/FU Berlin, G. Neukum); (center, left) Image from the High Resolution Imaging Science Experiment on the Mars Reconnaissance Orbiter. (NASA/JPL/University of Arizona); (bottom) Simulated perspective view using false color infrared imagery from the Compact Reconnaissance Imaging Spectrometer for Mars (CRISM), and height data from a stereo pair of images from the Context Camera, on the Mars Reconnaissance Orbiter. (NASA / JPL-Caltech/MSSS /JHU-APL/Brown Univ)

- Pg. 118: (top) Comparison of images from the vidicon camera of the Viking 1 Orbiter (left) with the Mars Orbiter Camera on the Mars Global Surveyor (right). (NASA/JPL/Malin Space Science Systems); (bottom, left) Microscopic photo of extremophile bacteria courtesy of Professor Michael J. Daly, Uniformed Services University, Bethesda, Maryland; (bottom, right) Enhanced color image mosaic from the Panoramic Camera on the Mars Exploration Rover Spirit (NASA/JPL/Cornell)

- Pg. 119: Olympus Mons data courtesy NASA/JPL/USGS

- Pg. 120: (top) Enhanced color image from the Panoramic Camera on the Mars Exploration Rover Opportunity. (NASA/JPL/Cornell); (bottom) Mars Pathfinder panorama courtesy NASA/JPL

- Pg. 121: (top, left) Image from the Hazard Avoidance Camera on the Mars Exploration Rover Spirit (NASA/ JPL/Cornell); (top, right) Image from the Microscopic Imager on the Mars Exploration Rover Spirit (NASA/ JPL/Cornell); (center) Enhanced color image from the Panoramic Camera on the Mars Exploration Rover Opportunity. (NASA/JPL/Cornell)

- Pg. 129: (bottom) Enhanced color image from the High Resolution Image Science Experiment on the Mars Global Surveyor satellite, using blue/green, red and near-infrared wavelengths. (NASA/JPL/University of Arizona)

- Pg. 131: (top) Planetary Visions

- Pg. 134: Planetary Visions

- Pg. 137: Planetary Visions

- Pg. 138: Montage of asteroids visited by space probes Galileo, Rosetta and NEAR Shoemaker. (ESA/NASA/ JHUAPL)

- Pg. 139: Touch Press

- Pg. 140: False color image from NEAR-Shoemaker's Multi-Spectral Imager. (NASA/JPL/JHUAPL)

- Pg. 141: (top) Montage of two images from the Multi-Spectral Imager on the NEAR Shoemaker probe. (NASA/ JPL/JHUAPL); (bottom) Photograph of English musician and astrophysicist Brian May ©Imperial College London/Neville Miles

- Pg. 143: Simulated natural color image taken in visible and ultraviolet light by the Hubble Space Telescope's Advanced Camera for Surveys. (NASA/ESA)

- Pg. 144: False color image taken in green and infrared light by NEARShoemakers Multi-Spectral Imager. (NASA/JPL/JHUAPL)

- Pg. 145: (top) Simulated view based on six images and a detailed surface model from NEAR-Shoemaker's Laser Rangefinder. (NEAR Project/NLR/JHUAPL/Goddard SVS/NASA); (bottom) False color image taken in green and infrared light by NEAR-Shoemaker's Multi-Spectral Imager. (NASA/JPL/JHUAPL)

- Pg. 147: Photograph of particles passing copyright Dr. Ruth Bamford

- Pg. 149: Simulated natural color view based on violet and infrared wavelength images (410nm, 756nm and 968nm) from the Solid State Imaging sensor on the Galileo space probe. (NASA/JPL/USGS)

- Pg. 151: (center, right) Imagery from the Japanese Space Agency's probe Hyabusa. (Courtesy of JAXA); (center, left) Artist's impression of the Japanese Space Agency's probe Hyabusa touching down on its target. (Courtesy of JAXA); (center) Photograph of Japanese scientists (Courtesy of JAXA)

- Pg. 152: Planetary Visions

- Pg. 156: False color image in ultraviolet light from the Space Telescope Imaging Spectrograph on the Hubble Space Telescope. (NASA / ESA / John T. Clarke, Univ. of Michigan)

- Pg. 157: (top) Radio map at a frequency of 13.8 GHz (wavelength 2.2 cm) from the Cassini Orbiter's Imaging Radar in listen-only mode. (NASA/JPL); (bottom, left) Composite image in ultraviolet light from the Space Telescope Imaging Spectrograph, and visible light from the Wide Field/Planetary Camera 2, both instruments on the Hubble Space Telescope. (John Clarke, University of Michigan / NASA /ESA / Planetary Visions); (bottom, right) Composite image from the Chandra X-ray Observatory and Hubble Space Telescope. (X-ray: NASA/ CXC/SwRI/R.Gladstone et al.; Optical: NASA/ESA/Hubble Heritage (AURA/STScI))

- Pg. 158: Enhanced color image from the Narrow Angle camera on Voyager 1. (NASA/JPL)

- Pg. 159: (right) Natural color images from the Wide Field/Planetary Camera 2 on the Hubble Space Telescope. (NASA/ESA/A. Simon-Miller, Goddard Space Flight Center / N. Chanover, New Mexico State University / G. Orton, Jet Propulsion Laboratory); (left) Enhanced color image from the Narrow Angle camera on Voyager 1. (NASA/JPL)

- Pg. 160: (right) True color (left) and false color (right) image mosaics from the Solid State Imaging system on the Galileo Orbiter. (NASA/JPL/University of Arizona)

- Pg. 161: (main image) NASA-GSFC Scientific Visualization Studio; (inset) Natural color image from the Planetary Camera on the Hubble Space Telescope. (Hubble Space Telescope Comet Team /NASA)

- Pg. 162: (top, left) Natural color image from the Wide Field/Planetary Camera 2 on the Hubble Space Telescope. (H. Hammel, MIT / NASA); (top, right) Brightness-enhanced image from the Long Range Reconnaissance Imager on the New Horizons probe. (NASA/Johns Hopkins University Applied Physics Laboratory/Southwest Research Institute); (bottom)Richard Turnnidge

- Pg. 163: (bottom) Brightnessenhanced image from the Long Range Reconnaissance Imager on the New Horizons probe. (NASA/Johns Hopkins University Applied Physics Laboratory/Southwest Research Institute)

- Pg. 166: (top) Natural color image from the Solid State Imaging camera on the Galileo Orbiter. (Galileo Project, JPL, NASA); (bottom, left) Natural color images from the Solid State Imaging camera on the Galileo Orbiter. (Galileo Project, JPL, NASA); (bottom, right) Voyager 1 image taken from a distance of 490,000 km. (NASA/ JPL/USGS)

- Pg. 167: (top) Natural color image from the Cassini-Huygens probe. (NASA/JPL/University of Arizona); (bottom) Natural color image from the Cassini-Huygens probe. (Cassini Imaging Team, Cassini Project, NASA)

- Pg. 169: (top) Natural color image from the Narrow Angle camera on Voyager 1. (NASA/JPL); (bottom) Image from the Stardust Navigation Camera. (NASA/JPLCaltech)

- Pg. 170: (top) False color image from the Narrow Angle camera on Voyager 2. (NASA/JPL); (center) Enhanced color image from the Solid State Imaging camera on the Galileo Orbiter, using violet, green and near-infrared filters. (NASA/JPL /University of Arizona) ; (bottom) Enhanced color image from the Solid State Imaging camera on the Galileo Orbiter, using violet, green and near-infrared filters. (NASA/JPL/University of Arizona)

- Pg. 174: (top) Natural color image from the Wide Field/Planetary Camera on the Hubble Space Telescope. (NASA/ESA/E. Karkoschka, University of Arizona); (bottom) Natural color image from the Solid State Imaging system on the Galileo Orbiter. (NASA/JPL)

- Pg. 175: (top) Four-image mosaic from the Solid State Imaging system on the Galileo Orbiter. (NASA/JPL); (bottom) Image from the Solid State Imaging system on the Galileo Orbiter, with a spatial resolution (pixel size) of about 20 meters. (NASA/JPL/Brown University)

- Pg. 177: (top) Combination of color infrared data with a high resolution monochrome mosaic from the Solid State Imaging system on the Galileo Orbiter. (NASA/JPL/University of Arizona)

- Pg. 178: (top) Enhanced color image from the Solid State Imaging system on the Galileo Orbiter. (NASA/JPL/ DLR); (bottom) Image mosaic from the Narrow Angle vidicon camera on Voyager 1. (NASA/JPL)

- Pg. 179: (top) Scaled mosaic of images from the Solid State Imaging system on the Galileo Orbiter. (NASA/ JPL/Cornell University) ; (bottom) Image from the Solid State Imagingsystem on the Galileo Orbiter. (NASA/ JPL)

- Pg. 182: (bottom) 30-image natural color mosaic from the Wide Angle camera on the Cassini Orbiter. (NASA/ JPL/Space Science Institute)

- Pg. 183: (top) False color mosaic of 65 six-minute observations at infrared wavelengths from the Visual and Infrared Mapping Spectrometer on the Cassini Orbiter. (NASA/JPL/ASI/University of Arizona); (center, right) False color image from the Ultraviolet Imaging Spectrograph on the Cassini Orbiter. (NASA/JPL/University of Colorado); (bottom, left) False color infrared image from the Wide Angle camera on the Cassini Orbiter, using spectral filters at 752, 890 and 728 nanometers. (NASA/JPL/Space Science Institute); (bottom, center) False color infrared image from the Wide Angle camera on the Cassini Orbiter, using spectral filters at 752, 890 and 728 nanometers. (NASA/JPL/Space Science Institute); (bottom, right) Artist's impression of the Cassini Orbiter, carrying the Huygens lander, both part of a cooperative mission by NASA, ESA and the Italian Space Agency. (NASA/JPL)

- Pg. 184: Natural color image using red, green and blue filters from the Wide Angle camera on the Cassini Orbiter. (NASA /JPL/Space Science Institute)

- Pg. 185: (top) Images form the Wide Field/Planetary Camera 2 on the Hubble Space Telescope. (NASA/The Hubble Heritage Team (STScI/AURA) / R.G. French, Wellesley College / J Cuzzi, NASAAmes/L Dones, SwRI /J Lissauer, NASA-Ames); (bottom) Photograph of the London Underground logo courtesy of Wikimedia Commons

- Pg. 186: False color infrared image from the Wide Angle camera on the Cassini Orbiter. (NASA /JPL/Space Science Institute)

- Pg. 187: (top) Natural color image from the Wide Field/Planetary Camera 2 (WFPC2) on the Hubble Space Telescope. (Reta Beebe, New Mexico State University/D. Gilmore/L. Bergeron, STScI/NASA); (bottom) Photograph of British comedian Will Hay © Mirrorpix

- Pg. 188: (top) Polar hexagon movies courtesy NASA/JPL/Space Science Institute; (center, left) Infrared image from the Narrow Angle camera on the Cassini Orbiter, using a spectral filter at 752 nanometers. (NASA/ JPL/Space Science Institute); (center) Infrared image from the Narrow Angle camera on the Cassini Orbiter, combining polarized light at 746 and 938 nanometers. (NASA / JPL / Space Science Institute); (center, right) Northern hemisphere map showing Saturn's atmospheric temperature in the range -201 to -189 °C, from cold dark reds, to warmer bright orange and white, measured by the Composite Infrared Spectrometer on the Cassini Orbiter. (NASA /JPL/GSFC/Oxford University); (Bottom) Near-infrared image using the 752 nm spectral filter on the Wide Angle camera of the Cassini Orbiter. (NASA/JPL/Space Science Institute)

- Pg. 189: Planetary Visions
- Pg. 192: Natural color mosaic of six images from the Narrow Angle camera on the Cassini Orbiter, covering a distance of 62,000 km (74,565 - 136,780 km from Saturn's center). (NASA / JPL / Space Science Institute); (top, left) False color infrared image at wavelengths of 1.0, 1.75 and 3.6 microns, from the Visual and Infrared Mapping Spectrometer on the Cassini Orbiter. (NASA /JPL /Space Science Institute); (top, right) Image from the Narrow Angle camera on Voyager 2. (NASA/JPL); (bottom, left) Natural color image from the Narrow Angle camera on the Cassini Orbiter. (NASA /JPL/Space Science Institute); (bottom, center) Natural color mosaic of 12 images from the Wide Angle camera on the Cassini Orbiter, taken over a period of 2.5 hours. (NASA /JPL/ Space Science Institute); (bottom, right) Image from the Narrow Angle camera on the Cassini Orbiter. (NASA/ JPL/Space Science Institute)
- Pg. 193: (top, left) Natural color image from the Narrow Angle camera on the Cassini Orbiter. (NASA /JPL/ Space Science Institute); (top, right) Image from the Narrow Angle camera on the Cassini Orbiter. (NASA/JPL/ Space Science Institute); (bottom) Image from the Narrow Angle camera on the Cassini Orbiter. (NASA /JPL/ Space Science Institute)
- Pg. 194: (top) Color-coded optical depth map, derived from radio occultation observations at Ka-, X- and S-bands (094, 3.6, 13 cm wavelengths). Transmissions from Cassini's Radio Science Subsystem were recorded on Earth as the spacecraft passed behind the rings; (bottom) NASA/JPL/Space Science Institute
- Pg. 195: Planetary Visions
- Pg. 197: Heikki Salo, University of Oulu, Finland
- Pg. 199: (bottom) Natural color view from the Wide Angle camera on the Cassini Orbiter. (NASA/JPL/Space Science Institute)
- Pg. 200: (top) Simulated natural color image from the side-looking camera of the Descent Imager/Spectral Radiometer on the Huygens lander. (NASA/JPL/ESA/University of Arizona); (bottom, right) Synthetic aperture radar image from the Radar Mapper on the Cassini Orbiter, operating at a frequency of 13.78 GHz. (NASA/ JPL); (bottom, left) Artist's impression of the Huygens Lander on the surface of Titan. (ESA - C Carreau)
- Pg. 201: (top) False color synthetic aperture radar image from the Radar Mapper on the Cassini Orbiter, covering an area about 140 km across. (NASA/JPL)
- Pg. 202: (top) Natural color view from the Narrow Angle camera on the Cassini Orbiter. (NASA/JPL/Space Science Institute); (bottom, left) Natural color view from the Wide Angle camera on the Cassini Orbiter. (NASA/JPL/Space Science Institute); (bottom, center) False color view from the Wide Angle camera on the Cassini Orbiter, combining visible light (420 nm) with infrared (938 and 889 nm). (NASA/JPL/Space Science Institute); (bottom, right) Infrared view from the Wide Angle camera on the Cassini Orbiter, using a filter at 938 nanometers. (NASA/JPL/Space Science Institute)
- Pg. 203: (top) Simulated natural color image from the side-looking camera of the Descent Imager/Spectral Radiometer on the Huygens lander.; (NASA/JPL/ESA/University of Arizona) (bottom)Synthetic aperture radar image from the Radar Mapper on the Cassini Orbiter, operating at a frequency of 13.78 GHz. (NASA/JPL)
- Pg. 205: (bottom) Natural color image from the Wide Angle camera on the Cassini Orbiter. (NASA/JPL/Space Science Institute)
- Pg. 206: (top) Simulated perspective view based on detailed images from the Narrow Angle camera of the Cassini Orbiter, with a height exaggeration of about 10 times. (NASA/JPL/Space Science Institute/Universities Space Research Association/Lunar & Planetary Institute); (cemter) Visible light image from the Narrow Angle camera on the Cassini Orbiter. (NASA/JPL/Space Science Institute); (bottom) Mosaic of two images from the Narrow Angle camera on the Cassini Orbiter. (NASA/JPL/Space Science Institute)
- Pg. 207: (left) Enhanced color image mosaic from the Narrow Angle camera on the Cassini Orbiter, using infrared, green and ultraviolet filters. (NASA/JPL/Space Science Institute); (right) Enhanced color image mosaic from the Narrow Angle camera on the Cassini Orbiter, using infrared, green and ultraviolet filters. (NASA/JPL/ Space Science Institute)
- Pg. 210: (top) Enhanced color image mosaic from the Narrow Angle Camera on the Cassini Orbiter, combining detailed images using the clear filter with color images using infrared, green and ultraviolet filters at 752, 568 and 388 nm. (NASA/JPL/Space Science Institute); (bottom) Mosaic of two clear-filter images from the Narrow Angle Camera on the Cassini Orbiter, showing features as small as 36 meters across. (NASA/JPL/Space Science

g. 217: (left) image from the Narrow Angle Camera on the Cassini Orbiter. (NASA/JPL/Space Science Institute); (right)Image from the Narrow Angle Camera on the Cassini Orbiter. (NASA/JPL/Space Science Institute)

Pg. 214: (main image) Image from the Narrow Angle camera on the Cassini Orbiter. (NASA/JPL/Space Science Institute); (top) Natural color image from the Narrow Angle camera on the Cassini Orbiter. (NASA/JPL/Space Science Institute); (left) Temperature map based on data from the Composite Infrared Spectrometer on the Cassini Orbiter. Temperature ranges from -196 Celsius (blue) to -181 Celsius (yellow). (NASA/JPL/GSFC/SWRI/SSI)

Pg. 215: (center) Enhanced color mosaic of images taken with ultraviolet, green and infrared filters, combined with a detailed image taken through the clear filter, from the Narrow Angle camera on the Cassini Orbiter. (NASA/JPL/Space Science Institute)

Pg. 219: (top) Extreme color enhanced image using infrared, green and ultraviolet filters of the Narrow Angle camera on the Cassini Orbiter. (NASA/JPL/Space Science Institute); (bottom) NASA/JPL/Space Science Institute

Pg. 224: (bottom, left) Natural color image from Voyager 2 Narrow Angle camera using blue, green and orange filters. (NASA/JPL); (bottom, center) Voyager 2 Narrow Angle camera image using blue, green and orange filters. (NASA/JPL/USGS); (bottom, right) False color image from Voyager 2 Narrow Angle camera using ultraviolet, violet and orange filters. (NASA/JPL)

Pg. 225: (top) Image from the Hubble Space Telescope Wide Field/Planetary Camera. (NASA/ESA/M. Showalter, SETI Institute); (bottom, left) Composite image from the Hubble Space Telescope's Wide Field/Planetary Camera. (NASA/ESA/M. Showalter, SETI Institute/Z. Levay, STScI); (center) 15-second exposure through the clear filter on Voyager 2's Narrow Angle camera. (NASA/JPL); (bottom, right) 96-second exposure through the clear filter on Voyager 2's Wide Angle camera. (NASA/JPL)

Pg. 226: (top) Image of an oil painting of German-born British astronomer Sir Frederick William Herschel by John Russell RA courtesy of Wikimedia Commons; (bottom) Image from the Hubble Space Telescope Wide Field/Planetary Camera. (NASA/ESA/L. Sromovsky and P. Fry, University of Wisconsin / H. Hammel, Space Science Institute/K. Rages, SETI Institute);

Pg. 227: (top) Image from the Hubble Space Telescope Wide Field/Planetary Camera. (NASA/ESA/M. Showalter, SETI Institute); (center) False color image taken with the 10-meter Keck 2 telescope's Near Infrared Camera. (W M Keck Observatory/Larry Sromovsky, University of Wisconsin); (bottom) A composite of images from the 10-meter Keck 2 telescope, using H-band and K-band filters. (W M Keck Observatory/Marcos van Dam)

Pg. 230: False color image using 1.2 and 1.6 micron wavelengths from the NAOSCONICA infrared camera on the European Southern Observatory's 8.2-meter Very Large Telescope (VLT), Paranal, Chile. (ESO)

Pg. 231: (left) Near infrared image in the 2.2 micron Ks-band from the ISAAC multi-mode instrument on the 8.2-meter Very Large Telescope at the European Southern Observatory, Paranal, Chile. (ESO)

Pg. 232: (bottom, left) False color image through green, violet and ultraviolet filters on Voyager 2's Narrow Angle camera. (NASA/JPL); (bottom, right) NASA/ESA/ L. Sromovsky, University of Wisconsin, Madison /H. Hammel, Space Science Institute/K. Rages, SETI

Pg. 233: False color image taken with the Near Infrared Camera and Multi-Object Spectrometer (NICMOS) on the Hubble Space Telescope. (NASA/JPL/STScI)

Pg. 237: (top) Voyager 2 Narrow Angle vidicon camera image. (NASA/JPL); (bottom) Two images from Voyager 2's Wide Angle vidicon camera using the clear filter, at a 590 second exposure. (NASA/JPL)

Pg. 240: Voyager 2 Narrow Angle vidicon camera image using violet and orange filters. (NASA/JPL)

Pg. 242: (top) False color image from the Hubble Space Telescope (HST) Wide Field/Planetary Camera (WFPC2). (NASA/JPL/STScI); (bottom) Mosaic of five images from Voyager 2's Narrow Angle vidicon camera image using clear, orange and green filters. (The Voyager Project, NASA)

Pg. 243: Voyager 2 Narrow Angle vidicon camera image using green and clear filters. (NASA/JPL)

Pg. 246: Mosaic of images using orange, violet and ultraviolet filters from Voyager 2. (NASA/JPL)

- Pg. 248: Planetary Visions
- Pg. 250: (top) Artist's impression. (NASA /ESA / G. Bacon, STScI); (bottom) Joe Zeff Design
- Pg. 251: Artist's impression. (NASA/Planetary Visions)
- Pg. 252: Photograph of Dutch-American astronomer Gerard Pieter Kuiper ©Dr. Dale P. Cruikshank
- Pg. 253: (top) Composite of 16 exposures from the Advanced Camera for Surveys on the Hubble Space Telescope. (NASA/M. Brown, Caltech); (bottom) Sum of 16 exposures from the Advanced Camera for Surveys on the Hubble Space Telescope. (NASA/M. Brown, Caltech)
- Pg. 256: (bottom) Ground-based image from the Canada-France-Hawaii telescope in Hawaii. Space telescope image from the Faint Object Camera on the Hubble Space Telescope, taken in 1990. (NASA/ESA)
- Pg. 258: (top) Simulated view based on a global map of estimated true color, derived from multiple observations from the Hubble Space Telescope. (Eliot Young, SwRI, et al/NASA); (bottom) Artists impression of the surface of Pluto. (ESO/L Calçada)
- Pg. 259: (top, right) Image from the Advanced Camera for Surveys on the Hubble Space Telescope. (NASA/ESA/H Weaver, JHUAPL/A Stern, SwRI/ HST Pluto Companion Search Team); (bottom, right) Image form the Advanced Camera for Surveys on the Hubble Space Telescope. (H Weaver, JHU-APL/A. Stern, SwRI/HST Pluto Companion Search Team/ESA/NASA)
- Pg. 260: Image from the Hubble Space Telescope's Advanced Camera for Surveys. (NASA/ESA/M. Brown, California Institute of Technology)
- Pg. 261: Touch Press
- Pg. 262: (left) Artist's impression. (NASA/ESA/A. Field, STScI); (right) Image from the Hubble Space Telescope's Advanced Camera for Surveys. (NASA/ESA/M. Brown, California Institute of Technology)
- Pg. 263: (left) Artist's impression. (NASA/ESA/A. Field, STScI); (right) Image from the 10 meterdiameter Keck II telescope, using the Keck Observatory Laser Guide Star Adaptive Optics system in 2005. (NASA/M Brown)
- Pg. 264: Joe Zeff Design
- Pg. 265: Photograph of Dutch astronomer Jan Hendrik Oort ©Leiden Observatory and Wikimedia Commons
- Pg. 266: (top) Photograph taken just after sunset from the European Southern Observatory at Paranal in Chile. (S. Deiries/ESO); (bottom) Plate photograph taken on 29th May 1910, published in the New York Times on 3rd July 1910. (Yerkes Observatory, University of Chicago)
- Pg. 267: (top, left) Mosaic of images from the Halley Multicolor Camera on the Giotto probe. (ESA/MPAe, Lindau); (top, right) Mosaic of 68 images from the Halley Multicolor Camera on the Giotto probe. (ESA/MPAe, Lindau); (bottom) Image of a section of the Bayeux Tapestry showing Halley's commet ©Reading Museum (Reading Borough Council). All rights reserved.
- Pg. 268: (top, left) Magnified photograph. (NASA-JSC); (top, right) Microscope photograph. (NASA-JSC); (bottom) Photograph using a telephoto lens. (ESO)
- Pg. 269: Photograph taken on March 8, 1986 from Easter Island. (NASA-NSSDC/W. Liller)
- Pg. 270: Image from the Advanced Camera for Surveys/Wide Field Camera on the Hubble Space Telescope. (NASA/ESA/H. Weaver, JHU-APL/M. Mutchler, Z. Levay, STScI)
- Pg. 271: Photograph of trees damaged in the Tunguska explosion courtesy of Wikimedia Commons.
- Pg. 272: (left) Image from the Stardust Navigation Camera (NASA/JPL-Caltech); (right) Infrared image, at a wavelength of 24 microns, from the Multiband Imaging Photometer on the Spitzer Space Telescope (NASA/ JPLCaltech/W Reach, SSC-Caltech)
- Pg. 273: TA Rector/NOAO/AURA/NSF;
- Pg. 274: (top) Image from the Medium Resolution Instrument on the Deep Impact probe. (NASA/JPL-Caltech/ UMD); (bottom) Image from the High Resolution Instrument on the Deep Impact fly-by spacecraft. (NASA/ JPL-Caltech/UMD)
- Pg. 275: Composite of 15 5-minute exposures from a Canon EOS 350D through a 130mm refracting telescope. (Ivan Eder) 9780762480739_

國家圖書館出版品預行編目（CIP）資料

把太陽系帶到你眼前（暢銷新版）：全球唯一全部照片的太陽
與星球寫真，匯集最頂尖天文機構唯一鉅作／ 馬克斯・尚恩
（Marcus Chown）著；藍仕豪譯.--三版.--臺北市：大是文化
有限公司，2023.06
288面；19×26公分.--（Style；74）
譯自：Solar System: A Visual Exploration of All the Planets,
　　　Moons, and Other Heavenly Bodies That Orbit Our Sun
　　　-Updated Edition
ISBN 978-626-7251-71-3（平裝）

1. CST：太陽系

323.2　　　　　　　　　　　　　　　　　112002661

Style 074

# 把太陽系帶到你眼前（暢銷新版）
## 全球唯一全部照片的太陽與星球寫真，匯集最頂尖天文機構唯一鉅作

作　　　者／馬克斯·尚恩（Marcus Chown）
譯　　　者／藍仕豪
審　　　定／江國興
美術編輯／林彥君
副 主 編／馬祥芬
副總編輯／顏惠君
總 編 輯／吳依瑋
發 行 人／徐仲秋
會計助理／李秀娟
會　　　計／許鳳雪
版權主任／劉宗德
版權經理／郝麗珍
行銷企劃／徐千晴
行銷業務／李秀蕙
業務專員／馬絮盈、留婉茹
業務經理／林裕安
總 經 理／陳絜吾

出 版 者／大是文化有限公司
　　　　　臺北市 100 衡陽路 7 號 8 樓
　　　　　編輯部電話：（02）23757911
　　　　　購書相關資訊請洽：（02）23757911 分機 122
　　　　　24 小時讀者服務傳真：（02）23756999
　　　　　讀者服務 E-mail：haom@ms28.hinet.net
　　　　　郵政劃撥帳號：19983366　　　戶名：大是文化有限公司

法律顧問／永然聯合法律事務所
香港發行／豐達出版發行有限公司
　　　　　Rich Publishing & Distribution Ltd
　　　　　香港柴灣永泰道 70 號柴灣工業城第 2 期 1805 室
　　　　　Unit 1805, Ph.2, Chai Wan Ind City, 70 Wing Tai Rd, Chai Wan, Hong Kong
　　　　　Tel：21726513　Fax：21724355　E-mail：cary@subseasy.com.hk

封面設計／孫永芳
內頁排版／王信中
印　　　刷／中茂分色製版印刷事業股份有限公司

2013 年 10 月 初版　　　　　　　　　　　　　　　Printed in Taiwan
2023 年 6 月 三版
定價／新臺幣 599 元　　　　　　　　　　（缺頁或裝訂錯誤的書，請寄回更換）
ISBN 978-626-7251-71-3（平裝）
電子書 ISBN ／ 9786267251690（PDF）
　　　　　　　　9786267251706（EPUB）

Solar System: A Visual Exploration of All the planets, Moons, and Other Heavenly Bodies That Orbit Our Sun
－Updated Edition
Text Copyright © 2011 Marcus Chown
Space picture caption text © 2011 Planetary Visions Limited
Original electronic edition for iPad © 2011 Touch Press LLP.
Published by Touch Press and Faber and Faber.
All space imagery provided by Planetary Visions Limited.
Planet and moon globes, maps, orbit maps copyright © 2011
Planetary Visions Limited Planet cross-sections by Joe Zeff Design
This edition published by arrangement with Black Dog & Leventhal, an imprint of Perseus Books, LLC, a subsidiary
of Hachette Book Group, Inc., New York, New York, USA. All rights reserved.
through Big Apple Agency, Inc., Labuan, Malaysia.
Traditional Chinese edition copyright © 2023 by Domain Publishing Company

有著作權，翻印必究